高职高专实验实训“十二五”规划教材

冷轧带钢生产与实训

主　编　李秀敏　石永亮
副主编　杨晓彩　陈　涛

北　京
冶金工业出版社
2014

内容提要

本书共分9章，其中有7章为理实一体项目，其余章为理论讲解项目。在理实一体项目中，带钢开卷和带钢卷取，这两章都包括设备构造、原理、操作和常见事故及其处理。酸洗、废酸再生、带钢轧制、带钢退火、带钢精整这5章是按照生产顺序安排的，由工艺过程和设备结构、参数调整和质量控制、操作过程、常见事故及其处理等组成。理论讲解项目包括典型冷轧工艺流程和冷轧板内在质量控制。

本书可作为高职高专院校材料工程技术（轧钢）专业、材料成型与控制技术专业的教材，也可作为钢铁厂和冶金科研院所广大技术人员的培训教材或参考书。

图书在版编目(CIP)数据

冷轧带钢生产与实训/李秀敏，石永亮主编. —北京：冶金工业出版社，2014. 8

高职高专实验实训“十二五”规划教材

ISBN 978-7-5024-6657-2

Ⅰ. ①冷…　Ⅱ. ①李…　②石…　Ⅲ. ①冷轧—带钢—高等职业教育—教材　Ⅳ. ①TG335. 5

中国版本图书馆 CIP 数据核字（2014）第 175255 号

出 版 人　谭学余

地　　址　北京市东城区嵩祝院北巷39号　邮编　100009　电话　(010)64027926

网　　址　www. cnmip. com. cn　电子信箱　yjcbs@ cnmip. com. cn

策划编辑　俞跃春　责任编辑　俞跃春　陈慰萍　美术编辑　杨　帆

版式设计　葛新霞　责任校对　卿文春　责任印制　李玉山

ISBN 978-7-5024-6657-2

冶金工业出版社出版发行；各地新华书店经销；北京印刷一厂印刷

2014年8月第1版，2014年8月第1次印刷

787mm×1092mm　1/16；13印张；315千字；198页

30.00 元

冶金工业出版社　投稿电话　(010)64027932　投稿信箱　tougao@cnmip. com. cn

冶金工业出版社营销中心　电话：(010)64044283　传真　(010)64027893

冶金书店　地址　北京市东四西大街46号(100010)　电话　(010)65289081(兼传真)

冶金工业出版社天猫旗舰店　yjgy. tmall. com

（本书如有印装质量问题，本社营销中心负责退换）

前言

本书是按照国家示范院校重点建设材料工程技术（轧钢）专业课程改革要求和教材建设计划编写而成。

为适应市场对人才的要求，结合高职高专基于工学结合的教学模式的改革需要，编者与生产一线的技术专家一起，通过企业调研，紧扣技术发展趋势，同时参照冶金行业职业技能标准和职业技能鉴定规范，根据冶金企业的生产实际和岗位群的技能要求编写了本书。在编写中，力求凸显以下特色：

（1）内容紧密结合冷轧带钢生产各工序岗位的要求及发展趋势，注意学以致用，体现以岗位技能为目标的特点。

（2）在叙述和表达上做到深入浅出，直观易懂，使读者能触类旁通。

（3）在内容的组织上，以岗位操作为主线，根据工作过程和学生认知规律安排。

本书由河北工业职业技术学院李秀敏、石永亮担任主编。河北工业职业技术学院杨晓彩、陈涛担任副主编。参加编写的还有邯钢冷轧厂郭世伟、刘济涛，唐山钢铁公司王淑华，河北工业职业技术学院张景进、戚翠芬、袁志学。本书初稿由巩甘雷博士主审。

本书在编写过程中参考了多种相关书籍、资料，在此对其作者一并表示由衷的感谢。由于编者水平所限，书中不妥之处，敬请读者批评指正。

编　者

2014 年 5 月

目录

1 冷轧概述

1.1 冷轧生产发展历史与特点

钢的冷轧于19世纪中叶始于德国，当时只能生产宽20~25mm的冷轧带钢。美国于1859年建成了25mm冷轧机，1887年生产出宽150mm的低碳带钢。1880年以后，美国、德国的冷轧带钢生产发展很快，产品宽度不断增加，并逐步建立了附属设备，如剪切、矫直、平整和热处理设备等，产品质量也有了提高。

宽的冷轧薄板（钢带）是在热轧成卷带钢的基础上发展起来的。美国早在1920年第一次成功地轧制出宽带钢，并很快由单机不可逆轧制跨入单机可逆式轧制。1926年阿姆柯公司巴特勒工厂建成四机架冷连轧机。

苏联于20世纪30年代中期开始冷轧生产，第一个冷轧车间建在伊里奇冶金工厂，四辊式单张热轧板作原料。1938年苏联查波罗什工厂安装从国外引进的三机架1680mm冷连轧机及1680mm可逆式冷轧机，生产厚度为0.5~2.5mm，宽度为1500mm的钢板。以后为了满足汽车工业的需要，该厂又建立了一台2180mm可逆式冷轧机。1951年苏联在新利佩茨克建设了一套2030mm全连续式五机架冷连轧机，年产250万吨。

日本1938年在东洋钢板松下工厂安装了第一台可逆冷轧机，开始冷轧薄板的生产。1940年在新日铁广畑厂建立了第一套四机架1420mm冷连轧机。

我国冷轧宽带钢的生产开始于1960年，首先建立了1700mm单机可逆式冷轧机，以后陆续投产了1200mm单机可逆式冷轧机、MKW1400mm偏八辊轧机、1150mm二十辊冷轧机和1250mmHC单机可逆式冷轧机等，1978年投产了我国第一套1700mm连续式五机架冷轧机，1988年建成了2030mm五机架全连续冷轧机。到2000年，我国薄钢板的产量已达到1900多万吨，生产装备技术水平已由只能生产低碳薄板发展到能生产高碳钢、合金钢、高合金钢、不锈耐热冷轧薄板、镀锌板、涂层钢板、塑料复合薄板和硅钢片等多个钢种。

冷轧薄板发展如此迅速，究其原因主要是冷轧具有许多优于热轧的显著特点：

（1）钢材在热轧过程中的温降和温度分布不均给生产带来了难题，特别是在轧制厚度小而长度大的薄板带产品时，冷却上的差异引起的轧件首尾温差往往使产品尺寸超出公差范围，性能也出现显著差异。当厚度小于一定限度时，轧件在轧制过程中温降剧烈，以致根本不可能在轧制周期之内保持热轧所需的温度。

而冷轧不存在热轧温降与温度不均匀的弊病，它可以得到厚度更薄、精度更高的冷轧带钢和冷轧薄板。现代冷连轧宽带轧机和双机架二次冷轧可生产厚度为0.10~0.17mm的冷轧薄板，作为镀锡原板，即使不经二次冷轧也可生产0.2~3.5mm厚的冷轧薄板。现代可逆式冷轧机可生产0.15~3.5mm厚的冷轧板。多辊冷轧机或窄带钢冷轧机则可生产最薄达0.001mm的产品。一般0.15~0.38mm厚的板带为一般薄板，0.07~0.25mm厚的为较薄薄板，0.025~0.05mm厚的板带为极薄薄板，这些产品用热轧方法是不可能生产的。从厚度精度上看，现代热连轧厚度精度通常为±50μm，而现代冷连轧板厚度精度高达±5μm，比热轧厚度精度高10倍。从板形方面看，热轧板带平直度为50I（1I单位=10^{-5}相对长度差），而冷轧板特别是现代化的宽带钢冷轧机轧制的带钢，其平直度能控制在5~20I以内。

（2）目前热轧工艺技术水平尚不能使钢板表面在热轧过程中不被氧化，也不能完全避免由氧化铁皮造成的表面质量不良。因此热轧不适于生产表面光洁程度要求较高的板带钢产品。热轧板表面粗糙度热轧状态为20μm，酸洗后为25μm。而冷轧板表面清洁光亮，并可根据不同用途制造不同表面粗糙度的钢板。冷轧板按表面粗糙度分为3种：

1）无光泽的钢板，其表面粗糙度为3~10μm，一般适用于作冲压部件，并且当需涂喷刷漆时这种钢板附着性较强；

2）光亮板，其表面粗糙度小于0.2μm，这种钢板主要作为装饰镀铬用原板等；

3）压印花纹钢板，采用表面具有70~120μm凸凹的平整辊平整钢板，这种钢板用于仪表壳及家具装饰等。

这几种表面质量用热轧是无法满足的。

（3）冷轧钢板的另一突出优点是性能好、品种多、用途广。通过一定的冷轧变形程度与冷轧后的热处理的恰当配合，冷轧钢板可以在比较宽的范围内满足用户的要求。

例如，汽车用薄板几乎全部须经冲压成型，这样深冲性能就成为薄板生产和使用的核心问题。冲压用钢的主要要求之一是具有占优势的有利织构{111}/(100)。热轧薄板的塑性应变比$\bar{r}$仅可达到0.8~0.95，而冷轧第一代沸腾钢汽车板$\bar{r}$为1.0~1.2，第二代08Al钢$\bar{r}$为1.4~1.8，第三代冷轧汽车板$\bar{r}$为1.8~2.8，这是热轧无法达到的。

硅钢是机电工业的重要材料之一，主要用户是电机制造业和输变电设备制造业。能源价格上涨、能源危机，必然要求使用低能耗材料，所以20世纪60年代就开始淘汰能耗高的热轧硅钢片，代之以冷轧硅钢片。用10万吨冷轧无取向硅钢制作电机比用10万吨热轧硅钢制作电机，实测节能1.98×10^8kWh/a，电机运转10年就相当节约一个2×10^5kW的发电厂全年的发电量。而且用冷轧硅钢片生产3.6×10^5kVA变压器其总重量是204t，而用热轧硅钢片制造一台1.2×10^5kVA变压器，其重量即为200t，因此，用冷轧硅钢片代替热轧硅钢片具有重大的经济价值。

冷轧还可以生产不锈钢板，用于家具与建筑装饰、化工工业等。近年来表面处理钢板有很大发展。以冷轧板为基板的各种涂层钢板品种繁多，用途极为广泛。

由于上述原因，冷轧薄板的生产得到迅速发展。其工艺技术装备不断革新。早期的冷轧板轧制速度不到1m/s，而今已达41.6m/s。钢板的宽度1905年是406mm，1925年是914mm，而今最宽可达2337mm。钢卷重量也从几吨发展到60t。一座现代化的冷轧厂年产量可以达到2.5×10^6t。一般冷轧板产量约占轧材总产量的20%。

1.2 冷轧带钢产品分类

热轧完毕的钢卷，经酸洗、冷轧、热处理和涂镀等一系列工序的加工处理，最终成为冷轧产品。如按加工深度进行分类，冷轧带钢产品可分为热轧酸洗板带、全硬板带、普冷板带、涂镀板带四大类。

1.2.1 热轧酸洗板带

厚度为150~300mm的连铸板坯在炉子内被加热后，送到全连续或半连续式带钢热轧机列，进行粗轧、精轧、冷却和卷取，或者在往返式的炉卷轧机上进行轧制，成为热轧带钢产品。热轧带钢成品的厚度一般在1.2~6.0mm范围。热轧带钢经酸洗后，进入平整机组平整、涂油包装，成为可销售的成品，这就是热轧酸洗板带。20世纪80年代末，例如CSP等一批高效节能的新工艺——薄板坯连铸连轧应运而生，热轧成品的厚度比传统热连轧成品的要薄，可达0.8mm。热轧成品最终厚度的减薄，进一步扩大了热轧酸洗板的应用范围。

热轧酸洗板带的钢种包括低碳钢、结构钢、汽车结构用钢、冷变形用热轧细晶粒钢、锅炉和压力容器用钢、IF钢等。

1.2.2 全硬板带

酸洗后的热轧钢卷，只有部分作为酸洗热轧板带提供给市场。许多下游加工行业需要比热轧成品厚度更薄的产品，或对板带的表面质量、尺寸精度或强度等有不同的要求，带钢还需进入冷连轧机或可逆轧机进行轧制。

如果经冷轧后的钢卷到下游工序不再继续加工处理而直接作为产品使用，这种产品常被称为全硬板带，也有称之为轧硬卷的。这是因为经冷轧后带钢的硬度和屈服强度都得到大大地提高。带钢硬度的提高程度视变形率大小而定，一般在85HRB以上；带钢的屈服极限R_e将提高2~3倍。全硬板带的厚度一般在0.3~0.8mm的范围，目前一些用户有继续减薄的要求。

1.2.3 普冷板带

热轧带钢经过酸洗冷轧后，进行电解清洗，去掉带钢表面油污，再进行退火热处理和平整，必要时还进行涂油处理，经此工艺处理的产品统称为普通冷轧板带，简称普冷板带。常用的再结晶热处理方法有罩式炉退火处理和连续退火处理。经过再结晶热处理的带钢产品，为了得到需要的表面形貌、消除时效并获得理想的力学性能以及改善板形，还需要小压下率的平整轧制，最终成为可供冲压变形加工使用的板带。经过再结晶热处理后获得良好的冲压性能的普冷产品包括各等级软钢以及非时效性IF钢。

按表面质量，普冷板带可划分为03、05两个级别。其中05板的一面允许有不妨碍变形和表面镀层的缺陷；但另一面为优质表面，必须保证不存在有影响电镀和涂漆均匀外观的缺陷。

按强度等级，普冷板带可分为软质钢、高强钢和超高强钢。

1.2.3.1 软质钢

软质钢包括商业用钢、冲压用钢和深冲用钢等，其等级与常用牌号的对应关系见表1-1。

表 1-1 软质钢等级与常用牌号的对应关系

名 称	级 别	牌 号
商用钢	CQ	ST12 SPCC BLC
冲压用钢	DQ	ST13 SPCD BLD
深冲用钢	DDQ	ST14 SPCE BUSD
特深冲用钢	EDDQ	ST15 ST16 BUFD
超深冲用钢	SEDDQ	ST17 BSUFD

注：SPCC：Steel Plate Cold Commerical 商用钢；SPCD：Steel Plate Cold Deep drawn 冲压用钢；SPCE：Steel Plate Cold deep drawn Extra 深冲用钢。

对于软质钢而言，经冷轧后硬度大大地提高，屈服强度提高 2~3 倍，这样的带钢既不合适也不可能进行冲压加工。要想恢复带钢良好的冲压性能，必须将带钢加热到再结晶温度，使在冷轧过程中破碎的晶粒得到完全回复和再结晶。经过再结晶热处理后，带钢的力学性能得到恢复，例如变形抗力降低，塑性升高。其实再结晶热处理的作用不仅仅限于此。在退火过程中，钢的织构得到强化。例如 IF 钢在罩式炉内，铁素体晶粒表现出 {111} 择优取向的特征，从而产生织构强化。若 {111} 晶面平行于带钢轧面的晶粒比例较多，对应的塑性应变比 r 值也比较高，因为 {111} 晶面是主滑移面，而<110>方向是主滑移方向，由此构成的滑移系平行于带钢轧制面，钢板在成型过程中抗厚度减薄能力强，拉深性能好。

1.2.3.2 高强钢和超高强钢

高强钢包括低合金钢、BH（bake hardening）烘烤硬化钢、超低碳含磷钢等。近年来新开发的超高强钢有 DP（dual phase）双相钢、TRIP（transformation induced plastic）相变诱导塑性钢、TWIP（twin induced plastic）孪晶诱导塑性钢、含 B 钢等。汽车用高强钢和超高强钢的开发工作，都是围绕着高强度、高塑性、减轻汽车的重量、提高安全性和环境友好的目标而进行的。

（1）烘烤硬化钢。烘烤硬化钢的强化是通过固溶强化实现的。钢中存在固溶碳和氮，在冲压成型过程中产生了位错，在随后的 170℃上下的温度范围烘烤涂漆时，固溶碳原子集结到位错的周围，形成“柯氏气团”，将位错钉扎住，使带钢的强度上升，强度提高 40~80MPa，产生人工应变时效硬化。这种钢最突出的优点在于：较低的屈服强度 R_e，易冲压成型，经烘烤后带钢强度得到进一步提高，因此非常适合冲压汽车的外部和内部零件。

（2）双相钢。低碳钢和低碳低合金钢是经临界区处理或控制轧制成型的，在铁素体的基体中析出岛状的马氏体或贝氏体，第二相的比例占 5%~30%。双相钢具有屈服强度低、初始加工硬化速率高、在加工硬化和屈服强度上表现高应变速率敏感性以及强度和延性配合好等特点，是一种强度高、成型性好的新型冲压用钢。此外，这种钢无需平整轧制，也不会产生屈服平台，同时还具有烘烤硬化的效应。双相钢因其具有良好的强塑性匹配及冷变形性能，常应用于汽车冲压件。双相钢的研究与应用，是低碳合金领域的重大发展之一。

双相钢可通过热轧法和热处理法获得。

1）热轧法：将热轧带钢的终轧温度控制在两相区的某一范围，然后快速冷却，即通过控制最终形变温度及冷却速度的方法获得铁素体+马氏体双相组织。该方法又分为两种：一是常规热轧法，即在通常的终轧及卷取温度下获得双相组织；二为极低温度卷取热轧法，钢带在M_s点以下进行卷取，以获得双相组织。

2）热处理法：将热轧或冷轧后的带钢重新加热到两相区并保温一定时间，然后以一定速度冷却，从而获得所需要的铁素体+马氏体双相组织。

（3）TRIP 钢。TRIP 钢实际上是在双相钢的基础上发展而来的，它由软硬不同的多相组织构成。这种钢的开发是应用了大家熟知的优质钢的“变形诱导塑性”效应。TRIP 钢既可以通过热轧获得，也可以在冷轧后的热处理获得。在连续退火的加热过程中，带钢被加热到相变临界温度，形成了奥氏体与铁素体双相组织，然后快速冷却到时效温度，此时大部分的奥氏体转变为贝氏体，冷却直至室温，又形成了贝氏体、铁素体和小部分残留奥氏体多相组织。这种稳定的组织在强烈的塑性变形过程中将受到影响，残留的奥氏体会转变为马氏体，提高了强度，阻止材料的缩颈进程，改善了加工性能。

（4）TWIP 钢。TWIP 钢即孪晶诱导塑性钢。TWIP 钢强度可以达到600~1100MPa，伸长率可达到60%~95%。TWIP 钢的成分通常主要是铁，添加15%~30%的 Mn，并加入少量 Al 和 Si，有时也再加入少量的 Ni、V、Mo、Cu、Ti、Nb 等元素。研究表明，在γ_{fcc}（面心立方的奥氏体）的层错能是关键，γ_{fcc} 大于 20mJ/m^{2}时会发生机械孪生。所有增加层错能的合金（如锯）都有助于孪生发生。该钢在无外载荷时，冷却到室温下的组织是稳定的残余奥氏体，在外部载荷下，因为应变诱导产生机械孪晶，会产生大的无颈缩延伸，并且会显示非常优异的力学性能，如高的应变硬化率、高的塑性值和高的强度。

1.2.4　涂镀板带

涂镀板带比前面所述的三类产品要广，包括热镀锌板带、热镀铝锌合金板带、电镀锌板带、电镀锡板带和彩色涂层板带。涂镀产品是冷轧带钢产品中加工程度最深的产品，因此其附加值也是最高的。

1.2.5　电工钢板带

由于电工钢经过电磁性能的处理后还需要涂敷上一层绝缘层，因此，在产品分类时把电工钢板带也列入涂镀产品这一类里。若按严格的分类，电工钢板带不应划入涂镀这一类。

按化学成分分类，电工钢可分为无硅电工钢（w(Si)≤0.5%）、低硅电工钢（w(Si)=0.5%~1.0%）、中硅电工钢（w(Si)=1.0%~2.4%）和高硅电工钢（w(Si)>2.5%）。

按生产工艺，电工钢可分为热轧电工钢和冷轧电工钢。

按内部的晶粒位向不同，电工钢可分为无取向电工钢和取向电工钢。无取向电工钢内部的晶粒位向在各个方向上是均匀分布的，也可以说是无规律的，因此带钢磁性是各向同性的。理想的无取向硅钢产品织构为｛100｝<hkl>。无取向电工钢的绝缘涂层有无机涂层、半有机涂层、有机涂层和自黏接涂层等。取向电工钢内部的晶粒位向是按一定的规则排列的，带钢在轧向上有优良的磁性，它的易磁化方向与轧制方向一致。理想的取向硅钢产品的织构为｛110｝<001>。取向电工钢根据磁感的不同分为高磁感取向电工钢和一般取向电工钢两种。

1.3 冷轧带钢产品用途

1.3.1 热轧酸洗板带的用途

与冷轧板带相比，热轧酸洗板带的表面质量和尺寸精度远不如冷轧板卷，但其生产成本低，对于那些对带钢的尺寸精度和表面质量要求不高的下游加工行业，热轧酸洗板带成为首选原材料。热轧酸洗板带可直接加工成汽车结构件、冰箱空调压缩机、热水器、防盗门、通用机械、搪瓷制品等，也可以作为热镀锌基板用。

1.3.2 普冷板带的用途

普冷板带的品种丰富，是冷轧带钢最基础的产品，因此，普冷板带的应用几乎覆盖了碳钢板带的所有的领域。

用作汽车外板的高强钢，其强度为300~460MPa，内板强度为260~540MPa。为了提高车门、车顶盖的抗凹陷性能，340~370MPa等级的烘烤硬化钢板成为很多车型的首选材料，德国大众POLO就选用这个级别的烘烤硬化钢板作外板。随着汽车轻型化的推进，车内板部件钢板强度等级向400~600MPa级别上升。汽车的结构件多采用350~510MPa级别的高强钢。目前，汽车结构件采用强度大于800MPa钢板的越来越普遍，有时强度甚至达到1500MPa。

普冷板带最大应用领域之一是家电制造行业，例如，电冰箱、冰柜、空调机、洗衣机、彩电等都离不开普冷板带。软质普冷板带具有表面质量好、尺寸精度高、板形好、易成型、品种丰富、选择余地大等优点，在家电制造行业中得到大量的应用。成型的零件，根据需要可喷涂各种颜色。

普冷板带可直接作为电镀锌板带和彩色涂层板带的基板。此外，普冷板带还是搪瓷制品、管材型材制品、压力容器制品的主要基板材料。

1.3.3 涂镀板带的用途

1.3.3.1 热镀锌板带用途

热镀锌板带具有良好的耐腐蚀性能，因此，建筑行业仍然是热镀锌板带的最大用户。

与普冷板带和电镀锌板带相比，热镀锌板带的焊接性能、涂装性能、成型性能都不如前者。长期以来，汽车用热镀锌GI钢板的冲压成型性、点焊性和表面质量一直是个问题，也限制了其在汽车外板上的应用。组装一辆汽车要进行3000~4000个点的焊接，与普冷板带相比，焊接热镀锌板时电极寿命低，即同一电极的连续点焊次数低。但随着热镀锌新工艺和新钢种开发，装备水平的提高，热镀锌板带的不足之处都得到很大的改善，因此，在汽车制造领域里的应用越来越多。

汽车用表面处理板材不仅要有良好的耐腐蚀性，而且必须满足冲压成型性、焊接性、钝化处理性及涂漆性等多方面性能要求。在北美，主要使用较厚镀层的电镀锌钢板EG板；而日本除了EG钢板外，更多的汽车厂使用的是合金化热镀锌钢板GA板；欧洲汽车制造厂除使用EG钢板和GA钢板外，主要使用的是非合金化热镀锌钢板GI板。最近使用GI钢板作内装部件或外装部件的汽车厂家不断增加，GI钢板的需求量正在不断扩大。过去，GI钢板主要用于建筑材料，它与电镀锌钢板相比，容易制造厚镀层钢板，生产成本也低，这是GI钢板的优点。

同样热镀锌板带在家电制造行业的应用越来越多，过去几乎由电镀锌板带垄断了家电制造行业的市场，但近年来热镀锌板带占有了一定的份额。热镀锌板带往往用作彩色涂层钢板的基板，经过镀锌后，彩色涂层板的耐腐蚀就更强了。

1.3.3.2 电镀锌板带的用途

电镀锌板带的镀层表面具有细腻、涂装性能优良、焊接性能好、耐腐蚀等优点，因此广泛应用于汽车行业，特别是用来制作乘用汽车车身的外部零件。日本车系列常采用热镀锌铁合金板，而美国、欧洲车系列主要采用电镀锌厚镀层的板材作汽车外板。在电镀锌汽车板方面，如通用别克、福特等美国车系列习惯采用电镀纯锌无处理产品；而大众帕萨特、宝来、保罗、高尔夫、奥迪等欧洲车系列则习惯于采用预磷化电镀锌产品。所谓的预磷化就是机组生产时，在电镀纯锌产品表面多增加一道磷化处理工艺，使产品表面生成一层磷化结晶薄膜。由于预磷化膜层本身具有自润滑作用，且磷化晶粒之间的间隙具有很强的储油能力，因此，预磷化膜能很好地改善汽车板在冲压成型过程中的金属流动，有利于成型。

宝钢1550电镀锌机组是国内唯一能够生产电镀锌厚镀层汽车外板的生产线，已实现向上海通用、上海大众、一汽大众、福特、意大利菲亚特等著名汽车厂的批量稳定供货。

采用电镀锌厚镀层外板生产的汽车，其油漆表层的光亮度保持更持久，不易褪色。另外，加上汽车制造过程中的空腔灌蜡工艺，可以保证镀锌车身钢板12年不锈穿，大大提高了汽车的使用寿命。

1.3.3.3 电镀锡板带的用途

电镀锡板带作为一种多用途的包装材料，在食品、饮料、化工、油脂、礼品包装等领域得到了广泛的使用，另有少部分用于电子、药品和家用电器等行业。

可口可乐罐和啤酒罐等两片压力饮料罐的制造，传统的方法是使用铝板冲压和深拉成型，因为铝的延展性好。使用超低碳软质铝镇静钢生产的镀锡板，也可替代铝板用来制造两片压力饮料罐，且罐壁的厚度已经薄至0.07mm。同样一些喷雾罐也可使用软质镀锡板制造。此外，镀锡板还用来制造三片饮料罐，如椰奶罐等。在欧洲一些发达国家里，市场上消费的饮料罐就有三分之一是用镀锡板生产的。玻璃瓶皇冠盖、旋钮盖、食品罐头罐、水果罐头罐、宠物饲料罐等都是用镀锡板生产出来的。

人们日常生活中使用的许多物品中，不少是用镀锡板制造的，例如电池的外壳、做蛋糕和点心的模子、炊具、手电筒等。办公和学生文具用品中用镀锡板生产的东西比比皆是，例如磁性黑板、文具盒、文件夹等。

由于镀锡板相对于其他包装材料具有强度高、可再生以及环保等许多优点，其用途和使用量仍在继续扩大中。

1.3.3.4 彩色涂层板带的用途

彩色涂层板带具有良好的耐候性，尤其是还具有快捷、方便、低成本等优点，因此，在建筑行业上的消费量最大。除此以外，随着其新品种的开发、质量的不断提高、抗腐蚀性和加工性能的改进以及具有美观多变的色彩等优点，彩色涂层板带的应用正朝着家电、汽车、室内外装潢等行业迅速扩展。

使用彩色涂层钢板作为建筑的屋面材料，其质量轻，可降低建筑物的基础造价。彩色涂层钢板可事先加工成屋面所需面积和形状，采用组合式的施工模式，快捷方便，同时安装精度很容易达到工程的要求，搬迁和扩建也非常方便，因此彩色涂层钢板是超市、机场、足球场、运动场、大型厂房等建筑的屋面材料的首选材料。

1.3.4 电工钢板带的用途

电工钢板带是能有效转换电磁的专用钢板。通过电到磁，再从磁返回到电的能量转换，驱动电气机械。电工钢板带在家电产品、产业机械、运输机械等动力利用方面都有极广泛的应用。由于取向电工钢和无取向电工钢的电磁性能不同，按照零件对电磁性能的要求，这两种材料的用途有相对明确的使用范围。

电机是在运转状态下工作的，铁芯是由带齿圆形冲片叠成的定子和转子组成，要求电工钢板的磁性各向同性，因此这样的零件就应使用无取向电工钢制造。大型汽轮机发电机定子铁芯也可用取向电工钢板冲压成扇形片，然后叠成圆形铁芯，这样扇形片轭部与钢板轧制方向平行，齿部垂直轧向。

无取向电工钢板除了用于制造大型发动机旋转机构外，还用作制造冰箱、空调电动机、录像机、音响设备小型家电变压器、计算机硬盘驱动部件、伺服低速闭合车等。空调压缩机使用的电工钢主要是中低牌号冷轧无取向电工钢，冰箱压缩机用电工钢主要使用中高牌号冷轧电工钢，包括半工艺电工钢，常化的50A470使用量较多，部分使用高牌号或高效电工钢。

1.4 冷轧生产工艺的发展及典型工艺介绍

1.4.1 工艺发展

冷轧生产方法是不断发展进步的。其演变和发展过程如图1-1~图1-5所示。

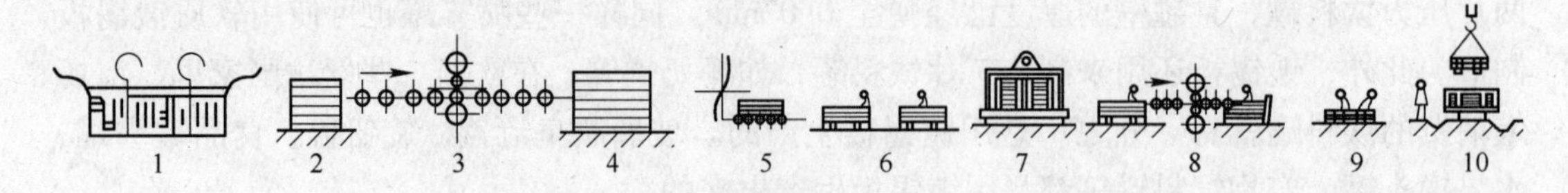

图1-1 单张生产方法

1—单张原板酸洗槽；2—洗后待轧板料；3—四辊冷轧机；4—轧制状态钢板；
5—剪切；6—分类；7—罩式电炉退火；8—平整；9—包装；10—入库

单张生产方法，从原料到成品生产的全过程是以单张方式进行的。这种生产方法产量低、质量差、成材率低，只能轧制较厚规格的薄板，但建设投资较低。半成卷生产方法产

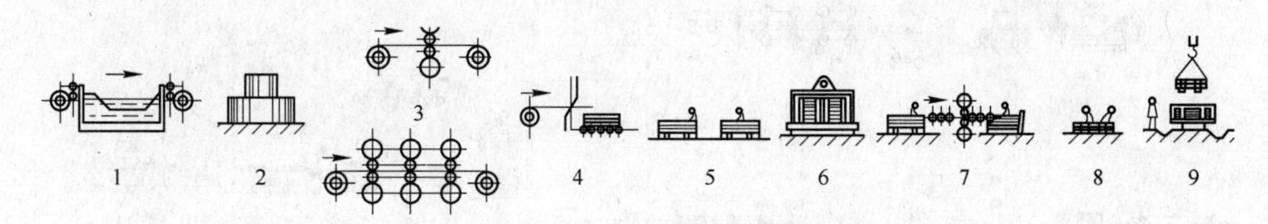

图 1-2 半成卷生产方法

1—酸洗；2—洗后待轧板卷；3—单机可逆式或三机架连轧；4—剪切；
5—分类；6—电炉退火；7—平整；8—包装；9—入库

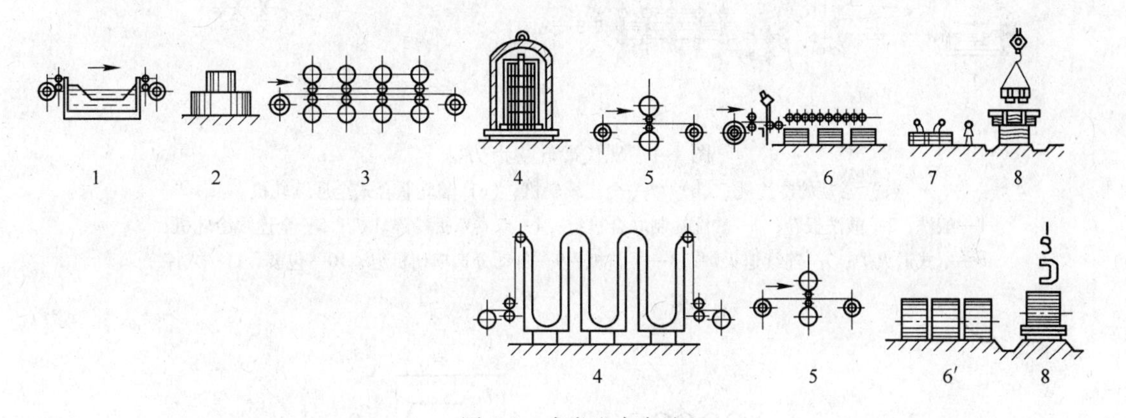

图 1-3 成卷生产方法

1—酸洗；2—酸洗板卷；3—连轧机或可逆式单机；4—罩式煤气退火或连续退火炉；
5—平整机；6—横切分类；6′—成卷包装；7—包装；8—入库

量较高，但轧后的工艺比较落后。这两种生产方法已被逐渐淘汰。成卷生产方法是 20 世纪 50 年代比较常用的生产方法。现代冷轧生产方法是 20 世纪 60 年代出现的一种生产方法，称为常规的冷连轧。

全连续式冷轧生产方法如图 1-4（b）、（c）和图 1-5 所示。

目前关于全连续轧机的名称有各种说法，为便于统一，我们按冷轧带钢生产工序及联合的特点，将全连续轧机分成 3 类：

（1）单一全连续轧机。如图 1-4（b）所示，就是在常规的冷连轧机的前面，设置焊接机、活套等机电设备，使冷轧带钢不间断地轧制。这种单一轧制工序的连续化称为单一全连续轧制，世界上最早实现这种生产的厂家是日本钢管福山钢厂，于 1971 年 6 月投产。

（2）联合式全连续轧机。将单一全连轧机与其他生产工序的机组联合，即成为联合式全连轧机。例如，单一全连轧机与后面的连续退火机组联合，即为退火联合式全连轧机；全连轧机与前面的酸洗机组联合，即为酸洗联合式全连轧机，如图 1-4（c）所示。这种轧机最早是在 1982 年新日铁广畑厂投产的。目前世界上酸洗联合式全连轧机较多，发展较快，是全连轧的一个发展方向。

（3）全联合式全连续轧机。这是最新的冷轧生产工艺流程。单一全连轧机与前面酸洗机组和后面连续退火机组（包括清洗、退火、冷却、平整、检查工序）全部联合起来，即为全联合式全连轧机，见图 1-5。

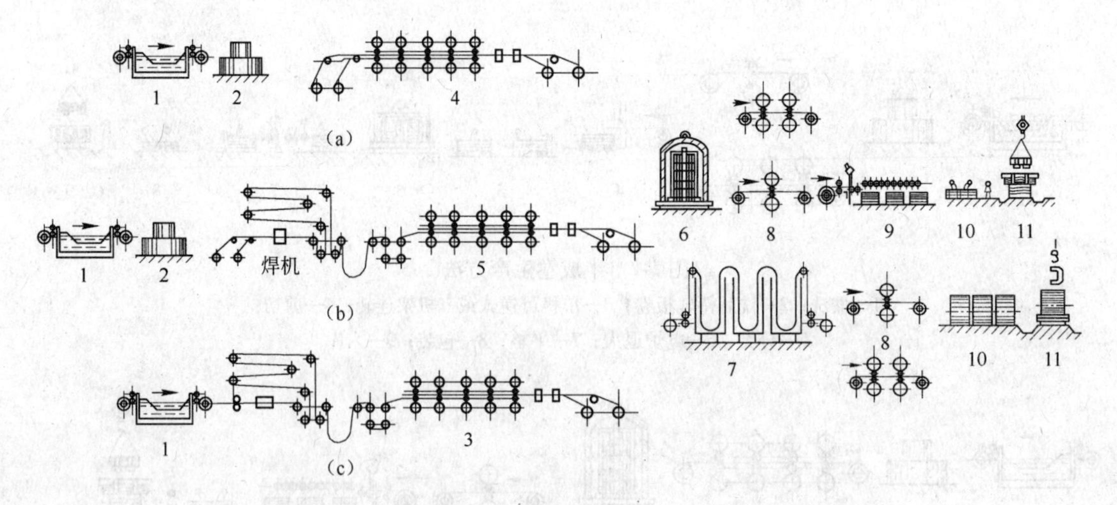

图 1-4　现代冷轧生产方法

（a）常规的冷连轧；（b）单一全连续轧机；（c）酸轧联合式全连续轧机

1—酸洗；2—酸洗板卷；3—酸洗轧制联合机组；4—双卷双拆冷连轧机；5—全连续冷轧机；6—罩式退火炉；7—连续退火炉；8—平整机；9—自动分选横切机组；10—包装；11—入库

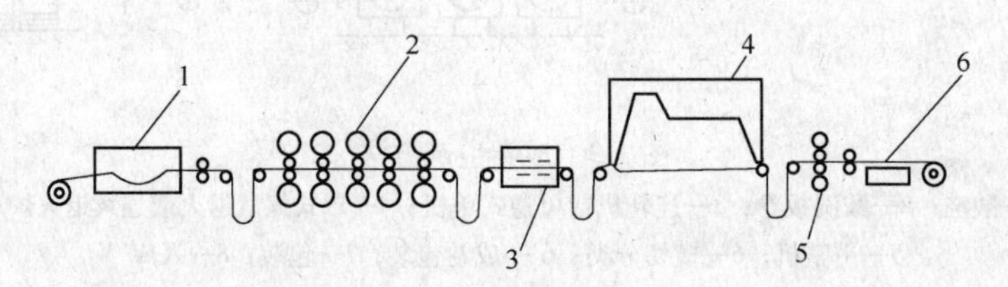

图 1-5　全联合式全连续轧制

1—酸洗机组；2—冷连轧机；3—清洗机组；4—连续式退火炉；5—平整机；6—表面检查横切分卷机组

1.4.2　典型工艺介绍

冷轧板带钢的产品品种很多，生产工艺流程亦各有特点。具有代表性的冷轧板带钢产品是涂镀层薄板（包括镀锡板、镀锌板、涂层或复合钢板等）、深冲钢板（以汽车板为最多）、电工硅钢板、不锈钢板。成品供应状态有板、卷或纵剪带形式，这主要取决于用户要求。各种冷轧产品生产流程如图 1-6 所示。

冷轧普碳带钢生产工艺流程包括酸洗、冷轧、清洗、退火、平整，如果用户需要还要进行镀锌或镀锡、彩色涂层等处理。

图 1-7 是一条典型的冷轧普碳带钢生产工艺流程示意图。热轧带钢在酸洗机组中经过酸洗去氧化铁皮，并在由五架六辊轧机组成的冷连轧机组中进行冷轧。冷轧后的钢卷按合同和生产计划被分流到三条不同的加工工序中。

第一条是生产普冷板带和电镀锌板带产品的工序。带钢首先在连续退火机组中进行再结晶退火和平整轧制。一部分钢卷直接送到重卷机组，按用户需求的卷重分成小卷，然后包装出厂，成为普冷板带产品；另一部分钢卷送到电镀锌机组进行电镀，最后成为电镀锌板带产品。

第二条是生产热镀锌板带和彩涂板带产品的工序。冷轧后的钢卷运送到热镀锌机组

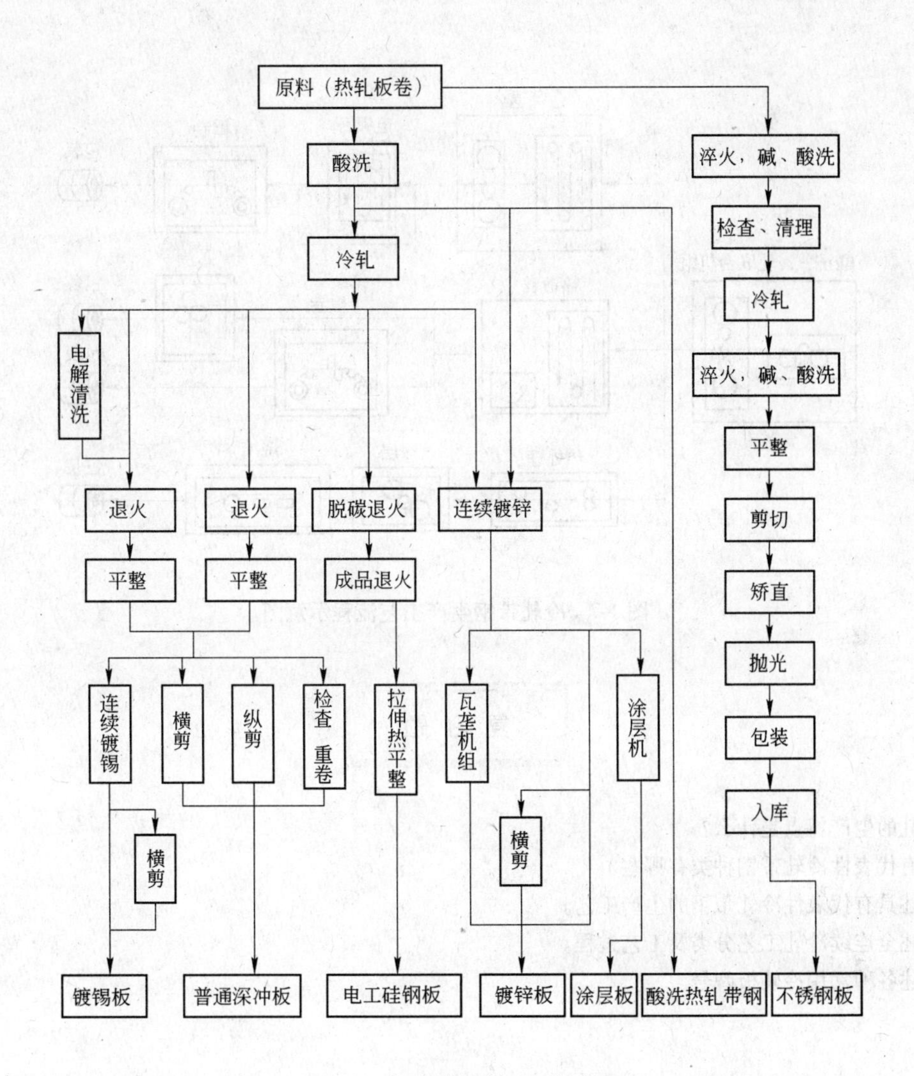

图 1-6 各种冷轧产品生产流程

中，首先进行镀前的清洗和退火处理，然后进行热浸镀、合金化处理、平整拉伸弯曲矫直、钝化、涂油包装，成为热镀锌板带产品。有一部分的热镀锌钢卷被送到彩涂机组进一步加工成为彩涂板带产品。

第三条是生产无取向电工钢的专用工序。带钢在再结晶热处理工艺段中脱碳、调整电磁性能处理，然后涂上绝缘膜并烘干，包装出厂。

1.5 板带钢标准及牌号

根据生产企业的不同需求，冷轧板通常分为一般用冷轧板、冲压级冷轧板、深冲冷轧板、特深冲冷轧板及超深冲级冷轧板，一般以卷材和平板交货，厚度以毫米表示，宽度一般为 1000mm 和 1250mm，长度一般为 2000mm 和 2500mm。

普通冷轧板材常用牌号有 Q195、Q215、Q235、08Al、SPCC、SPCD、SPCE、SPCEN、ST12、ST13、ST14、ST15、ST16 等。

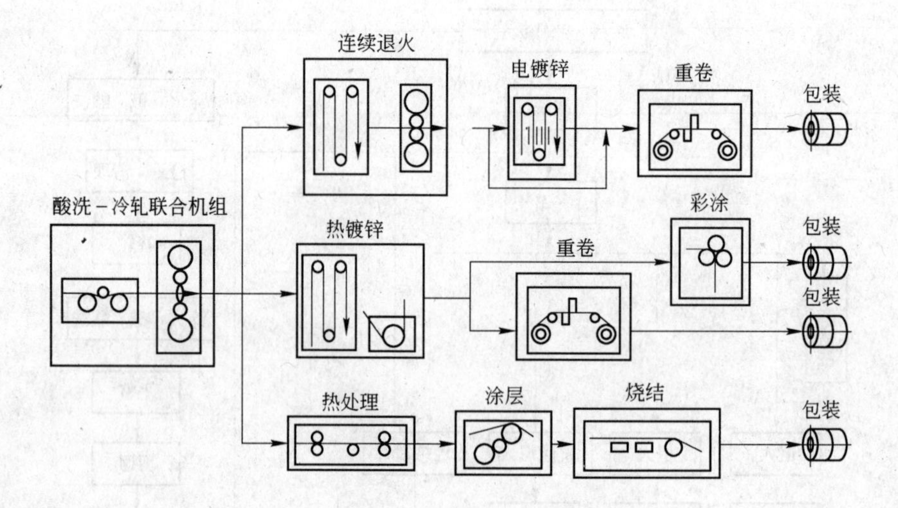

图 1-7　冷轧带钢生产工艺流程示意图

复习题

1-1 冷轧的生产特点是什么？

1-2 具有代表性冷轧带钢种类有哪些？

1-3 简述具有代表性冷轧带钢的生产工艺。

1-4 简述全连续冷轧工艺分类及工艺过程。

1-5 简述各种常用冷轧板牌号。

2 带钢开卷

2.1 开卷机

2.1.1 开卷机的作用与种类

开卷机的作用是把钢卷带头引出矫平并送入轧机和在轧制中提供足够的开卷张力。其结构形式常见有双锥头式、双柱头式和悬臂式3种，如图2-1所示。

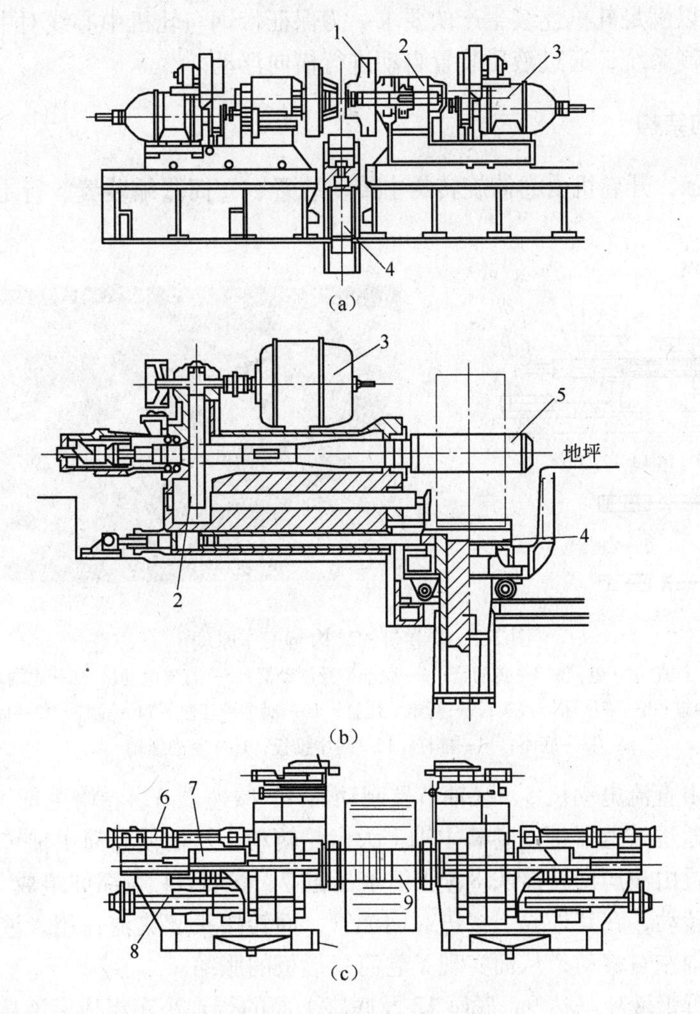

图2-1 常用开卷机形式

(a) 双锥头式；(b) 悬臂式；(c) 双柱头式

1—锥头；2—减速机；3—电动机；4—钢卷小车；5—卷筒；6—柱头移动油缸；7—柱头胀缩油缸；8—传动花键轴；9—柱头

双锥头式、双柱头式开卷机用来对轧制线上运送的钢卷进行开卷。双锥头结构有刚性和胀缩式两种。刚性锥头开卷机只能产生很小的张力，且锥头容易压伤内层钢卷，故很少使用。胀缩式锥头在插入钢卷后使其胀紧，从而能形成较大的张力，常用于轧机或平整机的开卷。

双柱头式开卷机的柱头较长地插入钢卷内径，如1700连轧机的开卷柱头一侧行程为800mm，这样就不会在很大开卷张力时，引起钢卷内层的损伤。并且柱头重心低，动平衡性好，使开卷速度较高，张力大，工作平稳。

悬臂式开卷机的卷筒通常为斜楔胀缩式，由液压驱动芯轴来带动斜楔和套筒做轴向移动，使卷筒胀缩。有的在卷筒悬臂端设置活动的外支撑架，使悬臂式开卷机可以承重大重量钢卷，形成较大的开卷张力并容易实现自动操作。

一般轧机上只装一台开卷机，为了减少开卷的辅助操作时间，则采取预开卷或两台开卷机工作方式，以满足轧机连续生产的要求。为保证带钢与轧机中心线对中运行，开卷机上要装设边缘控制系统，通过液压装置自动进行横向浮动。

2.1.2 开卷机的结构

如图2-2所示，开卷机由卷筒旋转的主传动装置、卷筒胀缩装置、行走装置及对中装置组成。

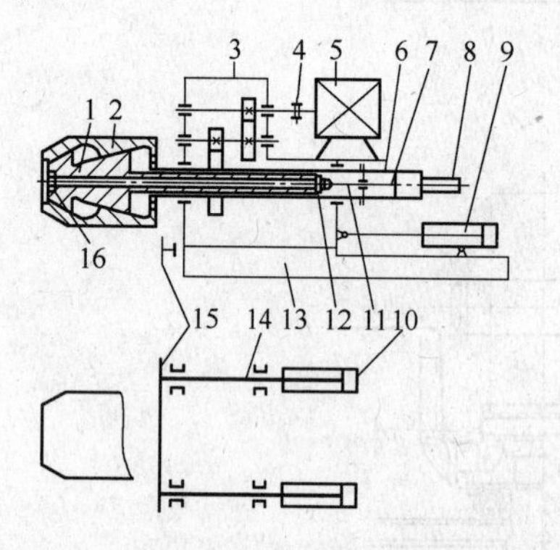

图2-2　开卷机的结构与工作原理

1—卷筒主轴；2—卷筒；3—传动箱；4—联轴节及制动器；5—直流电动机；6—主轴套筒；7—胀缩液压缸；8—液压回转接头；9—行走液压缸；10—对中液压缸；11—拉杆；12—固定轴套；13—底座；14—推杆；15—对中推板；16—紧固螺帽

主传动装置由直流电动机5、联轴节及制动器4、减速器3、卷筒主轴1、卷筒2等部件组成。电动机通过减速器带动卷筒主轴上大齿轮转动，从而使卷筒主轴转动。

卷筒胀缩装置由液压回转接头8、胀缩液压缸7、拉杆11等部件组成。液压缸转动，回转接头壳体不转动，在其外壳上接进、回油管，回转接头起集流作用。液压缸工作，通过拉杆使卷筒主轴左右移动，从而实现了卷筒扇形板的胀缩。

行走装置由行走液压马达9、底座13及底座上面的行走小车组成。液压缸工作实现了行走小车移动，使卷筒伸入钢卷内孔或退回。

对中装置由对中液压缸10、推杆14及对中推板15组成。对中装置的作用是使带钢卷对中于机组线。

2.2 开卷操作

2.2.1 现场开卷过程

下面以某厂开卷操作为例进行说明。

2.2.1.1 原料库操作

（1）岗位职责。

1）认真检查钢卷质量，钢卷在库区内定位准确，确保库区信息与实物一致。

2）对于有缺陷的钢卷要及时加以处理。

3）认真组织上料，保证生产的顺利进行。

4）入库时保证热卷号与鞍座号对应准确无误。

（2）入库操作要点。

1）原料（附带连轧厂质检站出具的质保书）运到库区后，当班工作人员以质保书为准检查来料是否准确，如有出入，请示调度或生产科是否卸车。

2）认真检查来料的质量，检查项目包括宽度偏差、内径、外径、卷重、边部质量、松卷、塔形、溢出边、鱼尾等。

3）对于合格的钢卷，由库区现场人员指挥天车，按钢种和规格放入指定区域，同种规格放在一起。并且填写现场入库记录本，记录来卷的ID号和放入的鞍座号。

4）对于不合格的钢卷要登记在《不合格原料报表》上。需要进行处理的，指挥天车放入待处理区，由白班组织人员进行处理。对于严重超标无法修复的钢卷要拒绝卸车。

5）现场记录要及时送到微机室输入微机，作为安排生产计划的依据。

（3）出库操作要点。

1）严格按照生产科制定的生产计划单组织上料，对于计划单与质保书有出入的以质保书为准，并及时与生产科进行核实。

2）由现场工作人员按照计划单指挥天车向步进梁上料。

3）当班取消上料的钢卷应通知天车重新入库，对于存在缺陷的钢卷，要及时处理并登记在《不合格原料报表》上。

4）当班人员要认真填写出库台账，所有出库钢卷均要在入库账上进行注销，并将信息输入微机。

5）每班要核对库存，填写库存明细表，并将当班的库存上报调度室。

（4）检查和处理过程。

1）入库后的钢卷每班要认真检查其质量，并填写“热轧原料检查台账”。

2）对塔形、溢出边的钢卷，超出控制范围的需要填写实测数据，未超出范围的打“√”表示。

3）对热轧卷内径曾做修理的钢卷必须实测其内径，记录实测数据，对内径未修理的钢卷不做内径测量，台账上用“—”表示，对内径损坏的钢卷，台账上用“×”表示。

4）对卷重小于10t的钢卷测量外径并记录实测数据，对卷重大于10t的钢卷不做检查，台账上用“—”表示，对其主项目合格的在热卷台账上打“√”表示，不合格的打

“×”表示。

5）对于原料检查台账，处理结果一栏对放行卷打“√”表示，对于不合格卷，要写上“不合格”等字样，并登记在台账上。

6）对于待处理区的不合格的钢卷，白班应及时组织人员进行处理，并确认所有修复结束的卷是否满足要求，对处理后放行的卷要进行编号并通知天车工吊入主库，并在报表中对处理结果做好记录。

2.2.1.2　开卷操作

（1）岗位职责。

1）严格按生产计划单上卷，钢卷号记录要准确清楚。

2）检查钢卷表面质量，测量外径、宽度、卷重。

3）对中调整防止翻卷，拆除捆带。拆捆带之前，带头一定要在钢卷下方，以防捆带剪断后带头弹起伤人。拆除捆带时，注意防止捆带弹出伤人。

4）带卷打开器引出带头并弯曲。

（2）开卷操作要点。

1）步进梁操作完成上升、前进、下降、返回一个循环的动作。

2）在某卷位（如12号）测量装置对钢卷进行外径测量、宽度测量和称重，确认钢卷。

3）在某卷位（如13号）对中装置对钢卷进行对中。

4）在某卷位（如14号）开卷工操作托辊旋转开关，将带头转至7点钟进行手动拆捆。

5）带卷打开器开始动作，弯曲带头，完成对钢卷的预开卷。

6）带卷送入钢卷小车，运至对应开卷机。

7）开卷机上卷并开卷。

2.2.2　实训开卷操作

2.2.2.1　实训设备

实训轧机是一套300mm二辊可逆式轧机（见图2-3），操作系统的核心控制部分由SIMATIC S7系列可编程控制器及WINCC上位监控机组成。主操作台（见图2-4）左侧为厚控系统的操作部分，右侧为液压站及张力控制的操作部分。WINCC上位监控系统除显示轧机的运行状态以外也可以对厚控系统进行操作。

操作台左上方第一排为厚控系统状态指示区。系统有警报发生时，黄色故障灯点亮，报警器向操作人员发出声光报警。在操作人员未处理故障之前，保护一直处于自锁状态，只有当故障处理完毕，按动复位钮后，故障状态才能被解除，恢复正常的工作状态。

紧急停止旋钮：当有紧急情况发生时，按下此旋钮，系统将停止输出。在紧急情况解除后，顺时针旋出此旋钮系统恢复正常。

点动按钮：调试动作的功能按钮。

拨零按钮：用于设定基准辊缝。当系统工作在AFC状态下时，设定压靠压力并确认，

图 2-3　300mm 二辊可逆式轧机

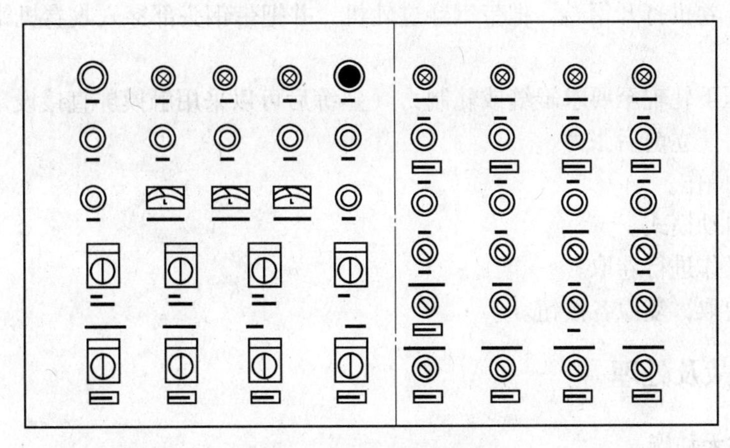

图 2-4　主操作台面板布置图

工作方式开关打到“AFC”位置，工作状态开关打到“工作”位置，缓慢启动（低速 0.2m/s）主机，给上工作液，待压力到工艺要求的压力值，同时查看“压力差”是否太大（正常值小于±3t）。如果压力差太大，即表示工作辊不平，应使用机前“纠偏”开关调整，直至达到正常值范围内按下拨零按钮。此时辊缝清零。

快速压下/抬起旋钮：执行手动快速升降轧辊功能。

慢速压下/抬起旋钮：执行手动慢速升降轧辊功能。

纠偏压下/抬起旋钮：执行轧辊位置纠偏功能。

2.2.2.2　实训操作

【技能目标】

能按要求正确操作开卷机和卷取机。

【实训内容】

开卷、卷取操作。

【实训器材】

300mm 轧机、前后卷取机、主控台。

【开卷操作步骤】

（1）上卷操作。

1）准备工作，打开 AGC 柜电源（空开），气动液压泵。

2）上卷，用天车把钢卷套到开卷机的卷筒上。

3）穿带，弯辊开，工作辊抬起，穿过带钢，带头嵌入卷取机卷筒钳口，若是最后道次，带头嵌入卷取机钳口。

4）点动模式，卷取机卷两圈，压住带头。

（2）开卷操作。

1）把主操作台控制系统旋钮置于 APC 工作状态。

2）调整手动压下旋钮，放下工作辊，保持 20mm 以上的开口度，以便穿带。

3）把待轧钢卷装于开卷机。

（3）穿带操作。

1）点动开卷机打开钢卷，把带钢穿过轧机，并把带钢头部穿入收卷机钳口并卷取 2~3 圈。

2）手动压下轧辊至要求辊缝或轧制力（熟练后可以采用触摸屏直接设定）。

3）设定并建立前后张力。

（4）卷取操作。

1）选择单动模式。

2）卷取操作进行卷取。

3）停止卷取，复原各按钮。

2.3　常见事故及处理

2.3.1　步进梁无动作

（1）事故描述。天车将钢卷放到步进梁托架上，操作工选择手动方式：

1）按上升按钮将钢卷托起，但无响应。

2）按上升按钮将钢卷托起后，按前进按钮但无响应。

3）钢卷完成托起、前进，但按下降按钮无响应。

天车将钢卷放到步进梁托架上，操作工选择自动方式某一动作无响应。

（2）事故处理。

1）检查联锁条件是否满足。

2）检查对应的限位是否正常。

3）检查光电管是否正常。

4）检查液压系统是否正常。

5）如果一切正常则通知机械、电气处理。

2.3.2　捆带落到步进梁下方

（1）事故描述。在步进梁某一卷尾要由操作工拆除钢卷捆带，操作工拆除捆带后，捆带掉入步进梁缝隙里。

（2）事故处理。

1）立即与入口操作联系，现场面板切换到近控，挂安全警示牌。

2）从步进梁下方取出捆带。

3）摘牌、接通液压系统，重新启动步进梁。

2.3.3 步进梁掉卷

（1）事故描述。天车按规定往鞍座上放钢卷，钢卷按指挥人员的指挥放到正确位置。天车工操作电动夹钳打开，在没有确认东侧钳爪脱离钢卷的情况下，操作吊钩上升，当发现夹钳的东侧钳爪挂住钢卷时，立即停止提升并快速下降吊钩，但为时已晚，造成钢卷向西侧翻倒在旁边的盖板上。

（2）原因分析。

1）天车工安全意识不强，开车时没做到“四稳”即（稳开、稳停、稳升、稳降）和“确认制”的情况下，把钢卷带落鞍座，这是造成此次事故的主要原因。

2）天车工违反了车间“操作卧卷夹钳时，夹钳都要从钢卷的侧面吊、放钢卷”的规定，这是造成钢卷翻落的直接原因。

3）地面指挥人员当时距现场最近，没有确认夹钳打开，也没有在第一时间制止，这也是造成钢卷翻落的原因。

（3）防范及改进措施。

1）天车工要进一步加强标准化操作，提高安全意识。

2）加强现场指挥人员的责任心，确认夹钳完全脱开钢卷后，给天车工明确的“准许离开”手势。

3）天车工必须按照地面人员的正确指挥，同时做好二次“确认”。

复 习 题

2-1 开卷机作用是什么？

2-2 常见开卷机形式及优缺点是什么？

2-3 开卷机由哪几部分组成？

2-4 简述开卷机卷筒胀缩工作原理。

2-5 实训开卷机操作步骤有哪些？

3 酸　洗

3.1 酸洗概述

冷轧钢板原料是热轧钢带，经过热轧的钢带表面会有一层硬而脆的氧化铁皮。热轧钢带作为原料在冷轧之前必须将氧化铁皮清除干净。酸洗工艺就是用来去除这层氧化铁皮的。

3.1.1 氧化铁皮

氧化铁皮是金属在加热、热处理或在热状态进行加工时形成的一层附着在金属表面上的金属氧化物。由于金属的成分、表面温度、加热和冷却制度、周围介质含氧量等因素的不同，氧化铁皮的成分与结构也因之而异。

由于热轧带钢的化学成分、轧制温度、轧制后的冷却速度及卷取温度的不同，所以带钢表面上所生成的氧化铁皮的结构、厚度、性质亦有所不同。具体地分析、研究这些特征，对于有效地清除氧化铁皮和控制氧化铁皮生成都是有利的。

3.1.1.1 带钢表面氧化铁皮的形成过程

轧件经粗轧后沿辊道向热连轧轧机运行时，温度为1000℃左右，这时在轧件表面上已生成了一层薄的氧化铁皮，而轧前高压水除鳞机可将它们清除掉。当轧件在连轧机上轧制时，板坯在各机架轧机间暴露的时间极短，而且大的压下阻碍了带钢表面形成厚的氧化铁皮，而所形成的氧化薄膜也立即被破坏并受到水的冲洗，因此，可以说刚刚从成品机架出来的带钢，虽然有850℃以上的较高温度，但带钢表面的氧化铁皮是极薄的。带钢从成品机架出来后，进入水冷装置，而后卷成带钢卷并缓慢冷却，就是在这段时间里，带钢表面被氧化生成氧化铁皮。

带钢表面上生成了一层氧化铁皮以后，氧和铁的离子扩散也受到了一定的阻碍，而且，氧化铁皮越厚，离子扩散受到的阻碍就越大，生成氧化铁皮的速度也越慢。因此，氧化铁皮的长大速度是不均匀的，即开始时氧化铁皮的厚度增加得很快，之后氧化铁皮增加的速度随着氧化铁皮的厚度增大而越来越慢。

事实上，在高温情况下氧化铁皮形成得特别强烈，当温度低于600℃时，氧化铁皮的形成实际上已停止。

3.1.1.2 氧化铁皮结构和厚度与酸洗时间的关系

带钢表面的氧化铁皮，由于钢的化学成分、轧制时带钢表面温度、轧制时的加热及终轧温度、冷却制度、周围介质的含氧量的不同，因此氧化铁皮的组成和结构也因之而异。

一般氧化铁皮由3层组成：直接附着在钢铁表面的一层是富氏体（FeO 和 Fe_3O_4固溶

体），为疏松而多孔的细结晶组织，各晶粒之间互相联系薄弱并且易于破坏；再上面一层是 Fe_3O_4，成玻璃状断口；最上面一层是结晶构造的 Fe_2O_3。由于热轧碳素结构钢的终轧温度一般控制在870℃左右，周围介质含有大量的氧气，随后又是相当快的冷却速度，所以其氧化铁皮一般都是上述3层结构。

从氧化铁皮的结构上看，终轧温度在700～900℃之间时，所形成的氧化铁皮含80%～90%的FeO、10%～20%的 Fe_3O_4。在温度大于900℃，氧化或氧化性气体较多时，铁将迅速被氧化，Fe_2O_3 可以在高温下快速形成，这时氧化铁皮除 Fe_3O_4 外，不出现FeO，并开始在铁皮表面形成 Fe_2O_3 单独一层。当温度小于570℃时，氧化铁皮由 Fe_3O_4 组成，表面上覆盖着一层很薄的 Fe_2O_3。

通常带钢边部较中间部分颜色深些。这一现象是由于氧化铁皮的厚度不同而引起光线的反射及干涉所致。随着氧化铁皮厚度的增大，颜色逐渐由橙变成黄、绿、青、蓝、紫等。因此，由带钢表面颜色及氧化铁皮的形状，大体上可判断出氧化铁皮的厚度及均匀程度。

在酸洗时会发现，带钢尾部（酸洗卷头部）表面上的氧化铁皮比较容易洗掉。这是因为带钢尾部的轧制温度一般比中部和头部低30～50℃，并在卷取时受到从卷取机上落下来的水的强化冷却，因此，带钢尾部铁皮形成的过程结束得较早，氧化铁皮较薄，而FeO来不及转化。

最难酸洗的是带钢头部（酸洗带卷尾部）的氧化铁皮。这是由于带钢头部氧化铁皮的形成过程比尾部结束得缓慢而使氧化铁皮层加厚的缘故。此外，氧化铁皮的缓冷促使FeO分解成 Fe_3O_4 或 Fe_2O_3 也是难洗的原因之一。

在带钢酸洗时还会发现，带钢的边缘上会出现未洗掉的黑边。这是因为在带钢长度的中部边缘上，氧化铁皮冷却得比较缓慢，而周围的氧气到带钢表面上的通路较通畅，使这里的氧化铁皮中 Fe_2O_3 层明显增加所致。

3.1.2 氧化铁皮的去除方法

目前世界各国对去除钢铁表面的氧化铁皮采取了多种方法，总的可以概括为两大类型，即机械除鳞法和化学除鳞法。

3.1.2.1 机械除鳞

机械除鳞法有反复弯曲法、轧制法、喷丸法、NID法及APO法等。为了满足更高除鳞要求，这些除鳞工艺可以与化学除鳞工艺复合在一起。

（1）NID法。NID法（用高压水喷铁砂浆的除鳞法）是1973年日本石川岛播磨公司开发的，其原理是将铁砂送入高压水流，通过扁缝式喷嘴，形成铁砂流布满钢带的横向表面。新日铁八幡厂一号酸洗机组的改造即在机组入口处增设了伸长率高达3%～7%的PV轧机进行破鳞，并采用了NID机械除鳞装置，其工艺布置见图3-1。

NID法在日本东芝（横滨）电气公司、川崎水岛工厂以及美国、德国、法国等均得到了实际运用。我国昆明工学院将喷浆除鳞技术应用于窄带钢的除鳞，使用效果很好。重钢四厂冷轧车间用10MPa以上的高压水将浓度在60%以上的烧结用铁矿粉浆从喷嘴中喷出，在空中形成高能量水锤打到钢板表面上，取得了很好的除鳞效果。用喷浆法代替过去的喷

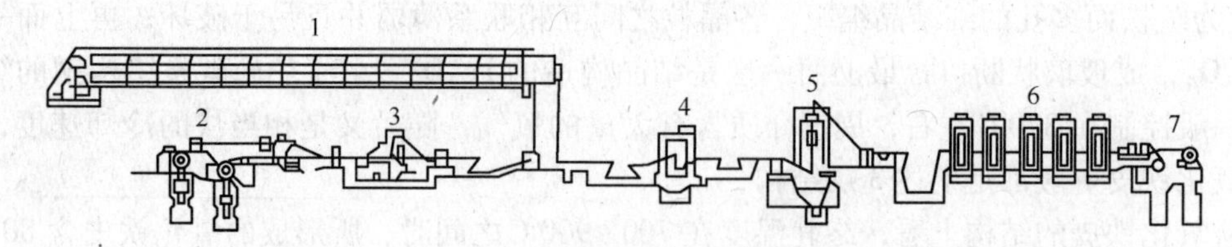

图 3-1 除鳞冷轧联合机组

1—架空活套；2—开卷机；3—焊机；4—PV 轧机；5—NID；6—冷轧机；7—张力卷取机

丸法，吨钢成本降低 5 倍。

也可将喷砂除鳞和酸洗除鳞联合使用，如硅钢片厂 70% 靠喷砂除掉铁皮，30%用盐酸洗掉铁皮。

（2）APO 法。1989 年苏联切列流维茨厂建成并投产了连续研磨除鳞（APO）生产线（见图 3-2）。该生产线可处理厚度为 1.6~4.0mm、宽度为 900~1550mm、抗拉强度达 650MPa 的碳素钢和低合金钢带钢，最大线速度为 90m/min，年产量达 50~60 万吨。由于不使用酸，解决了因用酸而引起的一系列生态问题，特别对不锈钢的处理尤为优越。这种方法应用范围广、生产成本低，它与常规方法的比较见表 3-1。

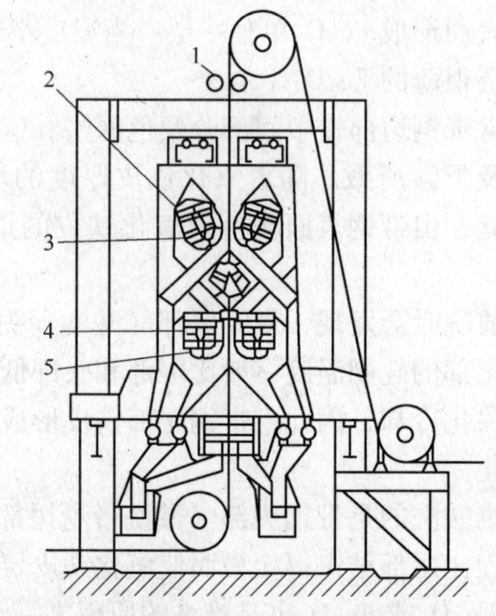

图 3-2 带钢机械除鳞的 APO 工艺

1—清洗刷；2—工作室；3—液压可调磁性传动轴（开）；4—电磁转换；5—液压可调磁性传动轴（关）

表 3-1 APO 法与常规法的成本比较 %

除鳞方法	常规法		APO 除鳞法
	H_2SO_4	HCl	
能 源	100	120	80
生产成本①	100	80	70
投 资	100	300	70

①包括修理和维护费用。

机组由通用的开卷机、焊接机、活套装置、拉伸矫直机、3 个串联的 APO 研磨仓和卷取机组成。设在 APO 仓前的拉伸矫直机使钢带产生 5%以上的伸长量，从而使鳞皮破裂及部分脱落，然后通过 APO 仓，在冷模铸造的小颗粒磨料的研磨下实现除鳞。磨料是 100~500μm 的磁性冷铸片状颗粒，在外力作用下被压入带钢表面，同时磨料沿磁力线方向排列，这种复合运动导致鳞皮破坏。脱落的鳞皮与磨料一起从工作仓运往分离系统。在那里，5~15μm 的细鳞皮从磨料中分离出来，纯磨料又被送回研磨仓。磨料使用 2~3 个月以后更换。该厂各工段在很大程度上是封闭和防尘的，还安装了除尘系统。

喷浆除鳞（NID）、APO 研磨除鳞等新的机械除鳞法，具有投资省、生产成本低，污染小等优点，因此有广阔的发展前途。它既可单独完成带钢除鳞，又可以与酸洗联合除鳞，以加快除鳞速度，所以也适用于已有酸洗线的改造，尤其对合金钢和有色金属的除鳞，机械法比酸洗法具有更大的优势。

3.1.2.2　化学除鳞

化学除鳞是用化学方法除去金属表面氧化铁皮的过程，因此也称化学酸洗。酸洗按其生产方法通常分为酸法、碱-酸法、氢化物法、电解法等。在连续酸洗机组上绝大多数是使用酸法酸洗。

20 世纪 60 年代以前冷轧原料的除鳞主要是用硫酸酸洗。这种方法由于产生的废酸不能完全回收，并且硫酸氧化性较强，钢的损耗也较大，因此逐渐被淘汰。

1959 年奥地利鲁兹纳发明了盐酸酸洗废液再生方法，盐酸可以完全回收，产生的铁粉也可做成高档的磁性材料。盐酸酸洗法由于成本低、酸洗带钢表面质量好，而且钢的损耗也较小，因而得到普遍发展。

3.2　酸洗基本理论

目前，世界上热轧带钢轧机所生产的钢卷中，大约有 3/4 要提供给连续带钢酸洗机组进行处理，而其中 98%的带钢是采用水平式（卧式）连续酸洗机组。因此，从酸洗机组处理带钢的数量之大、意义之深远来看，研究酸洗机组的酸洗机理、规律，使机组发挥最大的生产潜力，就成为从事酸洗工作人员义不容辞的职责。

3.2.1　盐酸

盐酸在化学工业中通常与硫酸、硝酸并列称为化学工业三大强酸，是化学工业的重要产品之一，广泛地应用于国民经济的各个部门。

在化学工业中盐酸是用纯净氢气在氯气中燃烧并生成氯化氢，再用水吸收制成的。化学反应式为：

$$H_2+Cl_2 = 2HCl$$

纯净的盐酸是无色透明的液体，有刺激性气味，浓盐酸中约含有 37%的氯化氢，相对密度约为 1.19，工业用盐酸由于含有杂质（主要是 $FeCl_3$）而带黄色。

浓盐酸在空气中经常会“冒烟”，这是因为从盐酸里跑出来的氯化氢遇到空气里的水蒸气凝结成小滴的盐酸而产生的。像盐酸这样沸点较低，在常温下就能较显著地蒸发出酸分子的酸，通常称之为挥发性酸。

盐酸具有酸的一切化学性质，它可与金属或金属的氧化物发生化学反应，生成盐、氢气或水。例如：

$$Fe+2HCl = FeCl_2+H_2\uparrow$$

$$FeO+2HCl = FeCl_2+H_2O$$

盐酸对皮肤或某些织物也有一定的腐蚀作用，在使用时应该注意，不要把盐酸滴在皮肤或衣服上。

由于盐酸具有挥发性，挥发出来的 HCl 气体对人、金属和建筑物都有较大的损害作用，如空气中 HCl 的含量达到百万分之一时，就能使光洁的金属变暗，因此，在盐酸酸洗车间内或使用盐酸的地方都必须严格地控制空气中 HCl 的含量，不得超过 5mg/m^3。

3.2.2 酸洗原理

带钢表面形成的氧化铁皮（FeO、Fe_3O_4、Fe_2O_3）都是不溶解于水的碱性氧化物，当把它们浸泡在酸液里或在其表面上喷洒酸液时，这些碱性氧化物就可与酸发生一系列化学变化。

由于碳素结构钢或低合金钢钢材表面上的氧化铁皮具有疏松、多孔和裂纹的性质，加之氧化铁皮在酸洗机组上随同带钢一起经过矫直、拉矫、传送的反复弯曲，使这些孔隙裂缝进一步增加和扩大，所以，酸溶液在与氧化铁皮起化学反应的同时，亦通过裂缝和孔隙而与钢铁的基体铁起反应。也就是说，在酸洗一开始就同时进行着三种氧化铁皮和金属铁与酸溶液之间的化学反应，所以，酸洗机理可以概括为以下 3 个方面：

（1）溶解作用。带钢表面氧化铁皮中各种铁的氧化物溶解于酸溶液内，生成可溶解于酸液的正铁及亚铁氯化物，从而把氧化铁皮从带钢表面除去。这种作用一般称为溶解作用。在盐酸溶液中酸洗时其反应式为：

$$Fe_2O_3+6HCl = 2FeCl_3+3H_2O \tag{3-1}$$

$$Fe_3O_4+8HCl = 2FeCl_3+FeCl_2+4H_2O \tag{3-2}$$

$$FeO+2HCl = FeCl_2+H_2O \tag{3-3}$$

在酸溶液中反应式（3-3）的反应速度最大，反应式（3-1）、（3-2）次之。假如酸溶液能够很顺利地通过裂缝、孔隙由氧化铁皮的外层进入内层的话，那么内层 FeO 的溶解将对整个酸洗过程起着加速的作用。

（2）机械剥离作用。带钢表面氧化铁皮中除铁的各种氧化物之外，还夹杂着部分的金属铁，而且氧化铁皮又具有多孔性，因此酸溶液就可以通过氧化铁皮的孔隙和裂缝与氧化铁皮中的铁或基体铁作用，并相应产生大量的氢气。由这部分氢气产生的膨胀压力，就可以把氧化铁皮从带钢表面上剥离下来。这种通过反应中产生氢气的膨胀压力把氧化铁皮剥离下来的作用，称作机械剥离作用。其化学反应为：

$$Fe+2HCl = FeCl_2+H_2\uparrow \tag{3-4}$$

金属铁在酸溶液中的溶解速度大于铁的各种氧化物的溶解速度，所以机械剥离在酸洗过程中起着很大的作用。据有关资料介绍，盐酸酸洗时，有 33%的氧化铁皮是由机械剥离作用去除的。

应当指出，在酸洗过程中不希望酸与基铁发生反应，因为这样将会使酸和基铁损失过多。同时，反应中产生的一部分氢将扩散到基铁中去从而造成氢脆，以致造成酸洗不均匀和产品质量缺陷。

（3）还原作用。在反应式（3-4）中，金属铁与酸作用时，首先产生氢原子。一部分氢原子相互结合成为氢分子，促使氧化铁皮的剥离；另一部分氢原子靠其化学活泼性及很强的还原能力，将高价铁的氧化物和高价铁盐还原成易溶于酸溶液的低价铁氧化物及低价铁盐。其反应为：

$$Fe_2O_3+2[H]^+ = 2FeO+H_2O$$

$$Fe_3O_4+2[H]^+ = 3FeO+H_2O$$

$$FeCl_3+[H]^+ = FeCl_2+HCl$$

分析使用过的酸洗溶液会发现酸液中只含有极少量的三价铁离子（例如，在盐酸酸洗时，总酸度为200g/L，废酸中含二价铁离子120g/L，三价铁离子只有5~6g/L）。这是因为酸洗时生成的初生氢使三价铁的化合物还原成亚铁化合物。

综上所述，带钢表面上的氧化铁皮是通过以下三种作用而被清除的：

（1）氧化铁皮与酸发生化学反应而被溶解（溶解作用）。

（2）金属铁与酸作用生成氢气，机械地剥落氧化铁皮（机械剥离作用）。

（3）生成的原子氢使铁的氧化物还原成易与酸作用的亚铁氧化物，然后亚铁氧化物与酸作用而被除去（还原作用）。

3.2.3 影响酸洗效果的因素

3.2.3.1 影响酸洗效果的外在因素

A 各类酸溶液的影响

（1）氧化铁的在不同酸中溶解速度。四氧化三铁及三氧化二铁在盐酸中的溶解速度远远大于硫酸溶液中的溶解速度，因此钢铁制品在盐酸中的酸洗速度也较在硫酸中大得多。

（2）金属铁溶解速度。金属铁在盐酸中的溶解速度比在硫酸中大。但是，由于盐酸的酸洗速度比硫酸大得多，因此在完成酸洗任务要求时间内，盐酸对金属铁的溶解量反而比硫酸少得多。例如：钢材在质量分数为10%硫酸中酸洗时，溶解的金属铁约等于在同浓度盐酸中酸洗时的11.5倍。

（3）较高浓度酸洗液的影响。在盐酸中，酸洗主要靠溶解作用除去氧化铁皮；在硫酸中，酸洗则主要依靠机械剥离作用除去氧化铁皮。用硫酸酸洗时，约有78%的氧化铁皮是由于机械剥离作用除去的；而用盐酸酸洗时，则只有33%的氧化铁皮是由于机械剥离作用除去的。

（4）对特殊钢的影响。对特殊钢的酸洗应视不同钢种采用不同的酸洗方法。如不锈钢如果用硫酸或盐酸来酸洗，即使时间再长也达不到去除氧化铁皮的目的。对不锈钢要采取特殊酸洗办法，如可以用硝酸加氢氟酸的混合酸溶液酸洗；用碱熔融化的碱洗或者采用电解酸洗的办法等。

总之，酸的种类对酸洗效果影响很大。

B 酸溶液浓度和温度的影响

酸溶液浓度及温度的变化，直接影响着酸溶液的活性。在盐酸酸洗中，提高酸液的浓度和温度能够增加酸洗速度，如图3-3所示。

当酸浓度从2%增大至25%时，盐酸酸洗的速度增加约10倍；当温度自18℃升高至60℃时，盐酸酸洗速度提高9~10倍。在盐酸溶液中酸洗时，通常采用增大浓度而不过分提高温度的办法来提高酸洗速度。一般用盐酸酸洗采用质量分数为20%，温度为70~80℃。

C 酸溶液中铁盐含量的影响

在盐酸酸洗中，生成的氯化亚铁对盐酸酸洗影响如图3-4所示。从图3-4中可以看出，当酸含量增加和温度升高时酸洗时间减少，且随着$FeCl_2$含量的增加，酸洗时间急剧减少到最小，此时$FeCl_2$的浓度比饱和浓度低4%~8%。以后，酸洗时间又急剧增加，一直到

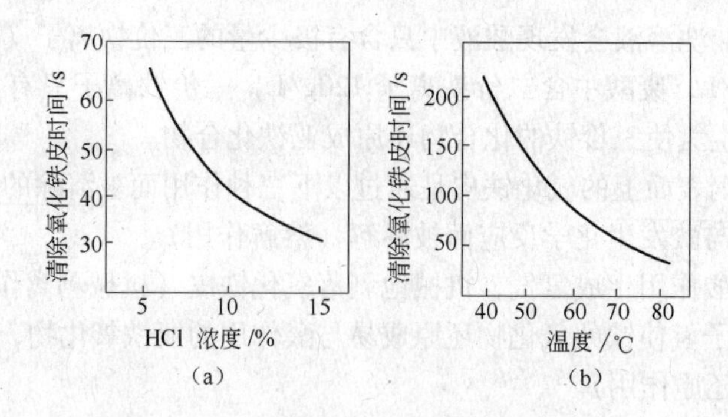

图 3-3　盐酸浓度、温度与酸洗时间的关系

(a) 温度为 70℃时，浓度与酸洗时间的关系；

(b) 浓度为 15%时，温度与酸洗时间的关系

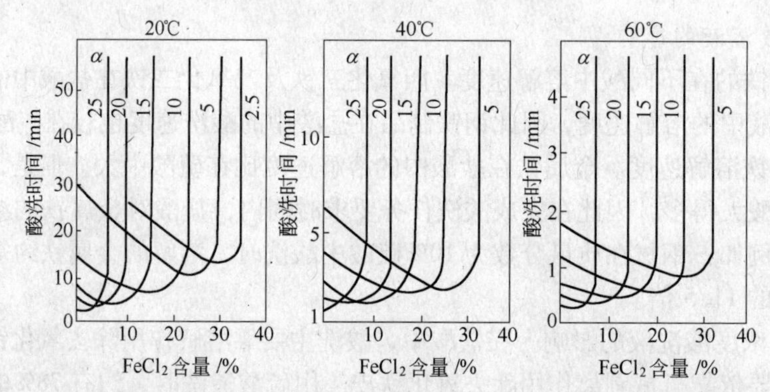

图 3-4　酸洗时间与盐酸含量、$FeCl_2$ 含量和温度的关系

(曲线上数字为酸含量，α 为饱和浓度)

$FeCl_2$达到饱和，酸洗时间最长。酸溶液温度越低，酸洗时间的最小值也就越明显。最短的酸洗时间是在 $FeCl_2$最佳含量的情况下得到的，即 $FeCl_2$的浓度低于饱和浓度 4%~8%。

最佳的酸洗时间曲线非常接近饱和线（见图 3-5），这表示在这个区域内略微改变一下溶液的成分，酸洗时间就发生明显的变化，即这个过程是很不稳定的，必须准确地控制这个区域酸液的成分。但这在实际上是比较困难的，因此在酸洗生产中不采用 $FeCl_2$的浓度接近饱和状态的酸溶液。特别是当盐酸浓度大于 20%时，$FeCl_2$很容易达到饱和状态，所以目前各国无论是新建还是改建的盐酸酸洗机组，盐酸的浓度都不超过 20%，通常采用 18%左右的。

此外，酸液内 $FeCl_2$含量增加，盐酸的挥发加速，因此在酸洗时，一般希望将 $FeCl_2$的含量控制在比较低的范围内。

D　酸溶液搅拌的影响

搅拌酸溶液对酸洗是有利的。因为搅拌可以除去凝结在钢铁制品表面上的蒸汽，以及附在其上的氢气泡，同时使溶液不断循环，成分保持均匀，还能更好地让酸与带钢表面接触，这样可以使酸洗过程进行得更快更好，从而提高了酸洗速度。

在连续酸洗机组中，酸槽内酸液的搅拌是用被直接吹入槽内的过热蒸汽，以及由在酸溶液中运动的带钢和酸洗时生成的氢气带动。

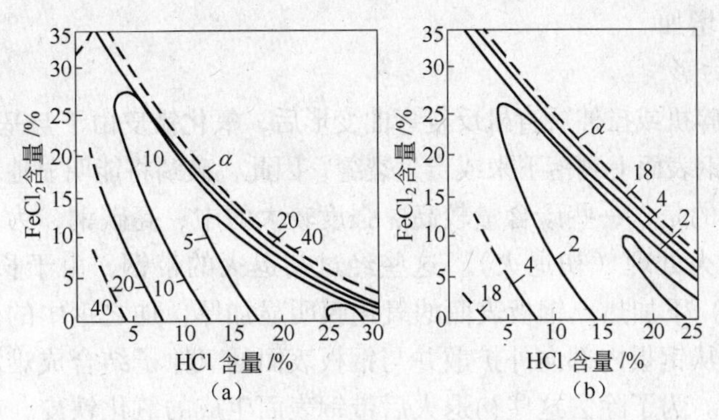

图 3-5 在 20℃、40℃时酸洗时间与酸液成分的关系

(a) 20℃；(b) 40℃

（曲线上的数字为时间，单位 min；α 为饱和线）

3.2.3.2 影响酸洗效果的内在因素

酸洗带钢的种类繁多，对于不同带钢其酸洗条件也不同，否则将收不到好的酸洗效果。因此，为了更好地掌握不同带钢的酸洗条件，必须了解带钢本身究竟有哪些因素（内因素）对酸洗有影响。

对酸洗有影响的内因素主要有带钢的化学成分、力学性能、加工过程、形状及表面状态等。同时，要考虑带钢表面上氧化铁皮的组成、结构、厚度及其均匀性。

A 氧化铁皮的影响

酸洗过程就是去掉带钢表面氧化铁皮的过程。因此，酸洗时间主要取决于氧化铁皮的组成结构、厚度及均匀性。普通碳素钢表面氧化铁皮主要由氧化铁组成，也可以由四氧化三铁及三氧化二铁组成。

(1) 在用硫酸或盐酸酸洗时，氧化铁的溶解速度比三氧化二铁及四氧化三铁都快。

(2) 随着氧化铁的含量不同，酸洗速度也有很大的差别。例如：在热轧时生成的氧化铁比退火时生成的多，因此，热轧后钢板酸洗速度比退火后的钢板酸洗速度要快。

(3) 热轧后生成的氧化铁皮多孔、比较疏松，酸溶液易通过氧化铁皮与金属反应生成氢而引起机械剥离作用，这样加快了酸洗速度。

(4) 氧化铁皮的厚度及均匀性对酸洗也有影响：氧化铁皮越厚，酸洗时间越长；氧化铁皮厚度不均匀，就能造成局部过酸或局部欠酸。

B 钢的化学成分影响

当钢铁制品中含有其他元素时，氧化铁皮中就含有其他元素的氧化物。例如硅钢生成的氧化铁皮含有二氧化硅；不锈钢生成的氧化铁皮含有镍和铬的氧化物。这些氧化物用硫酸、盐酸酸洗是很困难的，要另用其他方法。当钢铁中含有钙、镁等元素时，这些元素会使氧化铁皮变得很疏松，酸溶液很容易渗入到氧化铁皮内部与富氏体的氧化铁或基体铁接触，因此，酸洗变得比较容易。

应当特别指出的是含铝的钢，虽然生成的氧化铁皮比较致密，但由于生成的铝的氧化物能溶解于酸中，因此含铝的钢仍然是比较容易酸洗的。

另外，带钢中的碳含量对酸洗速度也有影响。钢中碳含量增加，金属铁的溶解速度增加，酸洗速度也会增加。

C 其他方面的影响

带钢经铁皮破碎机或拉伸矫直机反复弯曲变形后，氧化铁皮由于与基铁的塑性不同，将会不同程度地从带钢表面上剥落下来或产生裂缝，因此，破鳞将能明显地增加酸洗速度。

最后应当指出的是，一些碳含量较高、强度较大的中、高碳钢，为了便于轧制，在酸洗之前都要进行退火处理（初退火）。这些经过初退火的带钢，由于长时间（大约 24h）在高温（约 780℃）下加热，钢板表面的氧化膜明显加厚，加之钢中的硅、铬等元素的原子在高温下较多地从钢板内部向外扩散并与钢板表面的氧原子结合成难溶的氧化物，从而增加了酸洗的困难。为了除去这些初退火后带钢表面生成的氧化铁皮，就必须增加酸的浓度、延长酸洗时间。

3.2.4 冲洗原理及影响因素

3.2.4.1 冲洗原理

带钢酸洗后在酸槽出口处被两对挤干辊挤干，其表面仍留有 $10\sim50mL/m^2$ 的残酸液膜（液膜取决于挤干辊的状态、挤干力及带钢表面平直度）。这层液膜的成分与最后一个酸槽的酸液相同，即有较高含量的游离酸和较少的铁离子。如不进行干燥而让液膜留在带钢表面上，则游离酸就要与带钢表面的铁发生反应，腐蚀基体铁。

当液膜的水或盐酸蒸发时，剩下的液膜中含铁量就越来越多，以至有铁析出，即浅绿色的氧化亚铁水解，氧化而变成氢氧化铁，形成褐色的表面层。这种带钢既不好看又不利于进一步加工。另外，带钢在与空气中的湿气、氧气相接触时，表面的氯离子不断腐蚀金属基体，造成严重的锈蚀，其反应过程如下：

盐酸腐蚀金属铁 $Fe+2HCl = FeCl_2+H_2$

氯化亚铁的水解 $FeCl_2+2H_2O = Fe(OH)_2+2HCl$

氢氧化亚铁的氧化 $2Fe(OH)_2+H_2O+1/2O_2 = 2Fe(OH)_3$

为了防止带钢酸洗后的氧化锈蚀，必须很仔细地冲洗带钢表面上的残酸。经验表明，从最后一个冲洗槽出来的带钢表面上残酸的浓度不得大于 50mg/L。酸洗液中盐酸浓度为 200g/L，如果冲洗效率为 100%的话，则要稀释 4000 倍。为了建立冲洗所需水量的概念，举例说明如下：宽度为 1m 的带钢以 120m/min 的速度酸洗，残留在带钢表面上的酸液为 25mL/m，则每小时带出的酸液为 $25\times10^{-3}\times1\times120\times2\times60=360L$。如上所述要把冲洗之后的带钢表面上残酸控制在小于 50mg/L 的话，我们需要用 4000 倍的冲洗水（即 $1440m^3/h$）直接喷洗带钢表面，这样才能获得满意的冲洗效果。

这样看来所需水量是非常大的，所需要的水泵也太昂贵。因此在现代化的酸洗机组中，常采用多级逆流水冲原理，以便在保证水冲效果的前提下，大大降低耗水量。具体操作过程是：带钢先后通过几个相互分离的水槽，冲洗水与带钢呈逆流运行，并在最后一个槽不断添加冷凝水，以冲洗稍微不太清洁的带钢表面，多余的水则溢流到前一个冲洗槽中。在第一个冲洗槽中的冲洗水虽然已经不太干净了，但它仍能冲去带钢表面上的大部分酸洗液（残酸）。为了改善各级的冲洗效率，各级冲洗水都进行多次循环，并以固定的水量加压喷射到带钢表面上，这样，冲洗效率几乎可达 100%。

各种情况下的耗水量可利用式（3-5）计算。

$$Q = q \times \sqrt[n]{\frac{C_0}{C_n}} \tag{3-5}$$

式中 Q——每小时冲洗水的耗水量；

q——每小时带钢带出的酸液量；

C_0——酸液的浓度；

C_n——第 n 级冲洗槽中的实际浓度；

n——冲洗级数。

代入已经设定的数据，$q=360\text{L/h}$（带钢宽为 1m，带钢运行速度为 120m/min）、$C_0=200\text{g/L}$、$C_n=0.05\text{g/L}$、$n=3$（三级逆流冲洗），即可得到：

$$Q=360\times\sqrt[3]{\frac{200}{0.05}}\approx 5714.6\text{L/h}\approx 5.715\text{m}^3/\text{h}$$

即三级冲洗的耗水量为 $5.715\text{m}^3/\text{h}$，而一级冲洗时则要 $1440\text{m}^3/\text{h}$。由此可见，多级冲洗提供了一种先进的技术，即使需要较高的基建费用也是合算的。在实际运行时，为补充喷溅和挥发造成的损耗，冲洗水量要取得比要求的耗量稍大一些。

3.2.4.2 影响冲洗效果的因素

使用清洁的冲洗水，可以改善带钢的质量。用一般水冲洗时，冲后带钢表面残存有一层水膜，在干燥时，水膜中各种溶解物质会变成水印残留在带钢表面上。为此可以使用去离子水或脱盐水，水中杂质的极限值不得超过一个德国度，或者其他物质的浓度最大相当于 5mg/L 氯离子。因此上述计算是按去掉氯离子考虑的，如果水中含有氯离子，则冲洗水量还要加大。

通常酸液中 HCl 与铁离子相比要多得多，铁离子能很好地溶解在溶液中。在使用脱盐水时，铁离子和盐酸的比例保持不变，如果冲洗水中含有 Ca^{2+}（一般硬水，如 $Ca(HCO_3)_2$）时，则发生如下反应：

$$Ca(HCO_3)_2+2HCl = CaCl_2+2CO_2+2H_2O$$

从反应式可以看出，水中的 Ca^{2+} 中和掉了游离的氯化氢（盐酸），破坏了盐酸与铁离子间的平衡，使 $FeCl_2$ 水解氧化形成上述氢氧化铁的褐色表层。如一旦发生这种情况，可在第二级冲洗水槽中加入新酸以进行补救。此时由于需要冲掉的盐酸量增加了，因此冲洗水量也要随之适当增加。

从上述情况分析，不难看出在冲洗水量固定的情况下，影响冲洗效果的两个因素是：冲洗水的含氧量及冲洗水的硬度。为解决冲洗水中含氧的问题，可以在第三级（即最后一级）冲洗时采用热水冲洗，这样不但能有效地减少冲洗水中的溶解氧，而且可以降低水的黏度，提高离子在水中的活动（扩散）能力，使冲洗更加有效，同时还能提高被冲洗带钢的自身温度，使带钢在挤压掉水分之后更容易干燥。在降低水的硬度方面，可以使用去离子水。

综上所述，为了保证均匀、良好的冲洗效果，必须使用热的去离子水进行冲洗，冲洗水量要充足，冲洗状态要尽量稳定。

3.3 常见的酸洗机组

在冶金工厂，带钢酸洗机组目前有3种形式，即半连续酸洗机组、连续卧式酸洗机组和连续塔式酸洗机组。

3.3.1 半连续酸洗机组

半连续酸洗机组也称推式（或推拉式）酸洗机组。它的工艺操作过程是：带钢板卷经开卷机开卷之后，进入矫直机矫直，以保证带钢顺利通过机组；被矫直的带钢经酸洗槽内的酸液除掉其表面的氧化铁皮；随后进入清洗槽，以除去带钢自酸槽中带出的残酸，再经热风烘干装置将其表面烘干；最后经过剪边、切掉头尾舌头并在卷取机上卷成带钢卷。

一般半连续酸洗机组（见图3-6）的头部设有铡刀式剪断机，这是因为热轧带钢的前端"舌头"能很顺利地通过机组。在每个酸槽内和酸槽之间安装有传动的拉料辊，拉料辊的辊缝可调，以便带钢端头能被较准确地引入拉料辊。如果半连续酸洗机组同时酸洗两条以上带钢，那么在酸槽内还将设有带钢导向槽，以保证几条带钢在酸槽中能平行地正常运行。

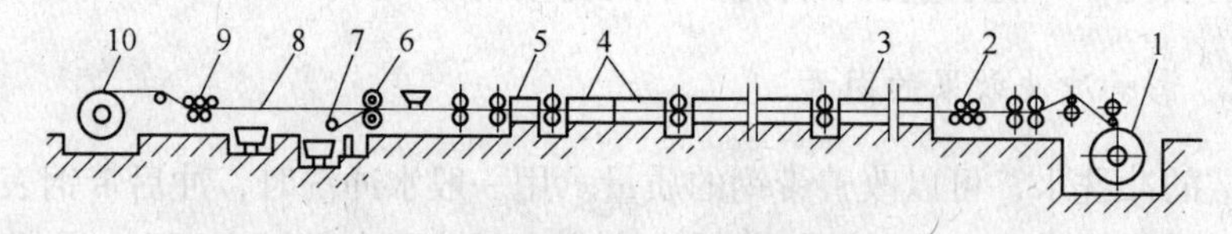

图3-6　半连续酸洗机组示意图

1—开卷机；2—矫直机；3—酸洗槽；4—清洗槽；5—烘干装置；6—圆盘剪；7—碎边剪；8—铡刀式剪断机；9—张紧装置；10—卷取机

半连续酸洗机组由于它没有头部的剪切机、除鳞机（或拉矫机）、焊接机、活套车（或活套坑）等设备，而且输送辊道和拉料辊的数目也比连续酸洗机组少得多，机组的机械设备压缩到了最低限度，因此它的造价比较便宜。

同连续酸洗机组比较，半连续酸洗机组设备的简化，大大地缩短了机组的长度，减少了占地面积，提高了机组的生产率，并简化了操作，同时生产的带钢品种也较多。因此半连续酸洗机组在一定程度上得到推广。

半连续酸洗机组的主要缺点是不能并卷，因此，对于采用小卷重板卷的冷轧厂不推荐这种机组。现代的热连轧机，所生产的热轧板卷重量可达15~40t，冷轧之前不再需要并卷。在此条件下，当冷轧厂的生产能力不大或中等时，可以采用半连续酸洗机组。

3.3.2 连续卧式酸洗工艺

连续卧式酸洗机组（见图3-7）之所以被称为连续的，是因为带钢连续地通过盛有酸溶液的酸洗槽。为了使过程连续，将后一卷带钢的头端与前一卷带钢的尾端焊接起来，再从酸洗槽通过，待带钢卷到一定重量，切断带钢，并把卷成的带钢卷卸下。连续酸洗机组根据工作性质可分为三部分或称三段：上料、拆卷、破碎带钢表面氧化铁皮、矫直、切头切尾、焊接、光整为原料准备段；拉矫、酸洗、漂洗、烘干为酸洗工艺段；剪边、涂油、卷取及卸下带钢卷为酸洗成品段。连续酸洗机组的三段，也可按照带钢的运行方向，称之为头部、中部、尾部。

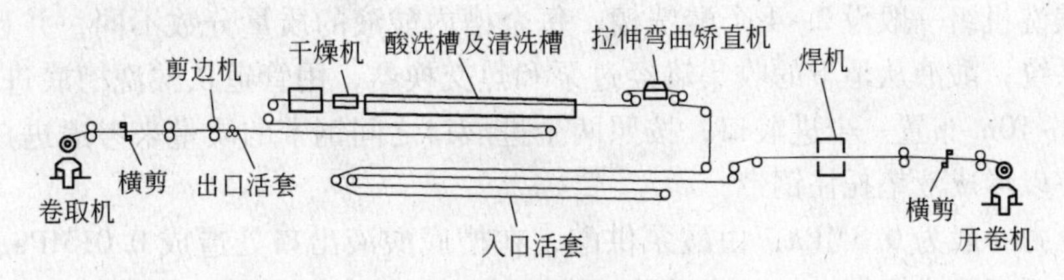

图 3-7 连续卧式酸洗机组示意图

连续卧式酸洗机组根据酸洗槽深度不同分为深槽酸洗机组、浅槽酸洗机组和紊流酸洗机组三类。

3.3.2.1 深槽酸洗机组

普通卧式酸洗机组也称深槽酸洗机组（见图 3-8），以区别于浅槽酸洗。深槽酸洗可以使用硫酸，也可以使用盐酸。其工艺特点是：

（1）钢带在酸洗槽内形成一定的垂度，酸洗介质的流动方向与带钢的前进方向相反。

（2）每个酸洗槽内的酸洗介质是不同的，钢带进入酸洗段的第一个酸洗槽内的酸洗介质的铁含量最高，酸液的质量分数最低，新酸液（或再生酸液）放入最后一个酸洗槽内，从第一个酸洗槽到最后一个酸洗槽，酸液的质量分数逐渐升高，铁含量逐渐减少。

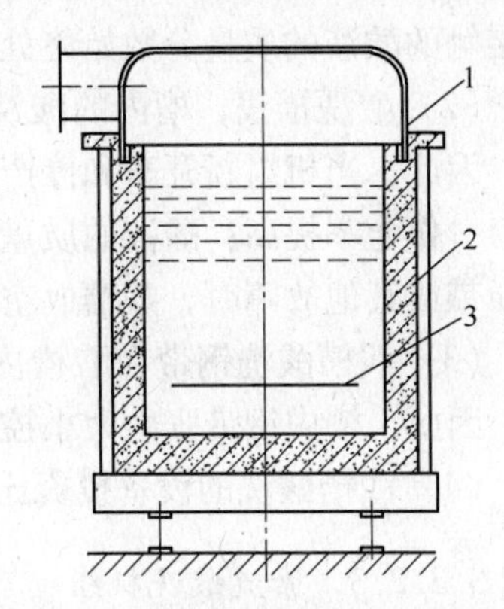

图 3-8 普通酸洗槽断面示意图
1—槽盖；2—酸洗槽（深槽）；3—酸洗带钢

（3）酸洗介质的温度逐槽降低，一般在 60～90℃范围内。随着酸洗介质温度的降低，酸洗反应过程变慢，酸洗时间增加。酸洗槽的酸洗介质加热一般采用石墨热交换器进行间接加热。

（4）钢带的酸洗时间，一般是根据酸洗机组的生产能力选取，厚度为 2.2～2.5mm 的钢带平均酸洗时间取 27～30s。钢带厚度增加，酸洗时间可以适当增加，即钢带运行速度可适当降低。

3.3.2.2 浅槽酸洗机组

A 浅槽酸洗与深槽酸洗的区别

浅槽酸洗（见图 3-9）是相对深槽酸洗而言的。普通深槽酸洗机组酸洗槽的深度为 1500～2000mm，深的可达 3000mm，钢带在酸洗槽中呈自由悬垂状态，钢带通过酸洗槽需要的牵引力大；槽内酸洗液量很大，每次加热酸液的时间长；断带及临时故障的处理时间长。

针对深槽酸洗的缺点，奥地利鲁兹纳工业设备股份公司提出了浅槽酸洗的概念。槽深约 1000mm，液面高 300～500mm，钢带通过酸槽酸洗时，没有自由垂度，而

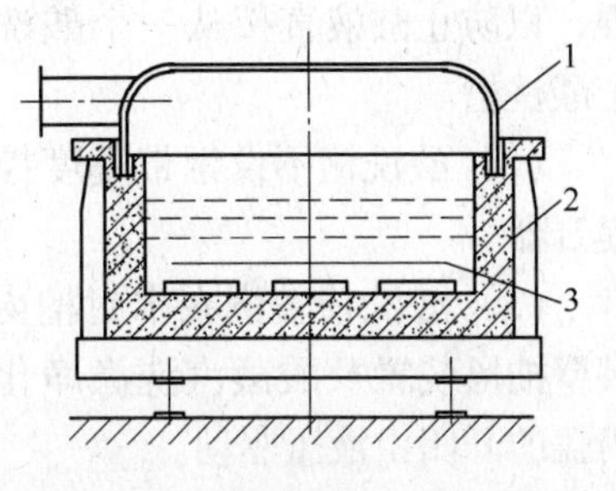

图 3-9 浅槽酸洗槽断面示意图
1—槽盖；2—酸洗槽（浅槽）；3—酸洗带钢

是靠酸液形成的液垫托住钢带，使钢带不与槽底接触。

浅槽酸洗机组一般设 2~4 个酸洗槽。每个槽内酸液的质量分数不同，并且有独自的酸液循环系统，酸液从地下的收集罐经过泵和热交换器，用管道从酸洗槽底进入酸洗槽。槽底每隔 5~10m 布置一个进酸口，按照两个进酸口之间钢带的质量来考虑进口酸液的流量和压力，以形成液垫托住钢带。

酸液压力一般为 0.3MPa，由酸泵供酸，在槽底酸液出口处造成 0.01MPa 压力即可，若压力过大可能造成钢带拱起，这时需要将供酸压力调小。

槽内设有溢流口，与酸液出口一起接到地下收集罐形成酸液循环。

B 浅槽酸洗的工艺特点

(1) 浅槽酸洗的酸洗液是用酸液泵进行强制循环的，酸液与钢带间产生相对运动，钢带接触的酸液的质量分数始终处在较高的状态，其酸洗效率较高，是深槽酸洗的 120%。

(2) 酸洗槽浅，槽内的酸洗液量较少，酸液升温所用的加热时间短，热耗量相对减少。因此，当机组新开车和停产后恢复生产时，等待酸液加热时间短，可使机组停车时间较短，作业率提高；酸液的质量分数、温度的控制灵活，改变酸洗制度容易；机组一旦发生断带或其他故障时，酸槽放空及重新充酸所需时间短。

(3) 浅槽酸洗钢带在酸槽内是用张紧装置使其保持明显的张力状态，无自由悬垂活套。因此，槽内钢带张力大小控制容易，控制设备简单、轻便，消耗的电能也少。

(4) 浅槽酸洗的设备投资比深槽酸洗的设备要便宜。

3.3.2.3 紊流酸洗机组

A 紊流酸洗技术的发展

紊流酸洗技术是由德国曼内斯曼德马克萨克公司在 1983 年开发的，并且在 1984 年末开始在德国市场上使用。1986 年初及 1987 年末，紊流酸洗技术成功地应用于德国波鸿钢铁公司，并且进入澳大利亚及日本等国。澳大利亚 BHP 厂、日本住友金属工业公司、比利时西格马公司相继采用了紊流酸洗技术并投入使用。

B 紊流酸洗槽设置特点

紊流浅槽酸洗槽纵断面及其供酸系统见图 3-10。

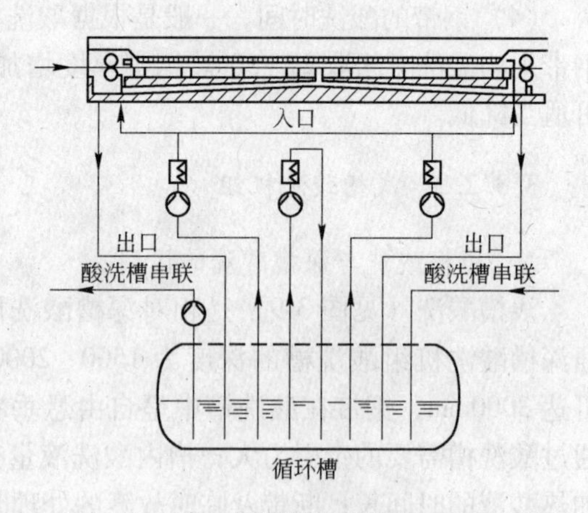

图 3-10 紊流浅槽酸洗槽纵断面示意图

紊流酸洗槽设置特点如下：

(1) 酸洗槽与酸洗槽之间设有一对挤酸辊，以防止酸液直接从一个酸洗槽流到另一个酸洗槽。

(2) 酸洗槽不设钢带垂度控制器和钢带提升器。

(3) 酸洗槽盖嵌在水封槽内，并且安装槽壁抽风装置及酸蒸汽洗涤净化装置；酸洗槽盖的开闭由液压驱动。

(4) 酸洗槽内盖沿槽的长度方向分段串列布置，使酸液流动的通道狭窄，可以因酸液的紊流程度上下轻微跳动，同时减少酸雾量。

（5）酸洗槽的入口处，设置上下两排能够调整喷射角度的喷射梁，出口处设置一排喷射梁。钢带通过酸洗槽时，酸液从入口喷射梁沿钢带的运动方向往钢带上下表面喷射，从出口喷射梁沿钢带的相反方向往钢带上下表面喷射，在钢带表面形成紊流。

C 紊流酸洗工艺特点

紊流酸洗技术是在浅槽酸洗的基础上发展创新的，有的称紊流酸洗技术为超浅槽酸洗，因此，紊流酸洗具有浅槽酸洗的特点，而且比浅槽酸洗的酸洗时间更短、能耗更低，是一种更先进的酸洗方法。

（1）紊流浅槽酸洗适合于处理低碳钢及硅钢等。紊流浅槽酸洗原理与普通常规酸洗的区别是：常规酸洗通过化学反应达到酸洗目的，而紊流浅槽酸洗则是通过一系列化学反应及其他方法达到酸洗目的。

（2）紊流酸洗是将酸洗液送入很窄的酸洗室槽缝中，使酸洗液在钢带表面上形成紊流状态。

（3）紊流酸洗时带钢在酸洗室中是在较高的张力状态下运行的，酸洗液的流动方向与钢带的运行方向相反，呈紊流状态，因此，可以提高酸洗速度并改善酸洗质量，带钢表面酸洗残留物可以达到不大于 $50mg/m^2$（浅槽酸洗能达到 $100\sim200mg/m^2$，深槽酸洗能达到 $200\sim300mg/m^2$）。

以上三种酸洗方式的比较见表 3-2。

表 3-2 三种酸洗方式的比较

参 数	深 槽	浅 槽	紊 流
酸洗时间/s（%）	28（100）	22（80）	18（65）
酸雾量/%	100	60	60
电耗量/%	100	70	70
热传递/%	100	200	700
槽内带钢提升器	有必要	没必要	没必要
槽内张力控制	张力控制，相对带钢跨度	张力控制，相对带钢跨度	不需要
张力控制系统	在第一个槽内设重度控制器	在第一个槽入口设跳动辊	不需要
槽内带钢位置控制	不可能准确检测	可以准确检测	可以准确检测
槽内断带事故处理	困难，费时	10min 排空槽内的酸，液压打开槽盖，事故处理容易	3min 排空槽内的酸，液压打开槽盖，事故处理容易
酸洗后带钢表面杂质（铁、氧化铁、硫和碳化物、氧化铁和碳化物元素）$/mg\cdot m^{-2}$	300～200	150	≤50
槽深/mm	2000	400～1000	400～800
液面深/mm	1000～1200	300～500	150

3.3.3 连续塔式酸洗工艺

连续塔式酸洗机组，就是带钢连续在立式的塔中运行时，将热的盐酸溶液喷射到带钢表面上，以去除带钢表面氧化铁皮的酸洗方法。带钢在塔内由下而上，然后再由上而下运行一个来回或几个来回，形成所谓的单套或多套连续塔式酸洗。

塔式酸洗机组的头部设备和尾部设备的组成和参数，一般与卧式酸洗机组没有什么区别。在机组中部有酸洗段、清洗段和干燥段。酸洗段有单套塔、双套塔和多套塔等形式，一般采用单套酸洗塔或双套酸洗塔，单套塔允许高度较高，双套塔一般都在30m以下。

图3-11为典型的单套盐酸塔式酸洗机组。酸洗塔像一个竖井，它由几个塔节组成，塔节用工程塑料或者玻璃钢制成，塔顶上有塑料或玻璃钢盖。在单套塔中，为使被酸洗的带钢能垂直运动，在塔的上部装有一个衬胶的导辊，下部则有两个导辊。在塔的第3~5节上装有带孔的管道，酸液从孔内喷射到带钢表面。塔的下部与收集槽连在一起，酸液从带钢上流入槽内，收集槽同样是用工程塑料或玻璃钢制成。在带钢的入口处或出口处，设有吹风装置，用以清扫带钢表面残酸或防止落下的酸液向塔外飞溅。塔内由抽风机造成负压，以保证塔体具有良好的密封性能，不使酸雾外逸。

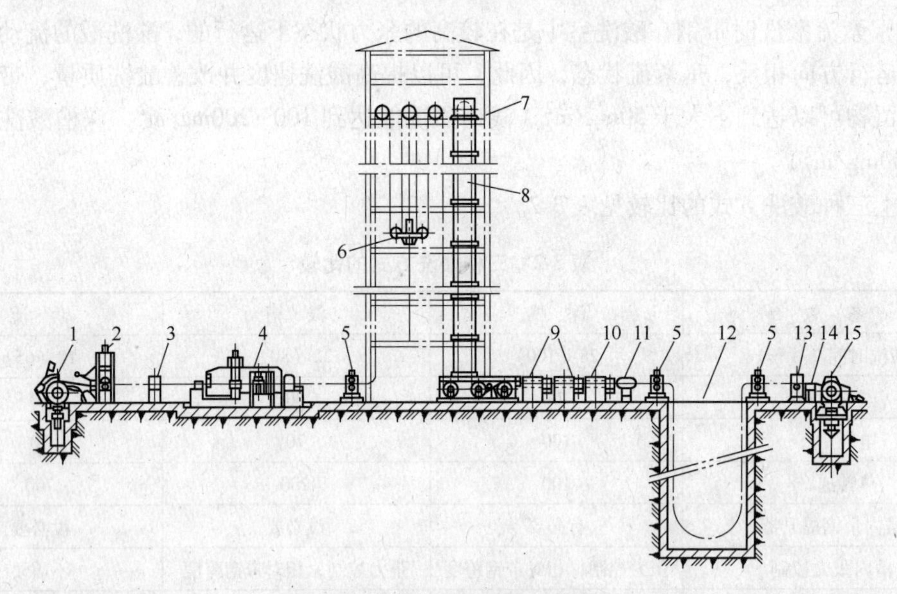

图3-11　塔式酸洗机组示意图

1—开卷机；2—矫直机；3，13—剪机；4—焊机；5—送料辊；6—入口活套装置；7—塔架；8—酸洗装置；9—清洗装置；10—中和装置；11—烘干装置；12—出口活套装置；14—涂油装置；15—卷取机

实践证明，在酸液参数相同的条件下，喷射酸洗要比浸泡酸洗缩短一半的时间，而且喷射到带钢表面上酸液压力越大，酸洗效果越好。

塔式连续酸洗机组也有一系列的缺点：

(1) 中部有一个高高的酸洗塔，桥式吊车无法通过，使中部的一些设备和塔本身维修不太方便，这样就增加了停车检修的时间；

(2) 塔内带钢的对中比较复杂，尤其是有镰刀弯的带钢，而且塔越高对镰刀弯的要求也越高；

(3) 带钢在塔内断带时，重新穿带比较困难；

(4) 带钢在较高的塔内运行时，往往会产生较大的摆动，有时还会打坏喷酸的喷嘴。

在20世纪60年代，欧美许多公司曾新建或改造了约十多条塔式酸洗机组生产线，但由于20世纪70年代以来高效率卧式酸洗机组的建设已不成问题，再加上塔式酸洗机组一些较大的缺点，所以，后来该类机组的建设就很少了。

3.4 酸洗设备及其操作

1420酸-轧联合机组中的酸洗线部分是由德国的MDS公司总设计并提供主要设备。酸洗线的基本工艺流程可用下面的方框图表示：

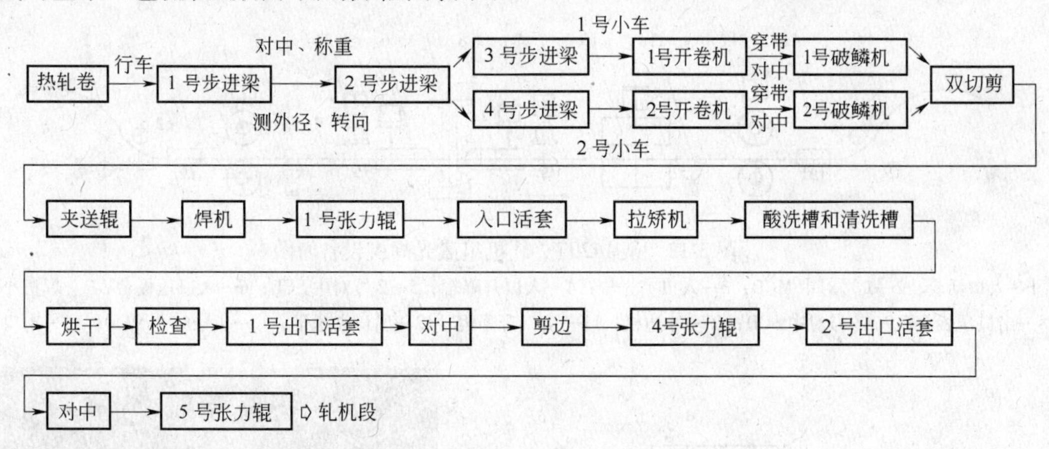

酸轧联合机组根据工作性质可分为两段：上料、拆卷、破碎带钢表面氧化铁皮、矫直、切头切尾、焊接、光整为酸洗入口段；拉矫、酸洗、漂洗、烘干为酸洗工艺段。

3.4.1 酸洗入口段

酸洗入口段的主要作用是：实现卷头尾焊接，破碎带钢表面氧化铁皮并改变带钢板形，保证酸洗顺利进行。

3.4.1.1 焊接

A 激光焊接

激光焊机是现在薄带钢焊接的主要设备，焊接时激光束聚焦并照射到金属材料表面后，由于它具有巨大的能量密度，通常可以达到10^6~10^9 W/cm^2，大大超过了闪光对焊的能量密度10^3~10^5W/cm^2，激光能使金属表面熔化并激烈汽化，由金属汽化产生的蒸汽压力使金属表面产生小孔效应，从而使金属熔透，并在激光束移动过程中，熔透金属迅速冷却，形成致密的焊缝组织。这个过程就是激光焊接的过程。激光焊接具有以下优点：

（1）焊接能量密度高，速度较快，最大焊接速度可达10m/min，大大提高了焊接效率；

（2）焊接过程不存在焊接弧光辐射，大大改善了劳动条件；

（3）由于激光深熔焊固有的纯化机制，可形成纯度较高、有害杂质低的焊缝；

（4）焊缝质量好，热影响区小，传统闪光对焊的焊缝深宽比为1∶1，激光焊缝的深宽比为12∶1，大大提高了焊缝的力学性能，其性能基本与母材一致，其韧性甚至优于母材，可保证焊缝过轧机时有较大的变形量。

图3-12为某1420酸-轧机组激光焊机设备简图，带尾低速穿带后，由出口夹送辊夹

送带钢使带尾定位，形成出口活套；入口夹送辊夹送带钢使带头低速穿带并形成入口活套，带头、带尾定位完成后，入口和出口夹送辊抬起，带头、带尾进行对中，入口和出口压板台压紧带钢头尾，用双切剪剪切头尾并用冲孔装置在带尾冲孔，冲孔直径为 20mm；入口压板台平移，使带钢头尾合拢，焊机 C 型小车行走对带钢进行焊接；出口夹送辊将焊缝送至冲边机进行冲边，之后带钢被释放到生产线上。

焊机的核心部分是 C 型小车，其结构如图 3-13 所示。

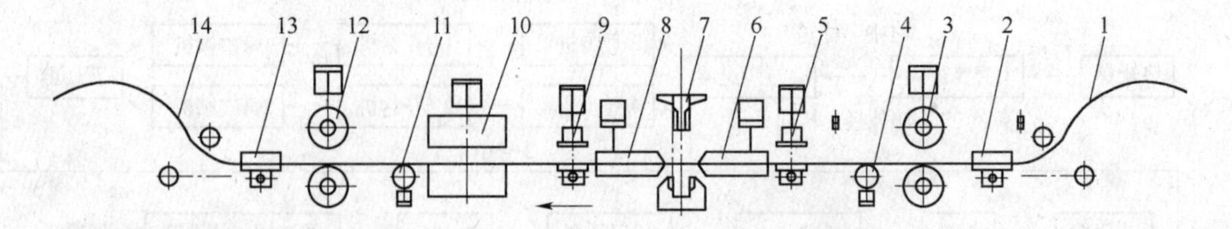

图 3-12　某 1420 酸-轧机组激光焊机设备简图

1—入口活套；2—1 号对中 MCD；3—入口夹送辊；4—入口升降辊；5—2 号对中 SCD；6—入口压板台；7—焊机小车；8—出口压板台；9—3 号对中 SCD；10—冲边机；11—出口升降辊；12—出口夹送辊；13—4 号对中 MCD；14—出口活套

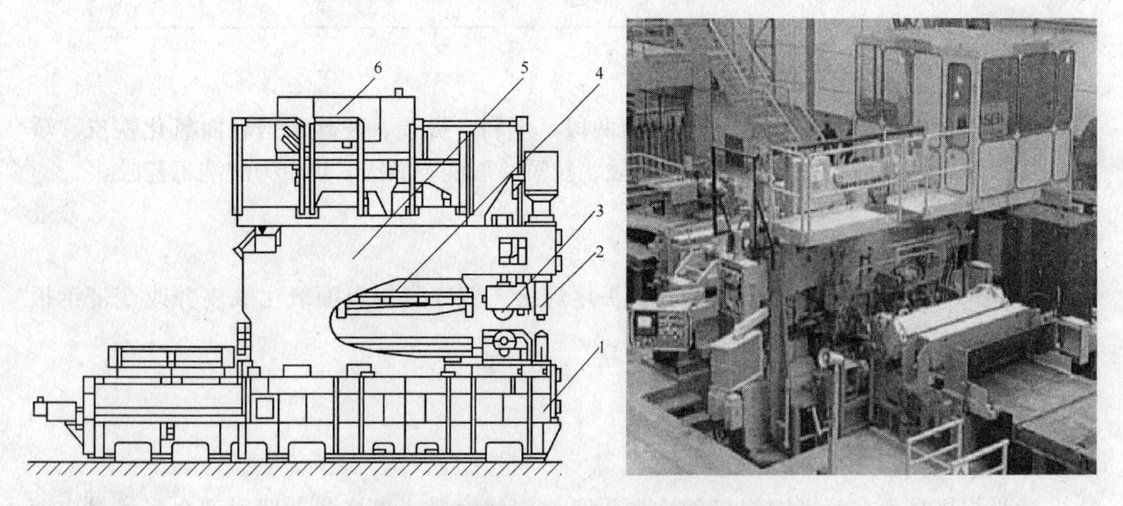

图 3-13　焊机 C 型小车结构及实物图

1—机座；2—平整轮；3—激光焊头导向轮；4—双切剪；5—C 形小车本体；6—激光发生器

B　焊接操作

以某厂为例，操作过程如下：

（1）生产准备完成后，接收焊接数据，一般情况下，焊接数据自动接收。

（2）带尾离开双切剪的等待位（带尾速度小于 30m/min）时，C 型车由驱动侧向操作侧移动。提升辊下降，出口夹送辊压下。

（3）带尾离开 1 号光栅时，出口夹送辊驱动。带尾离开 2 号光栅时，起活套，一般出口活套要大于入口活套，避免往回倒套。同时带尾由出口夹送辊传动到剪切位置，进行对中后，带尾由出口加送装置夹紧。

（4）带头传送到 3 号输送平台上的光栅位置时，入口夹送辊压下。带头传送到 1 号光栅时，入口夹送辊驱动。带头传送到 2 号光栅时起活套，同时带头由入口夹送辊传动到剪切位置，进行对中后，由入口夹紧装置夹紧。此时要注意带头的形状，发现带头上翘可能顶设备时，要及时停止自动步，改为手动，处理完毕后，恢复自动。

（5）在带尾定位的同时，C型车运行至操作侧位置。在带头定位后，对带头、带尾进行剪切，冲孔。将带头、带尾送至焊接位置。激光焊接头压下，焊缝探测装置压下。根据设定情况，平整轮压下，预热，保温装置根据需要移至工作位置。

（6）按焊接开始按钮开始焊接。

（7）焊缝控制状态。通过焊缝质量检测装置或现场对焊缝进行检查：焊缝质量不合格，按“REPEAT”按钮进行重焊；焊缝质量合格，按“OK”按钮。如果未选择冲边，则直接至步骤（9）。

（8）冲边状态。入、出口夹送辊在焊接时压下。焊接完毕，入、出口夹紧装置抬起至初始位置，夹紧平台回到初始位置。夹送辊驱动，将焊缝送到冲边位置，进行冲边。如果未选择冲边，则直接至步骤（9）。

（9）充套。焊接完毕，焊缝检测合格后，按“OK”按钮，焊机所有设备回到初始位，带钢自动进行张紧，带钢运行。

3.4.1.2 拉矫机

连续拉伸弯曲矫直技术由于其优异的矫直效果，能在很大程度上提高带材的质量、生产率和经济效益，是目前板带矫直的最好方法，在冷轧带钢生产线上得到了广泛应用。酸洗机组、连续退火机组、热镀锌机组、电镀锌和电镀锡机组以及精整机组等都配置有拉伸弯曲矫直机组，拉伸弯曲矫直机组已成为冷轧带钢生产过程中不可缺少的组成部分。

新型拉伸弯曲矫直机具有以下特点：

（1）能够矫正带材的波浪弯、瓢曲、镰刀弯等三维形状缺陷。

（2）与辊式矫直机相比，其结构简单，重量轻，维修方便，操作容易，而且弯曲辊组和矫平辊组均是从动辊，与带材同步运动，不会因打滑而擦伤表面。

（3）拉伸弯曲矫直机组中带材的张应力仅为材料屈服极限的1/10~1/3，不会断带，也不会影响带材质量，能耗小。

拉伸弯曲矫直机组用于酸洗生产，不但有利于带钢成品板形质量的提高，减少带钢在行进和轧制过程中发生跑偏及断带事故，同时可获得有效的破鳞效果，从而降低酸液消耗，提高生产效率及带材质量；用于热镀锌机组，可以使锌花更细致，镀层更均匀；带钢退火后经过拉伸弯曲矫直，可减小或消除退火屈服平台，力学性能和板形有了明显改善。

A 拉矫原理及设备

拉伸弯曲矫直机布置在酸洗工艺段的入口处，是在两组张力辊（S辊）之间分布两组弯曲辊及一组矫平辊。在张力的作用下带材经过反复弯曲，在叠加的拉伸和弯曲应力作用下，产生弹塑性拉伸变形，不仅使热轧带钢表面的氧化铁皮去除或疏松，从而降低酸液的消耗量及提高机组速度，而且通过对带钢的拉伸能改善热轧板形。拉伸弯曲矫直机控制的最大伸长率3.0%，最大张力25t。

对不同材质、厚度、宽度的带钢，要获得较好的破鳞效果和较好的板形，必须考虑带材的伸长率、压下深度等因素。影响带材伸长率的主要因素有带材张力、弯曲辊直径与带材厚度的比值、带材对弯曲辊的包角（弯曲辊的切入深度）等，一般采用大张力、小包角或小张力、大包角均可得到相同的带材伸长率。为了有利于改善带材的力学性能，采用增大包角的方式来增大伸长率。

拉矫机包括弯曲矫直机架、四个张力辊组、张力辊传动齿轮装置、换辊装置及拉矫机前后各设置的一个测张辊装置，如图 3-14 所示。

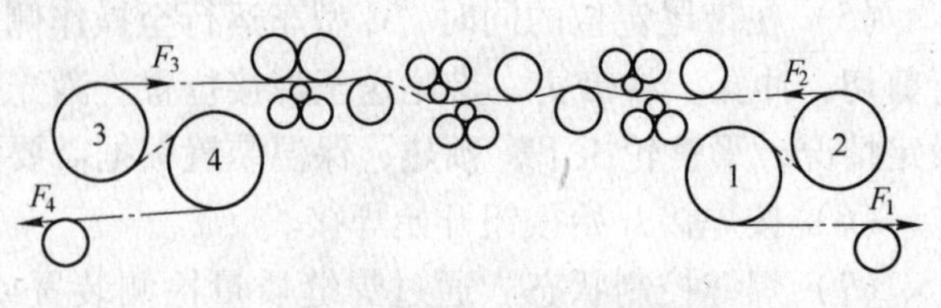

图 3-14 拉矫机辊系示意简图

B 拉矫参数控制

参数控制以某厂为例，伸长率由板带厚度和设备能力通过计算得出，正常工作时根据实际情况自动选用操作模式。只有选用伸长率模式时，拉矫机才有伸长率；张力模式下伸长率为零。

形式：　两弯一矫

弯曲辊：　4×ϕ80mm×2300mm 辊面硬化

上矫直辊：　2×ϕ250mm×2300mm 辊面硬化

下矫直辊：　1×ϕ80mm×2300mm 辊面硬化

支撑辊：　16×ϕ120mm×225mm 辊面硬化，多段

托辊：　4×ϕ250mm×2300mm

带钢张力（最大）：600kN

拉伸矫直最大速度：220m/min

伸长率：　最大 4%一般为大于 1.5%（厚度小于 4mm，焊缝前后除外）或 0.2%~1.5%（厚度不小于 4mm，焊缝前后除外）

C 拉矫操作

（1）零位设定。拉矫机在更换新辊后必须重新设定零位，方法如下：在带钢穿过拉矫机并已建立起张力后，分别压下拉矫机的每个上辊，直到上辊、下辊都与带钢刚刚接触时停止，此时的位置减去带钢的厚度即为零位。

（2）拉矫机操作。

1）带钢运行。

2）按照要求设定好插入量、伸长率。

3）运行过程中监视插入量、伸长率是否在控制范围内，如果超出范围，及时采取措施。

4）如果带钢存在严重缺陷而无法通过拉矫机时，可手动将拉矫机上辊抬起或设定为无压状态，使带钢通过；焊缝通过拉矫机时可人工选择焊缝通过方式。

3.4.1.3 控制辊

控制辊的作用是防止带钢在运行时跑偏。

为了控制机组上带钢的跑偏，某 1420 酸-轧机组共设有 7 个控制辊，它们分别为单辊式、双辊式、三辊式 3 种形式，以适应不同部位的需要，并分别由液压伺服系统、电磁感应系统来控制。

A 两辊式纠偏辊

两辊式纠偏辊（见图 3-15）布置在酸洗工艺段出口及 1 号出口活套之间，主要对酸洗

工艺槽出来的带钢中心线进行定位。控制系统检测其中心线的偏移量，并进行纠正，使带钢精确地进入1号出口活套。纠偏精度为±10mm。在带钢跑偏时，带钢位置检测装置发出信号，通过CPC控制装置，使纠偏液压缸快速动作，移动铰点框架，使纠偏辊绕摆动支点做摆动，最大摆动角为±2.8°，以达到纠偏目的。纠偏辊表面衬聚氨酯材料，使之具有较高的摩擦系数，且可降低噪声。在纠偏辊上部设有缓冲压辊，目的是带钢在工艺段发生断带时，压辊下降，由人工进行操作，使其反向运转，将带钢两端拉在一起焊接好，再进行生产。

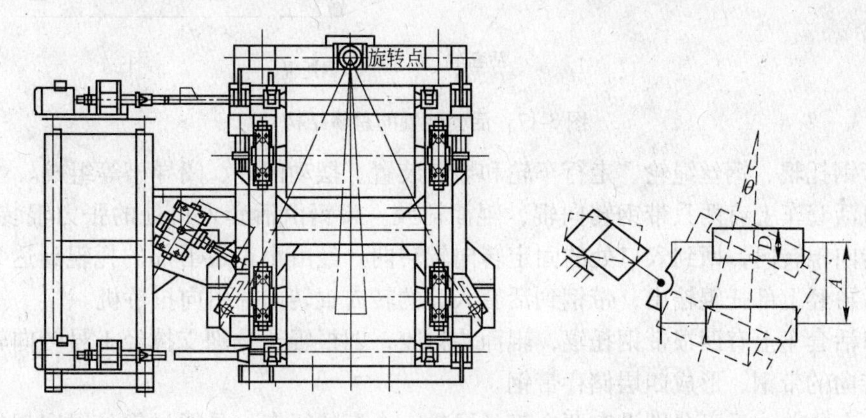

图3-15　两辊式纠偏辊装置

带钢偏移量

$$X=(A+D)\tan\theta$$

式中　A——两辊中心距；

D——纠偏辊直径；

θ——纠偏摆动角。

B　三辊纠偏装置

三辊纠偏装置用于高精度的带钢纠偏，如图3-16所示。它使夹在三个辊子之间的带钢沿着中心线移动，将移动的中心线定位到带钢进入方向。这种带钢控制是一种中心导向式纠偏辊，辊面有衬胶层，以降低噪声和增大摩擦系数。其纠偏精度为±1mm。

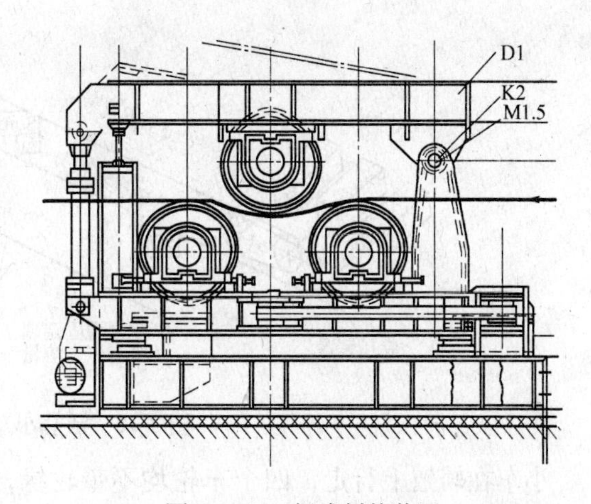

图3-16　三辊式纠偏装置

3.4.1.4　活套

在酸洗线上，设置有两个带钢活套，其中，入口侧活套带钢储存量最大，可达400m以上。两个活套装置的结构基本相同。

活套装置（见图3-17）主要由活套车、摆动门、传动装置及其他一些部件组成。

A　活套车

活套车在活套轨道上往复行走，可达到储存带钢或释放带钢的目的。活套车由带钢转

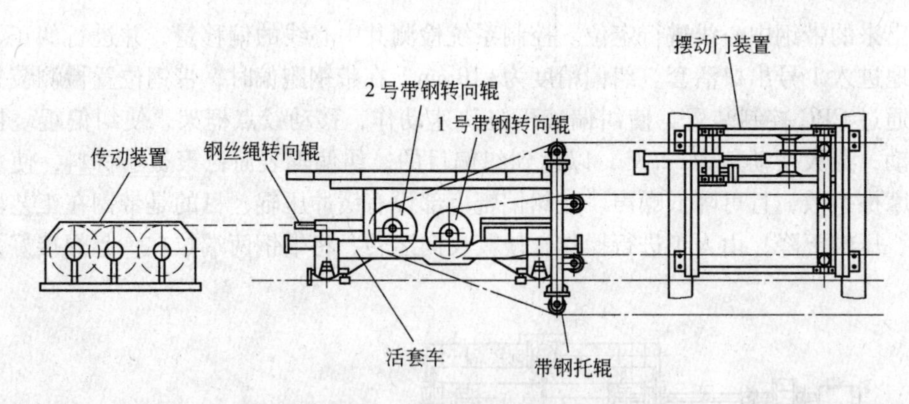

图 3-17 活套装置的总体结构

向辊、带钢托辊、钢丝绳轮、走行车轮和导向装置、摆动门开、闭导槽等组成。

入口活套车上有两只带钢转向辊，辊面衬胶。带钢由活套入口处的张力辊装置引出，经 1 号转向辊转向，回到入口处的固定转向辊转向，经由小车最下部的托辊到达 2 号转向辊转向后再经上部托辊输出，带钢到活套入口的转向辊转向并引向拉矫机。

入口活套车上有四根带钢托辊，辊面均衬胶，四根辊子分别支撑经 1 号转向辊和 2 号转向辊转向的带钢，形成四层储存带钢。

在小车的前、后面分别设有两个钢丝绳轮。小车的行走，是通过钢丝绳实现的。驱动装置的钢丝绳形成一个闭式循环。如图 3-18 所示，小车上的钢丝绳轮是随车移动的钢丝绳转向轮。在活套入口处还有两个固定安装的钢丝绳转向轮，活套车的移动就是通过传动装置带动整个钢丝绳循环动作而实现的。

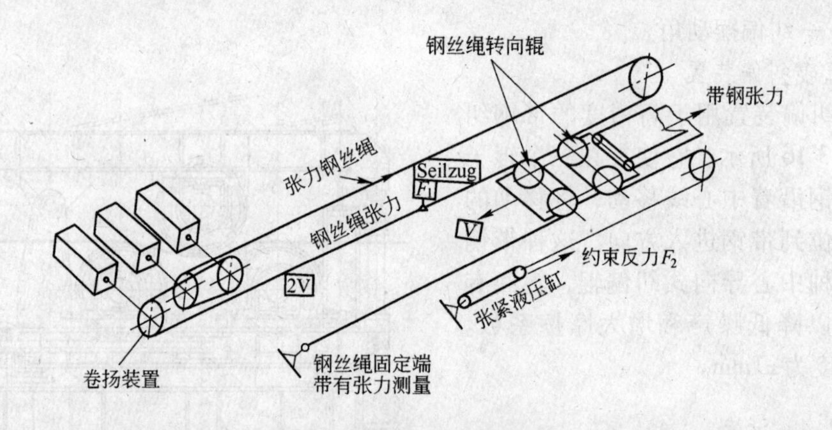

图 3-18 活套小车驱动装置

小车在轨道上行走，四个车轮均不带轮缘，如图 3-19 所示，但每个车轮的两边都有导向辊轮，而且在车轮的行走方向上，还装有导向挡板。通过导向轮和导向挡板的作用，车轮可以在轨道上正确行走。又由于导向轮和导向挡板的双重导向限位作用，小车在行走过程中不易发生跑偏。这样一来可保证摆动门正常工作，二来可防止带钢跑偏或由此而引起的断带等。

小车上还对称布置了两根水平导槽，用于控制摆动门的开闭。

B 摆动门

整个活套中设有七组摆动门装置。摆动门的目的是在活套中支撑带钢，同时又不影响活套中带钢储量变化时的小车行走。为此，摆动装置中设有带钢支撑辊及架子和摆动机构。

活套的摆动门对称布置在小车轨道的两边，同时开、闭，机构相同。

C 传动装置

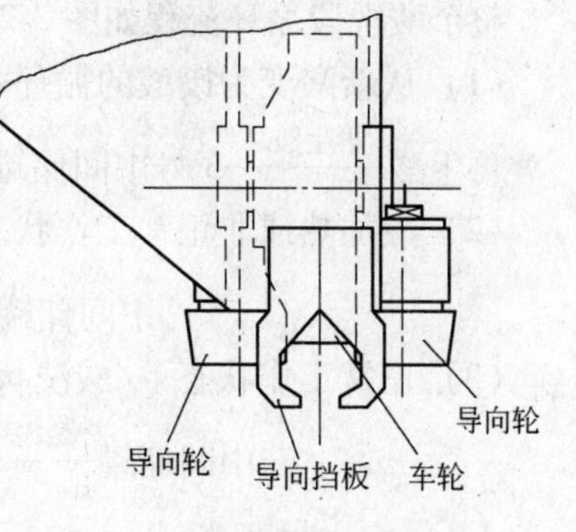

图 3-19 活套小车行走装置

活套的传动装置用于驱动活套车的行走。如前所述，小车的行走是通过钢丝绳卷扬装置来实现的。传动装置就是由电动机、齿轮箱、钢丝绳轮等组成的一套驱动活套车行走的装置。其工作过程在活套车部分已有叙述，在此不再重复。

D 其他装置

在活套驱动钢丝绳的固定端，设有张力测量装置，通过测得的钢丝绳张力值，可算出带钢的张力。测量值用于控制活套内带钢张力在允许范围内波动尽可能小。

在钢丝绳的另外一端，设有一台与钢丝绳相连的液压缸，用于钢丝绳的张紧，液压缸的作用就相当于一个张紧弹簧。在正常工作中，钢丝绳使用一定时间后会产生塑性拉长，依靠液压缸动作，抵消钢丝绳拉长，保持张紧度。

在活套中，还设有辅助吊，用于传动装置的检修；设有换辊辅助装置，帮助快速换辊。

3.4.2 酸洗工艺段

酸洗工艺段主要有三个酸洗槽及它们各自循环系统、一个漂洗槽及其循环系统、一个带钢干燥系统，另外为了吸收槽内的酸蒸汽还设计了一个吸收装置，为了把溢流和漏失的含酸废水收集统一处理，还设计了一个排污水系统。据带钢走向，酸洗流程如下：

1 号酸洗槽→2 号酸洗槽→3 号酸洗槽→漂洗水槽→带钢干燥装置→出口活套

3.4.2.1 酸洗槽及其循环系统

酸洗槽及其循环系统设备是酸洗核心设备，其状态的好坏，将直接影响带钢的酸洗程度和酸洗质量。酸洗槽由三个分槽构成，每个分槽长 20m，在分槽之间设有挤干辊，以减少带钢将上一槽内酸液带至下一槽内。

A 酸槽中酸液浓度及酸循环

从表 3-3 可以看出，从 1 号槽到 3 号槽酸离子浓度逐渐升高，铁离子浓度则逐渐降低。这些数值和酸洗顺序相对应。

表 3-3 酸槽中酸液浓度 g/L

酸槽号	总酸量	酸离子	铁离子
1 号酸槽	200	30	130
2 号酸槽	200	100	80
3 号酸槽	200	160	30

整个酸洗段循环流程如图 3-20 所示，有以下三条线路。

(1) 从新酸变为废酸的循环：

再生酸 $\xrightarrow{\text{再生酸泵}}$ 3 号中间储罐 $\xrightarrow{\text{溢流}}$ 2 号中间储罐 $\xrightarrow{\text{溢流}}$ 1 号中间储罐 $\xrightarrow{\text{废酸泵}}$ 废酸罐

(2) 酸加热或非正常工作状态时小循环：

中间储罐 $\xrightarrow{\text{酸循环泵}}$ 酸加热器 $\xrightarrow{\text{回流}}$ 中间储罐

(3) 正常工作状态下/酸洗状态：

中间储罐 $\xrightarrow{\text{酸循环泵}}$ 酸加热器 $\longrightarrow$ 酸洗槽 $\xrightarrow{\text{回流}}$ 中间储罐

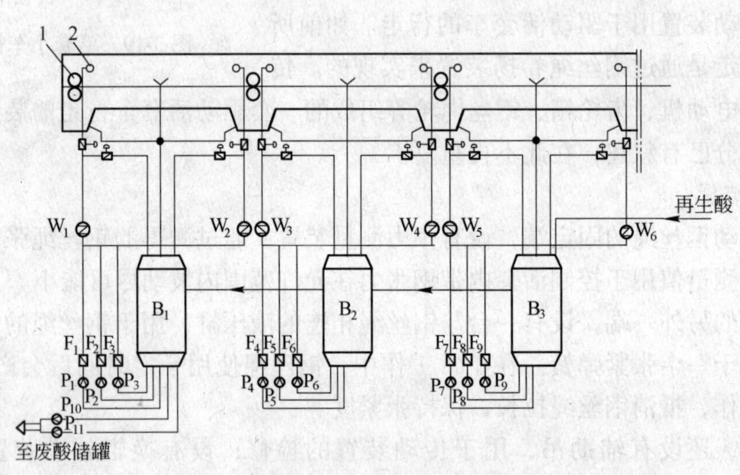

图 3-20　酸洗段循环流程图

1—挤干辊；2—喷管；$W_1 \sim W_6$—加热器；$B_1 \sim B_3$—酸中间储罐；$P_1 \sim P_9$—酸泵；P_{10}，P_{11}—废酸泵

B　设备结构

a　酸槽

1 号、2 号、3 号槽结构基本相同，下面只介绍 1 号槽情况。1 号槽横截面见图 3-21，主要由上槽盖、下槽盖、水封槽、槽体等组成。

(1) 上槽盖。其材质为碳钢内衬玻璃纤维、外涂耐酸漆，其两端在槽盖处于关闭位置时，没入水封槽内，与水封槽相互配合起密封作用，以防酸蒸汽从槽内外逸而腐蚀周围设备。

(2) 下槽盖。下槽盖的运用大大减小了酸液蒸发面积，从而避免由于蒸发损失大量热量，同时也减轻了处理废气装置压力。下槽盖材质采用特殊硬质橡胶 PPH。

(3) 水封槽。水封槽内部存有一定高度的工业用水，这样当上槽盖边缘插入水中时，利用酸蒸汽易溶于水的特点起防止蒸汽外逸的密封作用。

水封槽由两部分组成，即碳钢外衬耐酸橡胶和耐酸 U 型砖构成。这种水封槽的使用寿命较长。

(4) 槽体。槽体材质为碳钢衬胶，最里面还衬有耐酸砖，槽体下表面除砌有耐酸砖外，在耐酸砖上还有规律地安放耐磨石。槽体上安装有各种必需的底座，供连接酸雾抽出、酸液排出及酸加热循环等管道。在每段酸槽之间设有排放室，它收集由带钢带出的酸液并将其排至酸液中间储罐。在排放室内安装有挤干辊组，挤除带钢表面酸液。

b　中间储罐

中间储罐共有3只，每只容积均约为20m³。储罐材质为碳钢内衬耐酸橡胶、外包保温材料。中间储罐的作用是暂时存储循环酸液。

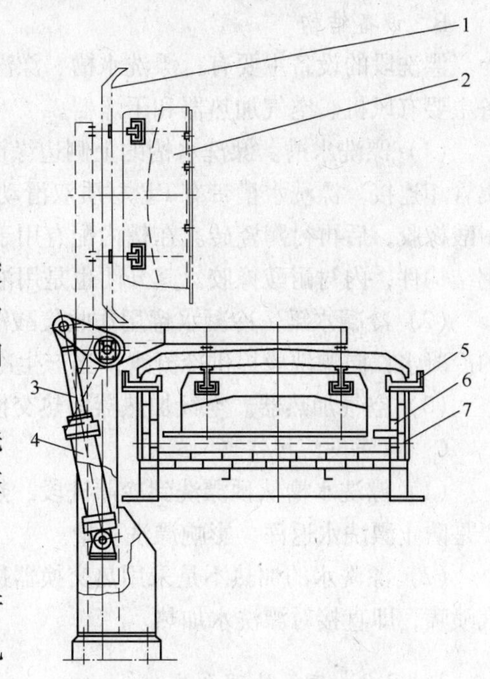

图3-21　酸槽结构
1—上槽盖；2—下槽盖；3—活塞杆；4—汽缸；
5—水封槽；6—耐酸砖；7—槽体

3.4.2.2　漂洗、干燥系统

带钢经酸洗后，虽有挤干辊组挤除表面酸液，但仍有少量残余酸液附着在带钢表面。为了保证带钢质量，本机组采用漂洗系统：带钢在经过1个热漂洗段和4个冷漂洗段的过程中，用喷淋的方法对带钢上下表面进行漂洗。漂洗完毕，带钢进入干燥器干燥后进出口活套。整个酸洗结束。

A　工艺流程

漂洗系统与干燥系统工艺流程如图3-22所示。从流程图不难看出漂洗系统主要有以下几个流程：

漂洗段：漂洗水槽→漂洗水泵→漂洗水槽。

冷凝水加入：冷凝水罐→冷凝水泵→漂洗水槽。

干燥系统流程：风机→空气加热器→干燥装置。

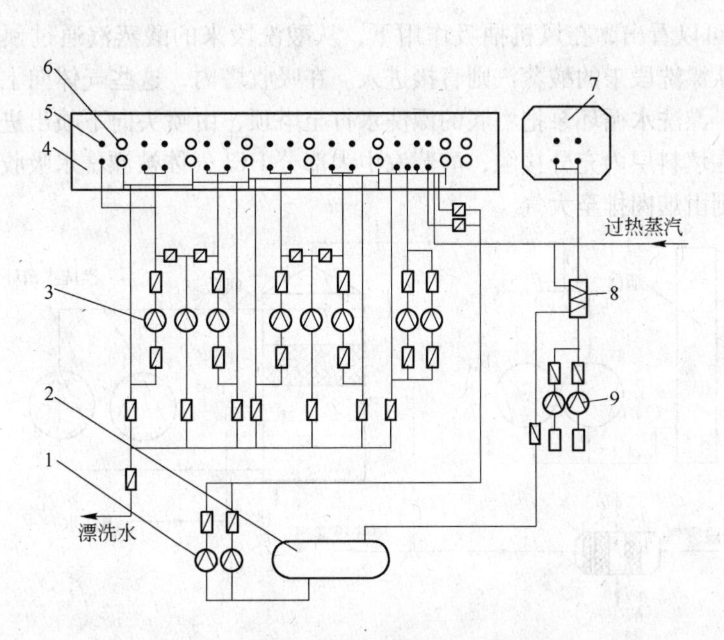

图3-22　漂洗系统与干燥系统工艺流程图
1—冷凝水泵；2—冷凝水罐；3—漂洗水循环泵；4—漂洗水槽；
5—喷淋管；6—挤干辊；7—干燥器；8—空气加热器；9—风机

B　设备结构

漂洗段的设备主要有：漂洗水槽、漂洗水循环泵、冷凝水罐和冷凝水泵。干燥段的设备主要有风机、空气加热器和干燥器。

（1）漂洗水槽。漂洗水槽的上侧边缘设有一个水道，槽体两侧装有管座，以便与喷水集管相连接。漂洗水槽带有 PP 材质双滑动门，用于挤干辊检修。槽体为钢结构件，内衬耐酸橡胶，后再衬陶瓷砖。在槽内配有用于带钢的滑移导板，同时用于保护喷头。槽盖为钢结构件，内衬耐酸橡胶。其开闭也是用液压操作的。

（2）冷凝水罐。冷凝水罐用作收集酸洗段石墨加热器、带钢干燥装置空气加热器产生的冷凝水；向漂洗段提供冷凝水；当产生冷凝水数量不足时，向冷凝罐输送去离子水。

（3）空气加热器。空气加热器即热交换器，利用水蒸气加热冷空气至约 130℃。

C　漂洗段结构特点

（1）漂洗水槽从预漂洗到冷漂洗段、热漂洗段，槽内溢流孔高度是逐渐增高的，这主要是防止漂洗水返浑，影响漂洗质量。

（2）漂洗水的加热不是采用热交换器进行加热，而是在漂洗槽内出口处装有一加热蒸汽喷嘴，即直接对漂洗水加热。

3.4.2.3　废气处理系统

前面提到过在酸洗槽、漂洗槽、中间储罐、废水坑中液面上会产生腐蚀性酸蒸汽。为了避免这些蒸汽在以上地方外逸，必须将其抽走，统一处理。酸雾洗涤系统就是在这种客观条件要求下产生的。酸雾洗涤系统主要包括吸收装置、废气风机、漂洗水循环泵和烟囱。

从图 3-23 可以看出，在风机抽吸作用下，从酸洗段来的酸蒸汽通过预分离器后进入吸收塔底部，从漂洗段来的酸蒸汽则直接进入。在吸收塔内，这些气体向上流动进入填料层。与此同时，漂洗水循环泵把塔底的漂洗水打至塔顶，由喷头向下喷出进入填料层。漂洗水和酸蒸汽在填料层内充分接触，酸蒸汽中大部分 HCl 气体被漂洗水吸收。除去大部分酸蒸汽的废气则由烟囱排至大气。

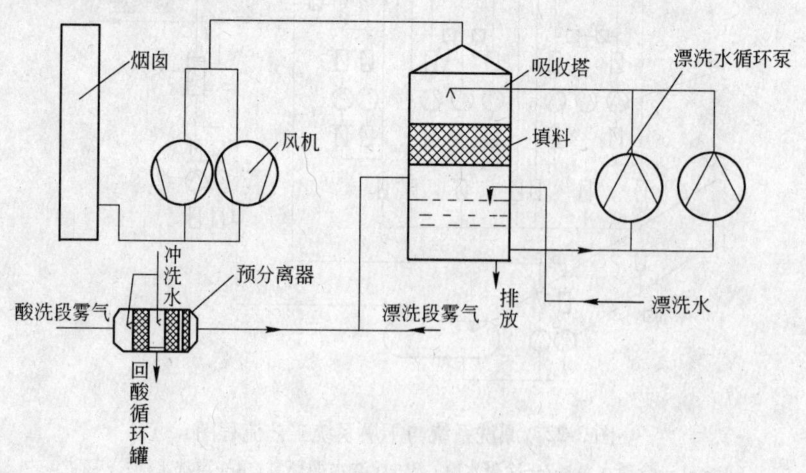

图 3-23　废气处理系统

（1）预分离器。预分离器整体结构均为合成材料，外壳为PP（聚丙烯），内部分三级，全部是材质为PP的滤网，并用冲洗水对第一、第二级进行冲洗。

酸洗槽蒸发出的酸雾一般含HCl量为3000~4000mg/m^3，被送入预分离器经三层过滤后，酸雾中约2/3酸汽成为液体被留在预分离器中，并经管道回流到酸液循环罐中，从预分离器中排出的酸雾气含HCl量已降至1000mg/m^{3}以下。

（2）洗涤吸收塔。从预分离器经预分离后的酸雾和从酸洗线清洗段出来的雾气被送到洗涤吸收塔，经过再吸收的雾气含HCl量保证在10mg/m^{3}以下。

吸收塔中的填料为PP，外壳、喷淋管道也均为PP，具有良好的耐酸性能。吸收塔下部维持一定的水位，并有液位控制系统，液位下降，自动补充漂洗水。塔中的水由循环泵抽出，打入喷淋管进行喷淋。该水循环使用，有酸度检测控制装置，当酸度高于5%时排放，并补充新鲜水。

（3）废气风机。废气风机共两台，其中一台备用。风机外壳为耐酸合成材料，风机总轴为钢质外覆合成材料，轴安装在轴承上，钢质的轴部分和轴承部分与风腔分开，使钢质部分不与酸蒸汽接触，确保钢质部分不被腐蚀，风机的传动为马达经三角皮带带动风机工作的。风机带有风量调节装置，可以调节吸风量。

（4）烟囱。从机组上抽出的酸雾经处理后已使气体中含HCl量降至10mg/m^3，最终从烟囱排到大气中去。

3.4.3 酸洗操作

下面以某厂为例介绍主要的酸洗操作过程。

3.4.3.1 生产准备

（1）与机械、液压组联系，确认拉矫机、工艺段、1号和2号出口活套、圆盘剪等设备的液压润滑系统接通，所有设备无机械故障。

（2）与电气组联系，确认电气已将拉矫机、工艺段、1号和2号出口活套、圆盘剪等区域相应的传动及控制电源接通，电气系统处于可运行状态。

（3）与仪表组联系，确认现场所有的电动和气动阀门、纠偏控制系统、焊缝检测仪等装置处于功能正常状态。

（4）现场确认拉矫机至2号出口活套所有应到位的开关处于信号到位状态，这些设备相应的操作面板上的急停、快停开关及活套、圆盘剪的拉线开关处于释放状态。

（5）操作室内，按下“灯实验”确认所有指示灯完好。

（6）开启工业电视。

（7）保证工艺段处于热循环状态。

（8）通知入口活套接通张力，同时在操作室内接通1号和2号出口活套张力。

（9）与轧机主操及入口主操联系，了解生产准备情况。

3.4.3.2 操作步骤

A 自动状态下的剪切操作

（1）操作室内将开槽机、圆盘剪、碎边剪、碎边输送系统切换至自动状态，并按下

“启动”按钮。

（2）焊缝到达开槽机自动定位。

（3）开槽机在带钢边部开槽，开槽完毕后开槽机自动回到原始位置。

（4）冲切口自动定位在圆盘剪。

（5）圆盘剪自动进行宽度、间隙量、重叠量调节。

（6）碎边剪自动进行间隙量调节，根据板带运行速度自动调节运行速度。

（7）圆盘剪、碎边剪调节完毕后，圆盘剪段运行准备信号灯亮。

（8）按下启动钮，启动圆盘剪段带钢运行。

B 手动方式下的剪切操作

（1）在圆盘剪操作台上，预选开槽机、圆盘剪、碎边剪为手动。

（2）带钢出1号出口活套后自动定位在开槽机。

（3）在开槽机近机面板上将开槽机预选为“近机状态”。

（4）实施开槽机“前进”动作的操作。

（5）实施开槽机“冲切下降”动作的操作。

（6）实施开槽机“冲切上升”动作的操作。

（7）实施开槽机“返回”动作的操作。

（8）操作剪边段使冲切口到达圆盘剪。

（9）在圆盘剪近机面板上，根据材质和厚度，手动进行间隙和重叠量的调节。

（10）在机旁操作面板上把圆盘剪、碎边剪宽度调至设定宽度。

（11）启动废料运输系统。

（12）点动剪切一段距离，确认剪切宽度和剪切质量。

（13）实施正常切边。

C 剪边结束，不切边方式

（1）焊缝自动停在开槽机处开槽完毕后，开槽机返回到初始位置。

（2）冲切口自动定位在圆盘剪。

（3）圆盘剪、碎边剪退出作业线。

（4）确认后，启动板带运行。

D 剪切过程中换刀片操作

（1）自动操作。

1）操作室操作面板上将开槽机、圆盘剪、碎边剪切换到自动状态。

2）确认更换刀片操作。

3）焊缝到达开槽机自动定位。

4）焊缝自动开槽。

5）冲切口自动定位在圆盘剪。

6）圆盘剪、碎边剪自动开出到“旋转位置”。

7）机架自动旋转，将新刀片转到工作侧。

8）圆盘剪、碎边剪自动进行参数调节。

9）调节完毕后，启动剪边段板带运行进行剪边。

10）将备用侧旧刀片拆下，换上新刀片，进行校零。

（2）手动操作。

1）在操作室面板上将圆盘剪、碎边剪、开槽机预选为手动。

2）进行焊缝定位，开槽机操作。

3）手动完成，带钢边部冲切，完毕后，开槽机回到原位。

4）将冲切口定位到圆盘剪操作。

5）打开圆盘剪宽度调节，锁紧液压缸。

6）手动进行圆盘剪机架旋转动作。

7）手动进行圆盘剪宽度调节。

8）锁紧圆盘剪宽度调节液压缸。

9）在操作室内打开槽机碎边剪，圆盘剪切换到自动。

10）启动圆盘剪，对板带进行切边。

11）将备用侧旧刀片拆下，换上新刀片，进行校零。

3.5 酸溶液加热

酸溶液的温度是影响酸洗速度的重要因素。因此，采用有效的加热方法来达到最佳的酸洗温度是极有意义的。

连续酸洗机组酸溶液的加热，一般采用过热蒸汽直接吹入酸溶液加热和间接蒸汽加热两种方法。

3.5.1 直接蒸汽加热

直接蒸汽加热的方法是在酸洗槽四个角，各设一根直径为50mm的“之”字形铅管，铅管的上端连接带有开闭器的过热蒸汽管道，铅管的中部垂直于酸溶液面，下端则弯成大约90°角，并与酸槽底部平行，以防冲坏酸槽。一般情况下7天定期更换一次铅管（现在用四氟管加热）。

用蒸汽直接加热的优点是设备简单、升温快、省时间。当蒸汽压力足够时，可将溶液加热到沸腾，并在加热过程中，由于蒸汽的搅拌作用溶液增加了活性，从而加快酸洗速度。

蒸汽直接加热的缺点是：用蒸汽加热冷凝水，不断稀释酸溶液的浓度是不利酸洗的，会使废酸量增加回收失调；排掉部分废酸增加酸耗；同时用蒸汽加热产生酸雾较多，除加大了排风排汽系统的负荷外，在槽盖密封不严的情况下，酸汽外逸恶化了车间环境，腐蚀了车间房梁钢结构。

3.5.2 石墨热交换器间接加热

3.5.2.1 热交换间接加热工艺

酸液的间接加热是通过石墨换热器的热交换实现的，不存在冷凝稀释酸液的问题，其热交换装置如图3-24所示。酸溶液从酸槽自流出来，经过滤器进入酸泵，由泵打出来经装有膨胀节的管道送入石墨热交换器的下部，经热交换后从热交换器上部出来，打入酸槽。这样往复循环就可使酸液温度不断提高，直至达到酸液工艺要求。

3.5.2.2　热交换间接加热设备

在盐酸浅槽酸洗机组中，多数厂家选用了块孔式石墨热交换器（见图3-25）。块孔式石墨热交换器的特点是以石墨块体在不同方向加工出孔眼来作为热交换的块体，两种介质（蒸汽和酸溶液）在不同方向的孔眼中流过以达到换热的目的。孔眼的方向和孔径的大小是根据需要和加工的可能性来决定的。一般是希望把孔径做得小一些，这样可以加大传热面积，减小设备体积和重量。

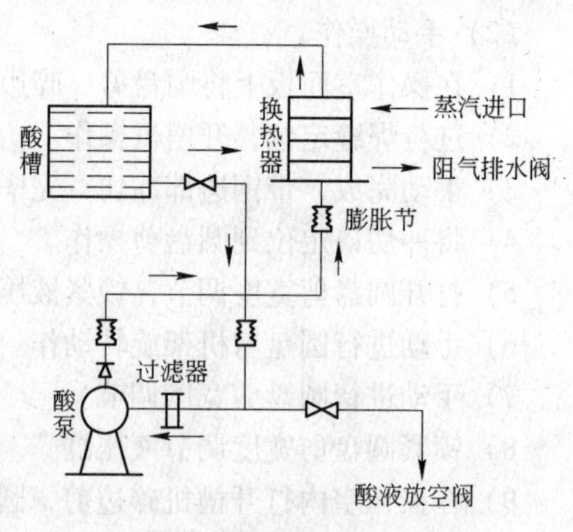

图3-24　酸溶液循环示意图

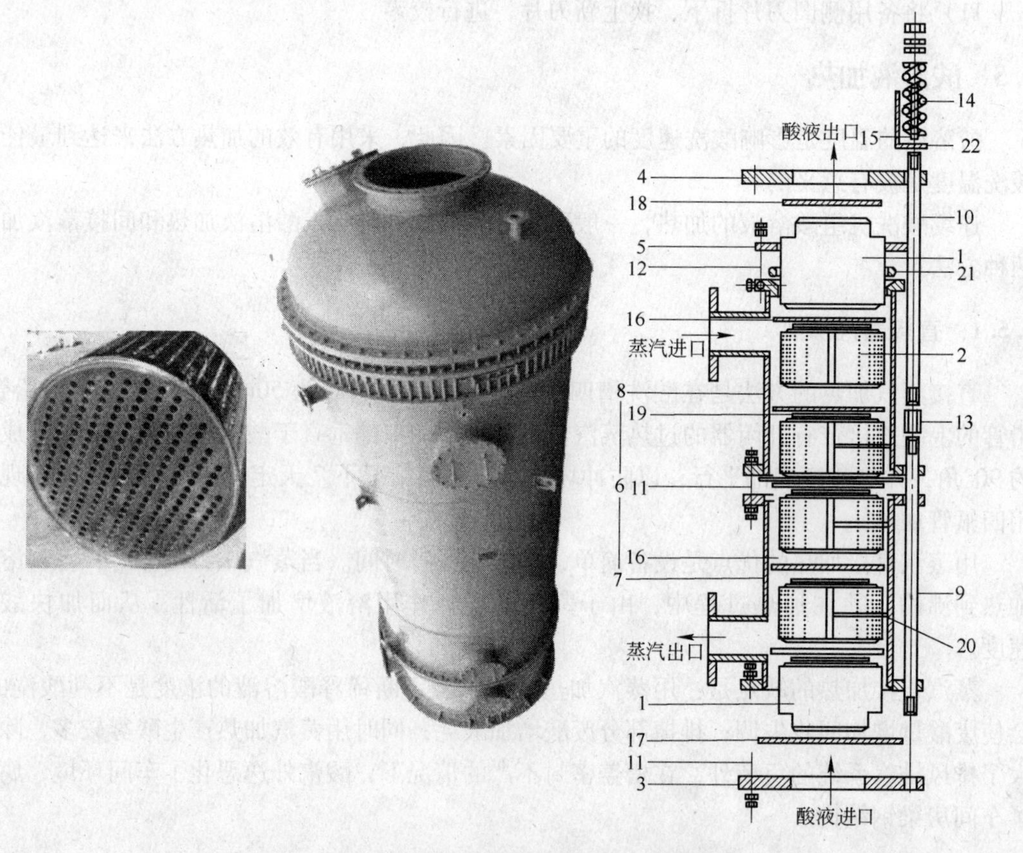

图3-25　圆柱块孔石墨热交换器实物和结构

1—石墨块封头；2—热交换石墨块；3，4—钢压盖；5—活动法兰；6~8—外壳；9~12—连杆；13—连接螺母；14—弹簧；15—套筒；16~19—聚四氟密封圈；20—折流板；21—滑动垫；22—外套筒

石墨为碳的同素异构体，是一种较好的耐酸材料，为了使石墨热交换器石墨块具有较好的导热性能，在制造之前必须将天然石墨缓慢加热到2400~2700℃，然后再缓冷以保证石墨块体具有六棱柱形晶格，使石墨在横的方向与竖的方向（对晶格而言）都有良好的导热性。

石墨热交换器使用温度不大于160℃；使用压力，对于蒸汽不大于0.6MPa，对于酸溶液不大于0.9MPa。

整个酸洗段配有6台、2种型号的石墨加热器。

3.5.2.3 使用块孔式石墨换热器的注意事项

（1）折流板是防止水蒸气横向通过石墨块后直接向下行走，由出口直接出去，这样可延长水蒸气在加热器内经过路程，从而增加加热效果。折流板是易损件，应定期更换。

（2）先往换热器里送酸液，经过一定时间后，再送蒸汽，并不超过允许的蒸汽压力，如蒸汽压力过大，应加蒸汽减压阀，经减压后再送入换热器。

（3）在换热器停止工作前，应先停蒸汽，再停酸液循环，并要排空管道、换热器、酸泵中的残留酸液。最好用温水冲洗，以防系统特别是换热器的小孔被结晶的硫酸亚铁所堵塞。

（4）在冬季停止工作后，要排净换热器中的冷凝水，以防换热器冻坏。

（5）应该定期分析冷凝水中是否呈酸性（pH<7），以鉴定换热器是否有漏酸处。

（6）定期测定换热器的工作性能、传热效果并检查结垢情况，以便及时处理问题。

3.6 酸洗工艺

3.6.1 武钢冷轧厂酸洗工艺制度

3.6.1.1 酸洗工艺流程

带钢经过拉伸矫直、破鳞后经喷水装置进入1号酸洗槽、2号酸洗槽、3号酸洗槽、4号酸洗槽直到5号酸洗槽，再经过滴漏槽，滴漏槽的冲洗水仍返回5号酸洗槽。由滴漏槽出来的带钢进入1号冲洗槽、2号冲洗槽、3号冲洗槽、4号冲洗槽、5号冲洗槽，反复冲洗挤干，再进入热水漂洗槽、烘干机，经过活套车，准备后续工艺的剪边、涂油及卷取。

3.6.1.2 工艺制度

在1~5号酸洗槽内均使用盐酸，盐酸质量分数为3%~15%，温度保持在70~90℃之间，见表3-4。酸洗速度最大为24 m/min。化学反应为：

$$FeO+2HCl \xlongequal{} FeCl_2+H_2O$$

表3-4 武钢冷轧酸洗工艺制度

槽号	盐酸质量浓度/$g \cdot L^{-1}$	亚铁质量浓度/$g \cdot L^{-1}$	温度/℃	槽号	盐酸质量浓度/$g \cdot L^{-1}$	亚铁质量浓度/$g \cdot L^{-1}$	温度/℃
1号	30~50	110~130	90	4号	90~110	60~70	70
2号	50~70	80~100	70	5号	110~130	50~60	70
3号	70~90	70~80	70				

3.6.1.3 酸洗槽

（1）有4个酸洗槽长25m（1号酸洗槽~4号酸洗槽），1个长27m（5号酸洗槽），宽

28m，深 2.06m。

（2）酸洗槽结构为厚 10mm 钢板、6mm KBV 胶板、95mm 瓷砖三层。两个酸洗槽间与槽底均砌有铸石砖的支撑点。

（3）酸洗槽盖子用钢板焊成，内衬厚度 4mm 丁基胶板。采用水封。盖子的开启设有液压装置，能自动开闭。在 1 号酸洗槽底部的砌砖下面设有 4 个电磁感应元件用以控制带钢在酸洗槽中的垂度。

（4）在 1 号酸洗槽与 5 号酸洗槽的后端装有带钢夹紧器。在较长时间停止酸洗时，用此夹紧器保持带钢的位置，以便于提升器将带钢提升到液面上来。

（5）位于每个酸洗槽底部的两个带钢提升器，由压缩空气来传动。

（6）滴漏槽：紧接 5 号酸洗槽，其规格为 3.5m×2.8m×1m，冲洗水压 0.6MPa。

（7）冲洗槽：5 个冲洗槽（喷洗槽）的规格为 4.5m×2.8m×2.25m，总长为 22.5m。每槽中有 1 个 ϕ800mm 浸入辊和两组喷嘴。

（8）热水漂洗槽：规格为 10m×2.8m×2.25m，温度为 90℃，有两个间距为 4.6m 的浸入辊。

（9）烘干机：规格为 1500mm×1000mm×350mm，型号为 045/500-RTR，风量为 14700m^3/h，电动机功率为 90kW。

3.6.2 某厂酸洗工艺制度

3.6.2.1 原料管理

酸轧原料钢卷库共分 10 行 80 列，总面积为 8892m^2，最小行间距 1.04m。钢卷双层堆放，堆垛最大高度 4m，一共可存储钢卷数 1594 个，存储能力约 5 万吨。钢卷按钢种分区堆放。

3.6.2.2 入口段

（1）上卷。天车向 1 号步进梁上卷时，操作工检查所上卷是否与计划卷卷号相符，符合要求的钢卷方可上卷，并保证装卷精度为±150mm。

（2）切头尾。双切剪采用上切式，用于切除带钢头尾的尺寸超差部分。根据带钢实际情况人工设定剪切长度，以保证带钢满足生产的要求。热轧原料带钢头、尾尺寸超差长度都应小于 10m。

（3）焊接。焊接基本要求是

1）焊缝经平整后，表面应光滑，无裂缝，焊缝区无夹杂。如对焊缝质量无把握，可通过杯凸试验来进一步确认。杯凸试验应无脆断产生且不能产生沿焊缝长度方向的裂纹，焊接区无夹渣。

2）前后 2 卷最大厚度差为：

$$d_2 \leqslant 1.2 \times d_1$$

$$d_2 - d_1 \leqslant 0.6\text{mm}$$

3）前后 2 卷最大宽度差为：单边不大于 150mm。

4）焊接后前后两带钢中心线最大偏差为 2.0mm。

(4) 冲月牙。一般情况下，为保证焊缝安全通过轧机，每个焊缝都需要进行冲边。在有特殊要求且焊缝质量良好的情况下，可以不冲边。

(5) 入口活套。入口活套用来缓冲入口段设备在上料、焊接、钢卷带尾剪切时所需的停车时间，以保证工艺段的连续生产。正常情况下，冲套量为95%。

(6) 拉矫机。不同材质、厚度和宽度的带钢，要获得较好的破鳞效果和较好的板形，必须考虑带材的伸长率、压下深度等因素。

生产时，拉矫机的弯曲辊、矫直辊插入深度和带钢的延伸由过程计算机设定。

在保证伸长率在控制范围的前提下，操作人员可以根据现场条件的变化做必要的手动干预。

3.6.2.3 工艺段

(1) 酸槽工艺控制标准，见表3-5。

表3-5 各槽的酸含量及温度

酸槽号	铁含量/g·L^{-1}	自由酸 HCl/g·L^{-1}	温度/℃	
			控制目标	控制范围
1号	120	40	80	70~85
2号	80	100	80	70~85
3号	30	160	80	70~85

(2) 漂洗槽工艺控制标准。经漂洗之后的带钢表面残氯量应低于2mg/m^2。

(3) 风机工艺控制标准。热风温度为120~150℃。

(4) 1号出口活套。1号出口活套在剪边规格变化时，缓冲圆盘剪及碎边剪更换所需的时间。在换圆盘剪时，1号出口活套尽量拉空，以保证工艺段能连续生产。

(5) 切边。

1) 切面质量。带钢剪切后，剪切面的剪切区与断裂区之比为1∶2。从剪切区到剪切层应无大的倒角，断裂区应均匀，剪切毛刺只允许有少量存在。

2) 带钢导入。带钢导入时，必须使它在剪刃中左右放平，不得有瓢曲。特别在剪切区带钢应通过导板和压紧轴十分紧凑地沿外边导入。

3) 刀片更换周期：≤3000t。

(6) 碎边剪调节。在正常生产时，根据来料的厚度，计算机自动给定碎边剪间隙值。操作工根据实际情况可作干预。

(7) 酸洗质量检查。在切边剪之后，设置一质量检查台，质量检查员借助镜子，可观察运行带钢的上下表面质量。当发现带钢有缺陷时，由质检人员降速检查缺陷类型及缺陷位置，并将这些信息输入计算机。

(8) 2号出口活套。2号出口活套用来缓冲轧机换辊所需的时间及圆盘剪在带钢剪切规格变化时的调节时间，以保证2号出口活套任一边的停机都不会影响另一边的正常生产。

3.7 酸洗质量缺陷

板带在冷轧过程中往往会产生各种缺陷，这些缺陷使产品品级降低，严重者成为废品。酸洗产品的缺陷大致可分为两类：原料缺陷和表面缺陷。

3.7.1 原料缺陷

这些缺陷是由原料造成而在冷轧生产中暴露出来，并继续保持或残留下来的一些缺陷。

(1) 气泡。气泡是在连铸时形成的。若在热轧时，气泡能够焊合，冷轧后就不会出现缺陷；若不能焊合，在冷轧时就会暴露在带钢表面上。由于轧制延伸作用，它以条状或者箭头状断断续续地出现，缺陷处有凹坑。

气泡缺陷破坏了基体的连续性和均匀性，造成废品。

(2) 夹杂。夹杂是由于浇注时耐火材料和熔渣等非金属夹杂物混入钢水中，凝固在钢坯中，经热轧、冷轧、延伸后暴露于轧件表面上，形成非金属夹杂。其形态与气泡缺陷相似，只不过在凹坑中能见到非金属夹杂物的存在。

夹杂造成带钢局部起皮、分层，钢基体的均质性被破坏，形成废品。

(3) 分层。分层是夹杂和气泡两种缺陷隐含在带钢内部形成的，往往在拉伸实验和冷弯实验时才发现。分层缺陷除非用仪表检查，否则不会发现。一直到用户使用时，使金属制品成为废品。

(4) 铁皮压入。在热轧时氧化铁皮没有除净而压入板中，压入的铁皮在冷轧前的破鳞机上不能剥落，酸洗也未洗掉。冷轧时仍然保留着，冷轧后压入铁皮处出现点状、鱼鳞状的黑褐色痕迹。

铁皮压入带钢表面中减少了带钢厚度，除少数点状缺陷降为次品外，其他将造成废品。

(5) 原料划伤和辊印。热轧时，板坯在加热炉中炉底辊道上划伤，或是输送辊道不转而划伤。冷轧以后由于延伸和压缩，划伤变得轻微，其形状有连续或断续条状的，而且往往是多条的。

辊印是热轧时，轧辊表面被破坏或是粘有异物而传到带钢表面的结果。这种缺陷与轧辊周长相一致并呈周期性。

3.7.2 表面缺陷

(1) 擦伤。擦伤是在酸洗、轧钢过程中拆卷时，由于带钢卷层间错动而造成的。

(2) 划伤。划伤是指尖锐的机械物体在钢板表面划出的伤痕，并留在成品板上的缺陷。在酸洗和轧制过程中，辊子结疤或粘有尖锐物体、有不转动的机械与带钢接触、轧机导板上粘有尖锐物体与带钢接触，都会造成划伤。

划伤总是出现在同一部位，条数不多。不同设备造成的划伤颜色深浅不一样。

防止划伤的方法有：

1) 各机组应该转动的机械部件都应保持转动，防止与钢板产生相对摩擦。

2) 要经常检查相关设备，及时去除金属碎屑等易造成划伤的异物。

3) 转动的辊子表面有结疤时要及时处理。

(3) 欠酸洗。热轧时产生再生氧化铁皮，而冷轧前酸洗未洗净。冷轧时再生氧化铁皮被压入带钢表面中，在成品上出现大片黑斑，并且有皱纹样的横向细纹。

氧化铁皮厚且致密、酸洗前破鳞不充分、酸洗液的浓度低或温度低、酸洗槽中的亚铁浓度高、酸洗操作不良等都是造成欠酸洗的原因。

欠酸洗不仅使带钢降级或报废，而且还给轧钢带来困难，容易造成打滑事故。

（4）过酸洗。带钢在酸洗时，在酸液中浸泡时间过长，钢基体被腐蚀发生氢脆，成品表面粗糙呈深灰色，严重者有针状或海绵状细孔。一般低碳钢更容易发生过酸洗。

过酸洗的带钢容易轧碎造成粘辊，一般不应轧制。

（5）板面灰质多、发黄。出现板面灰质多、发黄，主要原因是冲洗水水质问题。应及时对冲洗水水质进行调整，平时应严格执行冲洗水换水规定，保持冷凝水的补充；在运行中途出现可采取打开一些中间加水阀加水的应急手段；严禁从最后的加水阀加水，避免降低冲洗水水温；生产完该卷后立即停机换水，以保证板面质量。

3.8 酸洗机组交接班注意事项及常见故障

3.8.1 交接班注意事项

3.8.1.1 接班后注意事项

接班后应巡视工艺段的设备：

（1）检查泵运转是否平稳（有无振动），压力是否正常，有无异常噪声和泄漏，轴承部位及马达外壳温度是否正常，阀门开合是否正常、有无卡阻现象。

（2）检查洗涤塔液位是否正常。

（3）检查各加热器有无泄漏。

（4）检查阀件、管道连接部位是否泄漏，管道是否变形。

3.8.1.2 圆盘剪交接班的注意事项

生产切边料时接班人员应向交班人员了解圆盘剪工作状态及最后一卷质量情况、间隙调节情况、刀片状态、废边卷取机工作情况，接班后应复核以上情况，遗留问题及时进行处理。

3.8.1.3 蒸汽管道阀门开合注意事项

开蒸汽阀前应将各加热器排水阀打开，以畅通蒸汽管道（畅通后关闭）。开蒸汽阀应小量开阀，隔十分钟，待管道畅通后逐渐加大汽压至加热汽压。严禁一下子将蒸汽阀开到很大位置。开蒸汽阀应侧身背向汽源方向操作，防止烫伤。

3.8.2 常见故障

3.8.2.1 穿带运行中出现开卷机松卷现象

出现开卷机松卷现象应及时检查：

（1）开卷机张力是否设置合理；

（2）开卷机抱闸是否正常；

（3）压缩空气压力是否正常；

（4）钢卷内径是否松卷。

出现（2）、（3）时应及时通知相关电气、机械人员进行检查，出现（4）时操作人员应马上停车，调整开卷机底座及反向点动开卷机卷筒调整钢卷松紧度。

3.8.2.2 剪边出现跑偏后纠偏

剪边时应根据带钢在4号侧导处的位置进行调节，调节4号侧导时力度应合适、舒缓，不能大力开合，应根据带钢偏向方向通知头部开卷工向相反一侧移动钢卷，同时抬升挤干辊缓慢运行或点动，直到正常剪切。

3.8.2.3 剪切缺口、毛刺、蜗边

（1）缺口的产生原因与解决办法。

1）圆盘剪刀刃有较大缺口或凸点，此时应及时更换新刀或打磨刀刃。

2）间隙调节不当，应按操作规程重新进行调整，无把握时应进行试剪。

（2）毛刺的产生原因与解决方法。刀刃水平间隙过小，应在浮动范围内将水平间隙适当调大。

（3）蜗边的产生原因与解决方法。

刀刃水平间隙及垂直间隙较大，造成边部压弯，应及时进行调整纠正。

3.8.2.4 各罐串酸

根据化验单数据，若出现相邻两罐浓度接近、无梯度、不合理，则两罐间存在串酸现象，可采取在对应两酸槽间设置挡块阻隔串流的临时处理手段处理。

3.8.2.5 各循环泵异常情况

各循环泵异常情况有异响、温度高、压力不正常、有泄漏。应检查地脚螺栓有无松动、接手是否正常、各连接阀开合是否正常、各槽罐液位是否正常、密封是否正常，非本机组能处理的情况应及时通知机械、电气人员进行处理。

复习题

3-1 冷轧酸洗氧化铁皮的生成过程及结构如何？

3-2 为获得最好酸洗的氧化铁皮，热轧参数该如何控制？

3-3 氧化铁皮的性质有哪些？

3-4 常见的机械除鳞法有哪些？

3-5 酸洗原理是什么？

3-6 影响酸洗时间的因素有哪些，如何影响？

3-7 影响冲洗效果的因素有哪些，如何调整？

3-8 简述激光焊机的工作原理及优点。

3-9 简述拉矫机的结构和作用。

3-10 简述活套的作用。

3-11 简述各槽酸浓度的变化及循环过程。

3-12 简述酸槽结构及水封作用。

3-13 简述漂洗水的循环过程。

3-14 简述废气的处理过程。

3-15 简述酸溶液加热方式。

3-16 简述石墨换热器的结构及工作原理。其使用注意事项是什么？

3-17 常见酸洗缺陷产生原因是什么？其处理方法有哪些？

4 废 酸 再 生

4.1 废酸回收的意义与处理方法

热轧带钢经过盐酸酸洗处理后，带钢表面的氧化铁皮被溶解到盐酸中，形成铁的氯化物。随着时间的推移，酸洗液中铁离子的浓度逐渐增加，而游离盐酸浓度降低。为了达到最佳的酸洗效果，当酸液中游离酸浓度降低到一定的程度后，定量的酸洗液被排出。

被排出的废酸除含有大量铁盐外，还有相当数量可以回收及再生处理的酸溶液。如果弃之不用不仅造成很大的浪费，而且还污染环境。废酸处理还可以生产副产物氧化铁粉，作为高档磁性材料外销。因此废酸必须进行处理或再生利用，化害为利，变废为宝。

盐酸酸洗废液总的来说有两种不同处理方法。对于产量较高、盐酸消耗量较大的连续和半连续盐酸酸洗机组，一般都采用酸再生处理方法；对于一些产量低、酸耗量较少的小机组，因采用再生处理废酸的一次性投资费用较大，在经济上不一定合适，一般对废酸进行中和处理。

废盐酸再生工艺形式较多，目前使用最多的是 20 世纪 30 年代奥地利鲁兹纳公司首创的鲁兹纳法，即喷雾焙烧工艺；此外还有德国鲁奇公司提出的鲁奇法，即流化床工艺。

目前，世界上约 200 多套盐酸再生装置中 85%是鲁奇公司和鲁兹纳公司研制和设计的，而鲁兹纳盐酸再生装置在这 85%的再生装置中又占绝大多数。

采用连续盐酸酸洗机组的再生工艺后，盐酸消耗量可减少到 1kg/t。

4.2 废盐酸溶液再生的原理

在酸洗工艺流程中，我们已经知道，当酸洗液中铁离子浓度达到某一数值时，该酸将由废酸泵送至酸再生区的废酸储罐内待处理。酸再生装置就是通过一系列化学、物理方法将废酸再生成再生酸，同时产生高附加值的氧化铁粉。

酸洗和酸再生的过程可以由以下反应式表示。

酸洗：

$$Fe+2HCl \longrightarrow FeCl_2+H_2$$

$$FeO+2HCl \longrightarrow FeCl_2+H_2O$$

$$Fe_3O_4+2HCl \longrightarrow FeCl_2+FeCl_3+H_2O$$

$$Fe_2O_3+6HCl \longrightarrow 2FeCl_2+3H_2O$$

$$2FeCl_3+Fe \longrightarrow 3FeCl_2$$

$$4FeCl_2+4HCl+O_2 \longrightarrow 4FeCl_3+2H_2O$$

酸再生：

$$2FeCl_2+2H_2O+1/2O_2 \longrightarrow Fe_2O_3+4HCl$$
$$2FeCl_3+3H_2O \longrightarrow Fe_2O_3+6HCl$$

进入酸再生机组的酸洗液主要包括游离盐酸、$FeCl_2$、少量 $FeCl_3$、水。

$$FeO+2HCl \underset{再生}{\overset{酸洗}{\rightleftharpoons}} FeCl_2+H_2O$$

盐酸再生的工作原理也可用上面的方程式笼统地概括出来。

此方程式从左向右的反应是酸洗过程，从右向左则是再生过程，也可以说再生过程是酸洗过程的逆反应。

在酸再生机组铁的氯化物被焙烧氧化生成 HCl 气体和 Fe_2O_3小颗粒，HCl 被吸收生成浓度为 18%~20%的再生酸，并被送回酸洗线循环利用，由此保持酸洗槽中的酸与铁的浓度衡定。Fe_2O_3粉则装袋后外卖。

4.3 典型废盐酸再生工艺过程

4.3.1 除硅

随着市场对氧化铁粉品质要求的提高，SiO_2首当其冲成为氧化铁粉品质的瑕疵，降低氧化铁粉中 SiO_2的含量势在必行。奥地利鲁兹纳公司开发了 $FeCl_2$溶液净化技术，在喷雾焙烧之前必须先分离出其中的杂质元素，特别是硅元素（这就是我们通常说的除硅），收到了颇好的效果。

利用 $Fe(OH)_3$絮状沉淀比表面积大、具有极强的吸附净化性能来完成脱硅，反应式如下：

$$m SiO_2+n Fe(OH)_3 === [Fe(OH)_3]_n \times (SiO_2)_m (吸附)$$

酸洗线的废酸液收集在废酸罐里。其存储能力保证酸再生站独立于酸洗线连续运行。用泵把酸洗线废酸从罐区的废酸罐送到脱硅站溶解罐。

溶解罐内事先加入酸洗线切边碎钢。废酸由底部进入，在上升过程中与 Fe 接触，游离盐酸和铁反应，提高 pH 值。溶解罐顶部废酸通过重力溢流到反应罐。溶解槽自然通风。

在反应罐内，按一定比例地加入氨水，把废酸的 pH 值提高到 3.5~4。同时在反应罐底部鼓入压缩空气进行氧化。反应式如下：

$$FeCl_2+ 2NH_4OH === Fe(OH)_2+2NH_4Cl$$
$$2Fe(OH)_2+ 1/2O_2+ H_2O === 2Fe(OH)_3$$

氯化氨在焙烧炉内氧化分解。反应式如下：

$$2NH_4Cl + 3/2O_2 === N_2(g)+3H_2O(g)+ 2HCl(g)$$

$FeCl_3$直接化合生成 $Fe(OH)_3$。$Fe(OH)_3$吸附废酸中的 SiO_2形成沉淀颗粒。在随后的沉淀池中，通过加入絮凝剂使颗粒沉淀。清液溢流送往罐区净化废酸罐备用。淤浆从沉淀池底通过活塞隔膜泵送进压滤机。压滤机的滤饼收集起来置于堆放场。滤液回收。

除硅的工艺流程如图 4-1 所示。

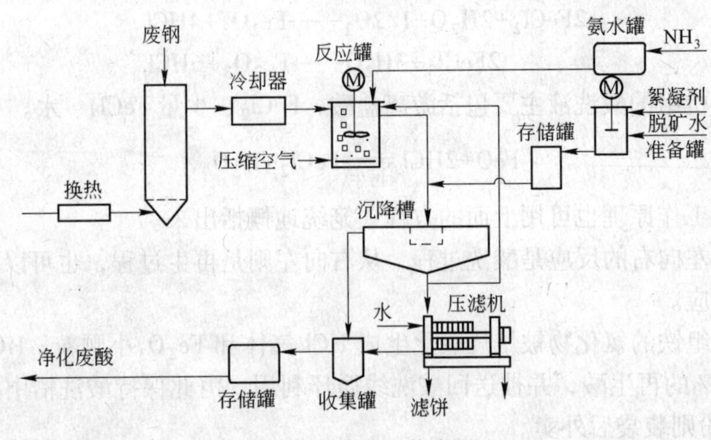

图 4-1 除硅工艺流程

4.3.2 鲁兹纳法酸再生

用泵把净化废酸罐内废酸送到酸过滤器，分离过滤其中的固体颗粒和没有溶解的残留物。过滤后，废酸进入酸再生站。

鲁兹纳法酸再生的工艺流程如图 4-2 所示。过滤废酸经气动阀进入预浓缩器的底部，气动阀自动控制预浓缩器底部液面。恒量废酸自预浓缩器流入循环泵循环喷淋，与焙烧炉的热燃气进行直接热交换，并蒸发浓缩。

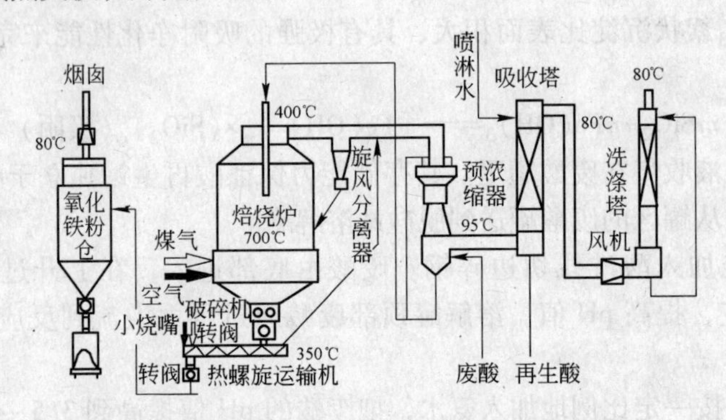

图 4-2 酸再生工艺流程

炉气中的氧化铁和废酸中的盐酸发生如下反应：

$$Fe_2O_3+6HCl = 2FeCl_3+3H_2O$$

再生装置以处理废酸量为 3200L/h 为例，废酸量在预浓缩器内由 3200L/h 被浓缩至 2400L/h（即焙烧炉喷洒量为 2400L/h），酸温约 95℃，炉气中有一部分氯化氢气体与预浓缩酸相遇，冷凝为盐酸。预浓缩酸成分见表 4-1。

浓缩废酸经焙烧炉加压泵控制流量压入炉顶喷枪。喷枪装有喷嘴并可以自动浸入炉膛。喷枪上配有过滤器防止喷嘴堵塞，喷嘴由 Al_2O_3材料制成。

炉体是钢质容器，内衬耐火砖，用烧嘴直接加热。烧嘴成切线布置在外壳四周。助燃气体在炉膛内以涡流方式逆流烘干喷嘴喷淋的浓缩废酸液滴。在炉膛内的热区，$FeCl_2$、$FeCl_3$按如下反应式进行分解：

$$2FeCl_2+2H_2O+1/2O_2 \longrightarrow Fe_2O_3(s)+4HCl(g)$$

$$2FeCl_3+3H_2O \longrightarrow Fe_2O_3(s)+6HCl(g)$$

表 4-1 预浓缩酸成分

成分	含量		备注
	g/L	kg/h	
$FeCl_3$	51.11	122.68	
$FeCl_2$	363.15	871.56	
HCl	102.01	244.83	Fe^{3+} = 17.6 g/L Fe^{2+} = 160.0 g/L
H_2O	862.96	2071.11	
总计	1379.23	3310.18	

炉顶初生的氧化铁颗粒为空心球状，直径约 0.2μm。在下落过程中由于逆流涡流气体的夹带而上浮，再次遇到喷淋酸液使粒径逐渐长大。落到炉底的氧化铁也呈空心球状，直径约几十微米，通过密封转阀排出。密封转阀隔离外部大气，保持炉内负压。转阀上方装有破碎机以粉碎由炉壁落下的氧化物块。

转阀下方装有带小烧嘴的热螺旋运输机。通过燃烧达到进一步减少氧化物中残氯的含量，燃气返回焙烧炉。

氧化铁粉经风动输送系统送到氧化铁粉仓。仓上方的袋式过滤器对输送气体进行排前的清洁。Fe_2O_3粉末经仓底密封转阀进入装袋机包装待售。氧化铁粉产量分布见表 4-2。

表 4-2 氧化铁粉产量分布

部位	产量	
	kg/h	%
焙烧炉底部	521.67	95
旋风除尘器后	87.84	1.6
被预浓缩器吸收	60.39	1.1
被吸收塔吸收	24.71	0.45
冲洗水在风机中吸收	2.74	0.05

由助燃气体、水蒸气和 HCl 组成的炉气从焙烧炉顶部进入分离器分离夹杂的 Fe_2O_3 粉末。分离的 Fe_2O_3 粉经密封转阀排回焙烧炉。分离炉气则进入预浓缩器，通过和循环废酸直接接触，得到冷却与清洁。

焙烧炉炉气，如采用热值为 7600J 的混合煤气，则炉气组成见表 4-3。

表 4-3 炉气成分

成分	含量		
	m^3/h	%（体积）	kg/h
HCl	509.61	8.63	830.39
H_2O	2557.03	43.31	2054.76
O_2	109.14	1.85	155.91
N_2	2287.57	38.75	2859.46
CO_2	440.52	7.46	865.31
总计	5903.87	100.00	6765.83

炉气从焙烧炉顶部排出并进入双旋风除尘器，一个左旋，一个右旋，靠离心力的作用，除去大部分铁粉。除尘器效率为70%~80%。然后气体进入预浓缩器，在此直接与循环酸接触而被冷却和净化。炉气经过预浓缩器后，其成分见表4-4。

表4-4 预浓缩器后炉气成分

成分	含量		
	m^3/h	%（体积）	kg/h
HCl	393.61	5.68	641.37
H_2O	3699.67	53.38	2972.95
O_2	109.14	1.57	155.91
N_2	2287.57	33.00	2859.46
CO_2	440.52	6.37	865.31
总计	6930.51	100.00	7495.00

炉气和循环酸在预浓缩器内为顺流操作。气体从预浓缩器出来，进入吸收塔。吸收塔为逆流操作，用冲洗水或去离子水吸收氯化氢气体生成再生酸。再生酸成分见表4-5。

表4-5 再生酸成分

成分	含量		备注
	g/L	kg/h	
$FeCl_2$	4.68	14.98	$Fe^{2+}=2.06g/L$
$FeCl_3$	15.67	50.14	$Fe^{3+}=5.40g/L$
HCl	189.08	605.07	
H_2O	903.32	2890.64	
总计	1112.75	3560.83	

从吸收塔顶部排出的气体，含有少量的氯化氢气体和Fe_2O_3粉尘，因此由排烟风机送入两级洗涤塔，上一级用脱矿水，下一级用$FeCl_2$溶液（WAPUR净化废酸液），最终净化达标后经烟囱而排入大气。排出废气成分见表4-6。

表4-6 排出废气成分

成分	m^3/h	%（体积）	kg/h
H_2O	2911.37	50.65	2339.49
O_2	109.14	1.90	155.91
N_2	2287.57	39.79	2859.46
CO_2	440.52	7.66	865.31
总计	5748.60	100.00	6220.17

再生酸中Fe^{2+}由冲洗水带来，Fe^{3+}由炉气带来。吸收塔后的气体成分见表4-7。

表 4-7 吸收塔后的气体成分

成 分	含 量		
	m^3/h	%（体积）	kg/h
H_2O	3228.07	53.21	2593.99
O_2	109.14	1.80	155.91
N_2	2287.57	37.30	2859.46
CO_2	440.52	7.26	865.31
HCl	1.18	0.02	1.92
Fe_2O_3			2.74
总 计	6066.48	100.00	6479.33

废气中氯化氢最大含量为 $20mg/m^3$。氯化氢气体的吸收分布见表 4-8。

表 4-8 氯化氢气体的吸收分布

部 位	含 量		
	m^3/h	kg/h	%
预浓缩器	116.00	189.02	22.76
吸收塔	392.43	629.45	77.01
排烟风机	1.18	1.92	0.23
总 计	509.61	830.39	100.00

注：损失未计算在内。

整个系统的炉气温度分布如下：焙烧炉底部 600℃、顶部 400℃，预浓缩器出口 95℃，吸收塔出口 82℃，烟囱出口 80℃。

各个设备的阻力降如下：旋风除尘器 1kPa，预浓缩器 2.5kPa，吸收塔 1.5kPa，风机风压为 7.5kPa。

4.3.3 鲁奇法酸再生

鲁奇法再生废盐酸一般通称流化床法，其工艺流程如图 4-3 所示。

需要再生处理的废酸首先用泵送到预收罐，再用另一台泵将废酸打到当作预蒸发器的文丘里设备中，在文丘里设备中一部分废酸液被灼热气体汽化。经过预蒸发器而剩下的那部分酸液，其体积减小并富集了氯化铁。它们从这个循环中分流出来，通过一个配料装置导入反应器（焙烧炉）中的流化床中，在那里水被蒸发，氯化铁热分解为氧化铁和氯化氢。流化床的颗粒氧化物变得更大更多，这样流化床的高度不断增大，从而使由鼓风机吹入的空气所受到的阻力也增强，阻力的大小通过压力计显示出来。通过一个叶轮闸门把多余的氧化铁排出，排出的过程进行到流化床下部的旋流空气的压力下降到所希望的值

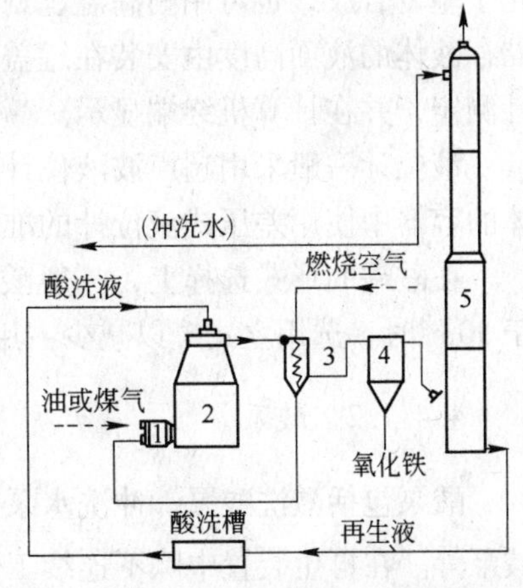

图 4-3 采用流化床反应器的再生设备

1—燃烧室；2—焙烧炉；3—预蒸发器（文丘里）；4—旋风分离器；5—吸收塔

为止。

较细的氧化铁被废气带出焙烧炉而进入旋风分离器中。然后分离出来的细小氧化铁回到流化床中，被酸液湿润并逐渐变粗。净化后的气体从旋风分离器出来之后进入预蒸发器并在那里放出热量，即与酸液进行热交换。

焙烧后含有氯化氢的气体，经过预蒸发器进入吸收塔与从塔上喷洒下来的冲洗水接触，氯化氢被水吸收即形成再生酸。吸收后的废气主要是氮气、二氧化碳等，排入大气。

4.4 酸再生设备及操作

4.4.1 酸再生设备

4.4.1.1 酸罐

酸罐包括废酸罐、新酸罐、再生酸罐、冲洗水罐及氨水罐。

A 酸罐的作用

（1）废酸罐：一般再生装置安装两台废酸罐，一台用于储存来自酸洗线的废酸，另一台用于储存分离二氧化硅后的废酸。如果不需要分离二氧化硅，则两个废酸罐都用来储存来自酸洗线的废酸。

（2）新酸罐：用于储存33%~35%的新盐酸。

（3）再生酸罐：一般装置安装两个再生酸罐，两罐都用于储存来自吸收塔的再生酸或混合酸液。

（4）氨水储罐：此罐用于储存除硅生产时使用的25%的氨水。

（5）冲洗水罐：用于储存来自酸洗线的冲洗水。

B 酸罐的结构

酸罐的结构如图4-4所示。酸罐可由碳钢制造，内衬4mm的热水硫化复合胶片或预硫化丁基复合胶，也可用耐高温、耐酸性较好的3301不饱和聚酯树脂玻璃钢制作。酸罐内储存液体的液面高度由安装在罐盖上的液位计（超声波式）或安装在罐底部的差压式液位计测定，并在计算机终端显示。

液位计一般采用超声波液位计或差压式液位计。从实际使用情况来看，在有挥发性气体的容器中使用差压式液位计的准确性较高。

在酸罐的形式选择上，一般酸罐容积在50m^{3}或更小时，选用卧式罐；当酸罐容积大于50m^{3}时，选用立式罐以减少占用厂房面积和便于制作。

4.4.1.2 酸泵

酸泵包括酸洗酸泵、冲洗水泵、再生酸泵、新酸泵、废酸泵、NH_3泵、循环泵、浓缩酸泵等。在再生装置中除不连续工作的新酸泵、NH_3泵之外，一般泵都安装两台，其中一台作为备用泵。

A 酸泵的作用

（1）酸洗酸泵：用于把废酸罐内的废酸送入除硅装置。

（2）冲洗水泵：用于向吸收塔、预浓缩器供冲洗水，或向再生酸罐供冲洗水以便配制

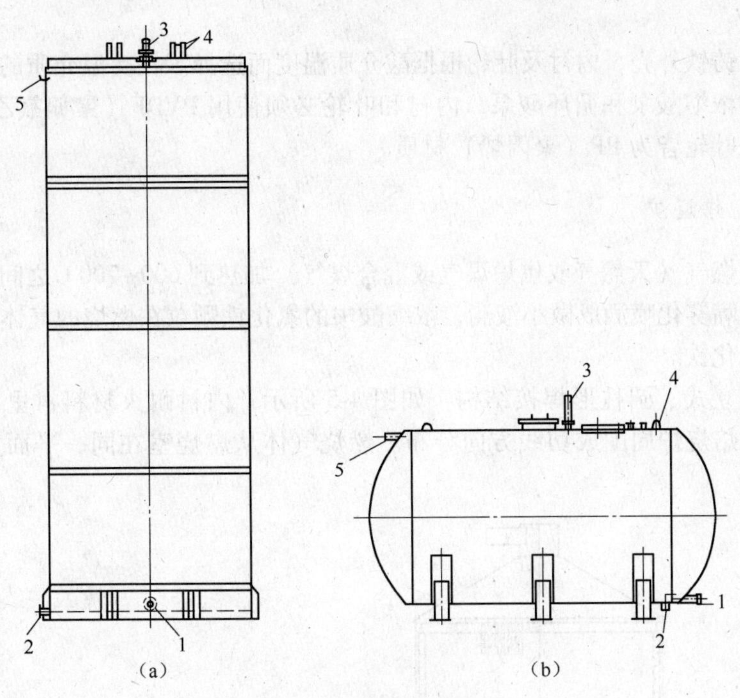

图 4-4　酸罐结构示意图
（a）立式；（b）卧式
1—酸出口；2—放空口；3—液位计；4—酸入口；5—溢流口

酸溶液。

（3）再生酸泵：用于向酸洗线输送再生酸，或定期向吸收塔输送再生酸以便吸收塔内壁及填料的清洗。

（4）新酸泵：用于将新酸从铁路槽车卸至新酸罐。

（5）废酸泵：用于向预浓缩器输送废酸。

（6）NH_3泵：用于将槽车中的 HN_3液送至 HN_3储罐中。

（7）循环泵：用于预浓缩器内浓缩酸的循环，以及向浓缩酸泵输送浓缩酸。

（8）浓缩酸泵：用于向焙烧炉喷嘴输送浓缩酸。

此外，在除硅系统中还有两台废酸泵、一台氨计量泵、一台絮凝剂计量泵、两台压滤器活塞隔膜泵。它们的作用分别为：

（1）废酸泵：一台用于将除硅后的废酸由收集罐送至废酸罐，另一台泵用于将浸溶塔中的酸液打至另一台废酸罐中（除硅装置不生产时用）。

（2）氨计量泵、絮凝剂计量泵：分别用于向除硅系统的氨反应罐、沉积罐输送氨水和絮凝剂。

（3）活塞隔膜泵：用于将除硅系统反应之后含有 FeCl、SiO_2悬浮液的废酸输送至压滤机进行过滤、挤压。

B　酸泵的结构

除计量泵、活塞隔膜泵之外，所有的酸泵皆为离心泵，泵轴一般采用双端面机械轴密封。轴封水压为 0.45MPa，大于离心泵压头。密封水在此起到防止酸液渗漏和润滑的双重作用。

离心泵为铸铁外壳，内衬及叶轮根据酸介质温度而选择。在高温介质的情况下，如浓缩酸处使用的浓缩酸泵和循环酸泵，内衬和叶轮必须使用PVDF（聚偏氟乙烯）。其余的酸泵壳内衬、叶轮皆为PP（聚丙烯）材质。

4.4.1.3　焙烧炉

焙烧炉由燃气（天然气或焦炉煤气或混合煤气）加热到600~700℃之间。被浓缩的废酸经炉顶的喷嘴雾化喷洒成微小液滴，浓缩酸中的氯化铁颗粒在燃烧的气体中被焙烧成游离氯化氢和氧化铁。

焙烧炉为立式、圆柱形焊接结构，如图4-5所示，内衬耐火材料衬里，外部绝热保护，燃烧室在焙烧炉周围成切线方向分布。燃烧气体从燃烧室在同一平面直接流入焙烧炉内。

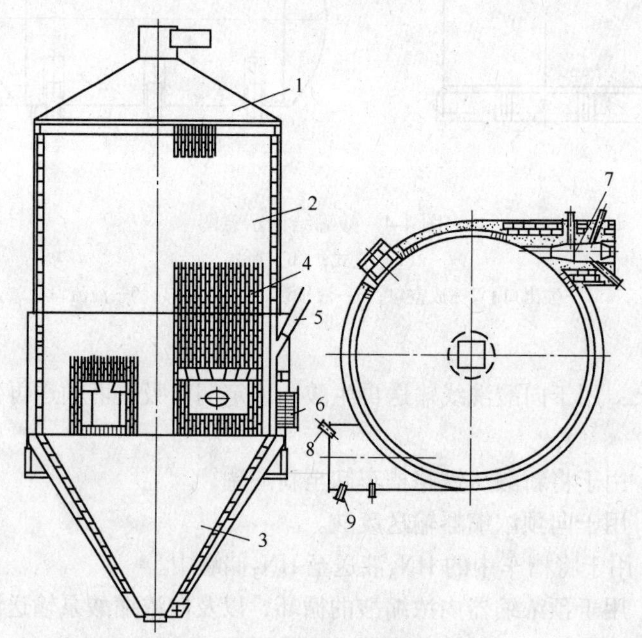

图4-5　焙烧炉结构

1—炉顶；2—炉膛；3—炉底；4—耐火砖衬；5—气孔；6—人孔；7—燃烧室；8—观察孔；9—火焰监测器

焙烧炉炉顶有温度测量点，控制炉顶温度在390℃左右；还有压力测量，以控制炉内呈负压状态，炉顶压力为-250Pa。

在焙烧炉上方，根据生产能力安装有1~6个喷嘴（包括提升装置），由浓缩酸泵输送的浓缩酸通过喷嘴喷入焙烧炉。喷嘴的喷洒量用电磁流量计和气动控制阀控制，也可用带有变频装置的浓缩酸泵控制。

4.4.1.4　预浓缩器（文丘里型）

来自焙烧炉的热气体从预浓缩器上部进入之后，与预浓缩器盖上的4个喷嘴喷洒的废酸直接进行热交换，将废酸浓缩至70%~80%。

预浓缩器的作用主要有三点：

（1）热交换作用。就是将要处理的废酸液与废气进行热交换，降低废气温度，有利于吸收塔对 HCl 气体的吸收和保护设备。

（2）浓缩作用。废酸液吸收热量，蒸发水分，提高了废酸在焙烧炉中的反应效率。

（3）除尘作用。焙烧炉来的废气中含有的微量氧化铁粉颗粒，在文丘里中得到清除，使得进入吸收塔的废气更纯净。

预浓缩器为文丘里型，钢壳内衬橡胶、耐酸砖及 SiC 砖，结构如图 4-6 所示。喷嘴管及喷嘴材质皆为铌。喷嘴喷雾角度为 120°。预浓缩器中与酸接触部位和格栅的材质为 SiC。浸没管材质为铌或钛。另外在文丘里下部有温度、液位、密度测量和控制装置。

4.4.1.5 吸收塔

含有氯化氢气体的焙烧气体与吸收塔上部喷洒下来的吸收水逆流接触，在塔内氯化氢气体被吸收，转换为浓度约 18%的盐酸。

吸收塔结构如图 4-7 所示。小型吸收塔可由聚丙烯（PP）制造，较大的吸收塔可由 3301 不饱和聚酯树脂或钢壳内衬橡胶再砌一层耐酸瓷板而制成。塔的底部有聚偏氟乙烯格栅及碳化硅格栅支架，格栅上装有聚丙烯填料（鲍尔环），吸收水通过喷嘴管及喷嘴喷洒在整个填料上。吸收液体流量由电磁流量计和控制阀来控制。

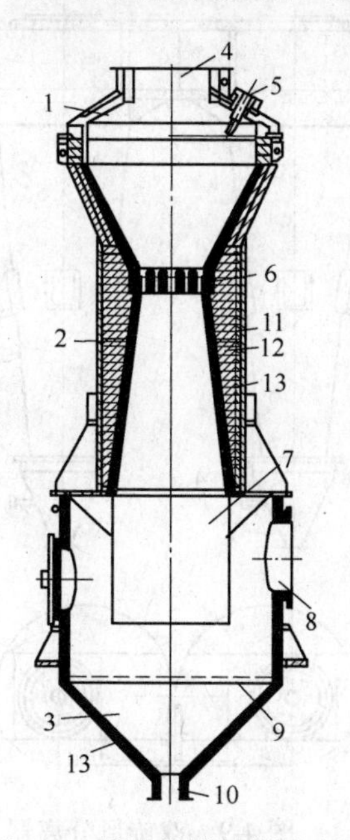

图 4-6 预浓缩器结构示意图

1—上部（盖）；2—中部；3—下部；4—气体入口；5—喷嘴管；6—格栅；7—浸没管；8—气体出口；9—液位；10—酸出口；11—橡胶；12—耐酸砖；13—SiC 砖

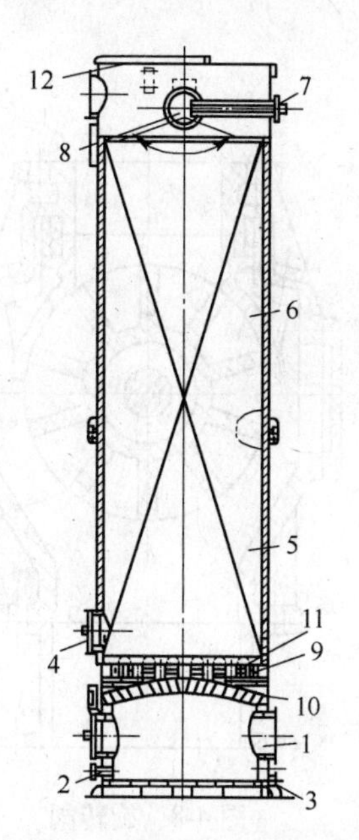

图 4-7 吸收塔结构示意图

1—气体入口；2—再生酸出口；3—放空口；4—人孔；5—下部；6—上部；7—喷嘴管；8—喷嘴；9—格栅支架；10—拱砖；11—格栅；12—盖

4.4.1.6 旋转阀

焙烧炉旋转阀用于将氧化铁粉排出炉外，使炉内保持负压，以防空气进入。

双旋风分离器旋转阀用于将氧化铁粉从分离器内排出，使其通过一斜管进入焙烧炉内，并避免空气通过旋转阀进入分离器，以保证双旋风分离器稳定操作。

旋转阀为耐热铸铁制造，结构如图 4-8 所示。

4.4.1.7 氧化铁粉料仓

氧化铁粉料仓的作用是储存由焙烧炉生产、输送来的氧化铁粉（Fe_2O_3）。

料仓为钢制圆柱形，在料仓下部有两个出口管与装袋机相连，以便氧化铁粉装袋。在料仓盖上安有粉尘过滤器，防止氧化铁粉粉尘外逸。

氧化铁粉仓内安有最大和最小料位计，如料位达到最大时，整个再生装置全部自动停车。

4.4.1.8 双旋风分离器

双旋风分离器用于分离焙烧炉废气中带出的氧化铁颗粒。被分离出的氧化铁颗粒，通过旋转阀及插入焙烧炉中的斜管进入焙烧炉下部。

双旋风分离器结构如图 4-9 所示，主要由两个锥形体构成，由耐磨碳钢制作。在两个锥体下部安有温度测量装置。

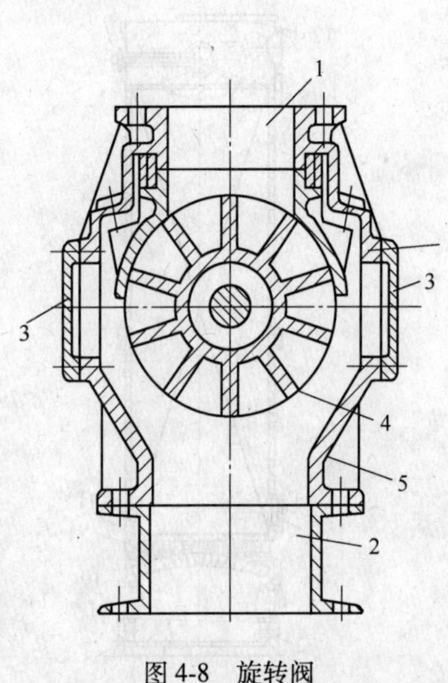

图 4-8 旋转阀
1—入口；2—出口；3—压盖；
4—旋转阀叶轮；5—外壳

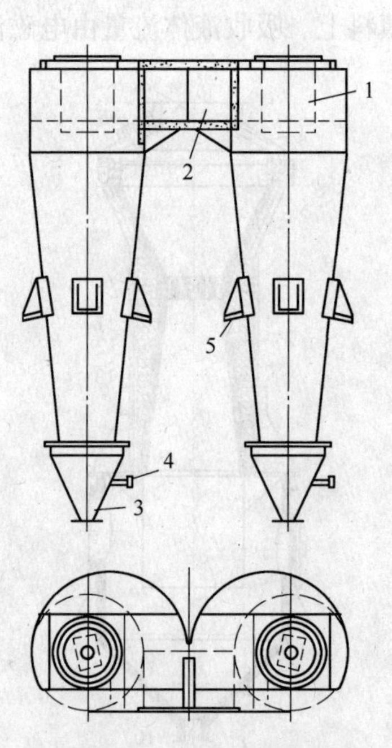

图 4-9 双旋风分离器
1—旋转内套筒；2—连接板；3—观察、清扫孔；4—测温孔；5—支撑

4.4.1.9 装袋机

装袋机用于将氧化铁粉料仓内的氧化铁粉装入包装袋内。

装袋机结构如图 4-10 所示。它由碳钢制造，机械操作，袋入口必须与装料口相连。启动装袋机开始装料，达到装袋重量后，自动停止装袋。袋装满之后移走，套上另一空袋。

4.4.1.10 风机

助燃风机用于输送所需的助燃空气至焙烧炉。

氧化铁粉输送风机用于通过输送管道抽吸所需空气，将焙烧炉中氧化铁粉输送至氧化铁粉料仓，同时将氧化铁粉冷却至大约60℃。

排烟风机用于将焙烧炉气体或废气通过预浓缩器（文丘里型）、吸收塔抽出，送至废气烟囱排出。

助燃风机与氧化铁粉输送风机皆为碳钢制造的离心风机。

排烟风机可用碳钢制造外壳，内衬耐酸橡胶衬里，叶轮为纯钛，也可用钛制造外壳（不再衬胶）。由于装置需保持负压操作，防止 HCl 气体逸出，所以在风机抽吸段安有气动蝶阀来进行控制调节。同时在风机叶轮上方安有冲洗水喷嘴喷洒冲洗水到叶轮上，以避免叶轮出现沉积物。洗涤水的水量可由流量计调节。

4.4.1.11 浸溶塔

浸溶塔用于装入碎铁屑将来自酸洗线的废酸浸溶，以降低酸度。

浸溶塔的结构如图 4-11 所示，它由碳钢制造，内衬橡胶和安山岩。

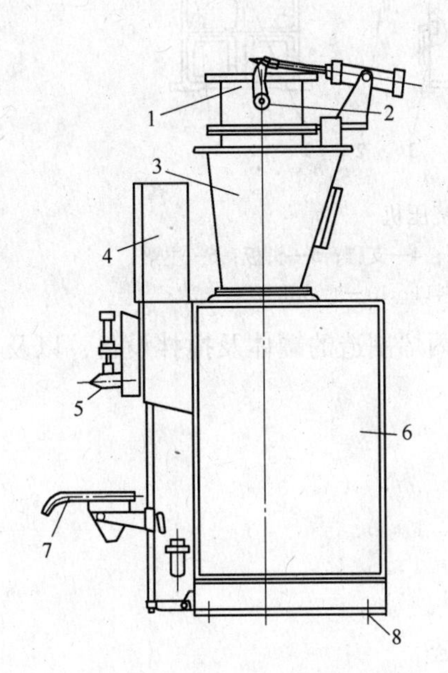

图 4-10 装袋机结构示意图

1—流量斗；2—给料器；3—贮料斗；4—自动称箱；5—出料口；6—传动装置箱；7—承物架；8—地脚螺栓

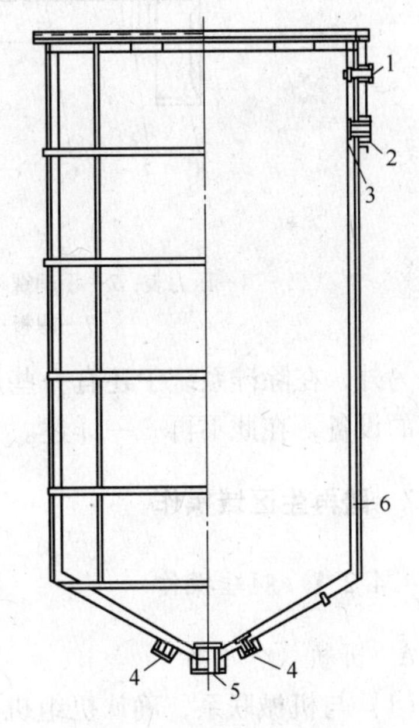

图 4-11 浸溶塔结构

1—溢流口；2—酸出口；3—液位计口；4—废酸入口；5—排放口；6—内衬

4.4.1.12 沉积罐

沉积罐用于沉淀废酸液中的固体物质，其结构如图 4-12 所示。此罐为内衬橡胶衬里的碳钢锥形底容器。

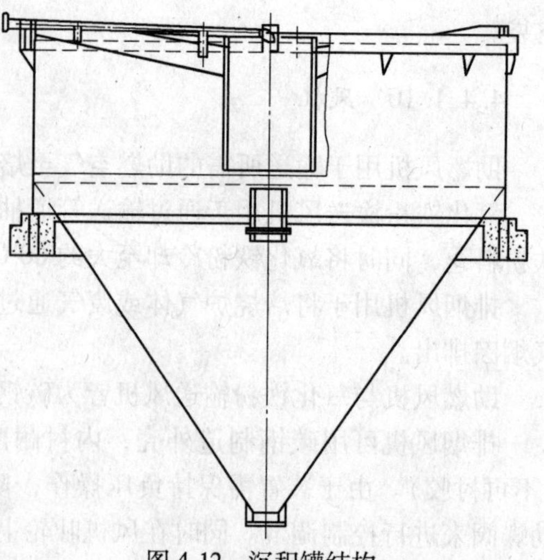

图 4-12　沉积罐结构

进入沉积罐中的废酸液经沉淀之后，清液溢流到收集罐中，含固体沉淀的酸液从出酸口进入过滤挤压机进行过滤挤压。

4.4.1.13　过滤挤压机（压滤机）

过滤挤压机用于过滤从沉积罐底部用泵打出的含 $FeCl_2$ 酸液中的固体物质（$Fe(OH)_3$ 和 SiO_2）。

压滤机除部分零件之外，全部为增强聚丙烯材料制造。压滤机（见图 4-13）可分为两部分：一是由尾板、头板、油缸体和主梁组成的对滤板进行压紧的机架部分；二是由滤板、滤布组成的过滤部分。

含有固体物质的滤液，在带有工作压力的情况下进入滤室，经过加压过滤，滤液进入收集装置（收集罐），固体物质被滤布过滤存于两层滤布之间而形成滤饼。

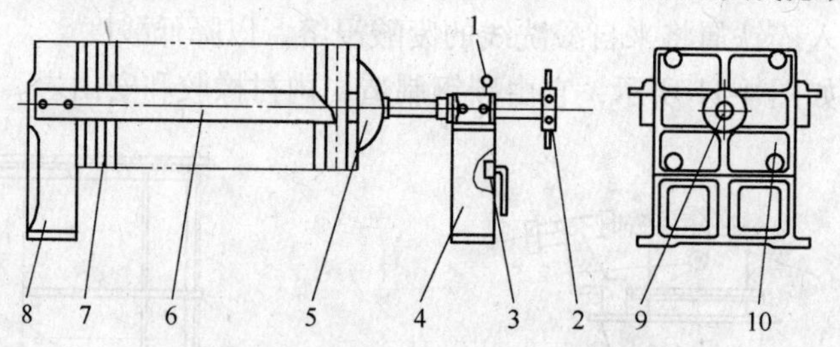

图 4-13　过滤挤压机

1—压力表；2—手动螺杆；3—手动液压泵；4—支脚；5—头板；6—主梁；7—滤板；8—尾板；9—进料口；10—滤液孔

另外，在除硅系统中还有一些用玻璃钢或聚丙烯制造的罐体及搅拌设备，以及其他一些小的设备，在此不再一一详述。

4.4.2　酸再生区域操作

4.4.2.1　脱硅操作

A　开机操作准备

（1）与机械联系，确认机组机械的可操作状态。

（2）与电气联系，确认电气、仪表的可运行状态。

（3）将 HMI 调至整个脱硅系统画面。

（4）现场操作，使所有手动阀门处于准备运行位置。

1）公辅介质。打开所有酸再生公辅阀门。

2）安全淋浴。打开供水主阀。

3）储罐区。

① 氨计量泵。现场选择工作泵，并使其处于自动状态；备用泵的排液侧阀门关闭；

管道排空阀关闭；出液侧管道上所有阀门打开。

② 氨水储罐。出液阀打开；氨罐液位不得低于20%，当液位接近下限时，当班操作人员必须及时联系相关白班人员。

③ 净化废酸泵。现场选择工作泵；关闭备用泵的吸液侧、排液侧阀门，打开排空阀；关闭工作泵排空阀，打开吸液侧、排液侧阀门。

④ 净化废酸罐。关闭排空阀；打开净化废酸进液阀，打开净化废酸泵旁通阀。

4）除硅区。

① 加热器。蒸汽管道疏水器阀门关闭、旁通阀打开；缓慢打开蒸汽主阀；待旁通管道中只有蒸汽流出、管道已热了之后，打开疏水器阀门、关闭旁通阀、缓慢开大蒸汽主阀；关闭废酸管道排空阀及清洗阀，打开换热器前后的废酸管道阀门，与废酸罐形成升温循环回路。

② 冷凝水泵。现场选择工作泵；关闭备用泵口吸液侧、出液侧阀门；打开工作泵排空阀，关闭吸液侧、出液侧阀门；关闭反冲洗加热器的阀门。

③ 冷凝水罐。打开排空阀，关闭出水阀；启动冷凝水泵。

④ 溶解槽。关闭溶解槽排空阀、过滤器排空阀及入口管道排空阀；打开废酸注入阀、关闭排放阀。

⑤ pH值仪。关闭排空阀，打开废酸管道阀门。

⑥ 絮凝剂计量泵。现场选择工作泵，并使之处于自动状态；备用泵吸液侧、排液侧阀门关闭；计量泵出液管道排气阀门关闭，管道供应阀打开，工作泵吸液侧、排液侧阀门打开；清洗管道关闭，脱矿水供应阀打开。

⑦ 絮凝剂储罐。在准备罐内配制絮凝剂，打开排空阀排入存储罐；关闭存储罐排空阀，打开出液阀。

⑧ 沉淀槽。关闭排空阀、清洗管道阀；打开出液阀、排污阀。

⑨ 冷却器。打开冷却水管道供给阀和回流阀；关闭废酸管道排空阀、清洗阀；打开冷却器废酸入口、出口阀。

（5）确认压缩空气、脱矿水、生活水、絮凝剂、氨水到位。

（6）检查储罐中的液面正常，无低液位报警。

B 操作顺序

（1）除硅开机过程。

1）启动废酸泵，选择除硅“加热模式”。

2）在画面上将除硅由除硅“加热模式”切换到除硅“运行模式”。

3）打开冷却水。

4）开动高低速搅拌器。

5）开启氨水、絮凝剂投加泵。

6）开启压滤机泵，压滤沉淀槽底部泥浆。

7）除硅“加热模式”与“运行模式”之间的相互切换由操作工根据生产情况进行。

（2）除硅停机操作。

1）使除硅处于“加热模式”。

2）停废酸泵，关闭蒸汽手动阀门，打开冷凝水排放阀。

3）停反应罐搅拌器。

C　控制项目

（1）加热器和冷却器状态。

（2）泵运行状态。

（3）管道、槽、罐等密封状态。

（4）pH 值测量仪状态。

（5）净化废酸状况（清澈）。

上面项目，两小时记录1次。

D　质量控制

（1）不合格项处理。

1）pH 值超标时，通过调整氨水投加量使 pH 值回到控制范围。

2）净化废酸含悬浮物时，通过调节絮凝剂投加量使净化废酸清澈。

3）压滤机滤饼含水量大于30%时，调节污泥泵和压滤机使含水率不大于30%。

（2）设备清洗。

1）除硅热交换器（发现堵塞时清洗）。停废酸泵，关闭前后废酸管道阀门，打开热交换器排空阀和清洗阀，用冷凝水冲洗热交换器。

清洗完毕后，关闭清洗阀和热交换器排空阀。

2）压滤机清洗。每个压滤循环一次。

4.4.2.2　酸再生操作

A　开机操作准备

（1）与机械联系，确认机组机械的可操作状态。

（2）与电气联系，确认电气、仪表的可运行状态。

（3）将 HMI 调至整个再生系统画面。

（4）现场操作，使所有手动阀门处于准备运行位置。

1）公辅介质。打开所有酸再生公辅阀门。

2）安全淋浴。打开供水主阀。

3）储罐区。

① 污水泵。关闭排空阀，打开泵的进液、出液阀。

② 废酸水坑。选择废水泵，打开所选泵的出液阀，污水泵自动运行。

③ 废氨水坑。选择废水泵，打开所选泵的出液阀，污水泵自动运行。

④ 废酸罐。关闭废酸罐的排空阀，确认打开酸洗线废酸注入阀门；打开废酸泵相应的旁通阀。

⑤ 废酸泵。现场选择工作泵；关闭工作泵的排空阀，打开泵进液、出液阀；打开备用泵排空阀，关闭泵进液、出液阀。

⑥ 漂洗水罐。关闭漂洗水罐的排空阀；关闭脱矿水注入阀。

⑦ 漂洗水泵。现场选择工作泵；关闭工作泵的排空阀，打进液、出液阀；打开备用泵排空阀，关闭进液、出液阀。

⑧ 再生酸罐。关闭再生酸罐排空阀；关闭新酸注入阀；关闭漂洗水注入阀；关闭脱

矿水注入阀；打开再生酸注入阀。

⑨ 再生酸泵。现场选择工作泵；关闭工作泵排空阀，打开进液、出液阀；打开备用泵排空阀，关闭进液、出液阀。

⑩ 新酸罐。关闭新酸罐的排空阀；新酸罐的液位不得低于30m^3，当液位接近下限时，当班操作人员必须及时联系进新酸。

⑪ 配酸泵。关闭工作泵的排空阀，打开进液、出液阀。

⑫ 卸酸泵。当运酸车到达后，关闭工作泵的排空阀；打开进液、出液阀，启动泵。

4）再生区。

① 增压站。关闭水罐排空阀；检查增压罐液面位置；打开工作泵的进液、出液阀；现场选择工作泵、增压站自动运行。

② 焙烧炉供料泵。关闭工作泵排空阀，打开进液、出液阀。

③ 预浓缩器循环泵。关闭过滤器排空阀；打开过滤器进液阀、出液阀；关闭工作泵的排空阀、打开进液、出液阀。

④ 吸收塔供料泵。现场选择工作泵；关闭工作泵的排空阀、打开进液、出液阀；打开备用泵排空阀、关闭进液、出液阀。

⑤ 洗涤塔泵。现场选择脱矿水泵和$FeCl_2$供液泵；关闭工作泵排空阀，打开进液、出液阀；打开备用泵排空阀，关闭进液、出液阀。

⑥ 收集水罐。打开收集水罐出液阀，关闭排空阀；补水阀打至自动。

⑦ 卧式液滴分离器。关闭清洗喷嘴的供液阀；关闭取样阀。

⑧ 立式液滴分离器。关闭清洗喷嘴的供液阀。

⑨ 废酸过滤器。选择工作过滤器，关闭排空阀、排气阀，打开进液、出液阀；打开备用过滤器排空阀、排气阀，关闭进液、出液阀。

⑩ 漂洗水过滤器。选择工作过滤器；关闭工作过滤器排空阀、排气阀，打开进液、出液阀。

⑪ 烧嘴。关闭所有放散阀；打开煤气主阀；打开机组煤气供应阀；打开主烧嘴前手动阀；打开点火烧嘴前手动阀；打开助燃空气阀。

⑫ 喷枪抽出装置。喷枪放到准备位置；关闭酸枪过滤器排空阀。

⑬ 吸收塔。关闭吸收塔排空阀，关闭取样阀。打开喷淋水供液阀。

⑭ 洗涤塔。打开脱矿水供液阀；打开$FeCl_2$供液阀。

⑮ 废气风机。打开废气风机清洗用喷头供液阀。

（5）确认煤气、压缩空气、脱矿水、生活水、新酸等到位。

（6）检查储罐中的液面正常，无低液位报警。若再生酸罐低液位报警，可用新酸罐新酸与水配成再生酸供酸洗机组使用。

B 操作顺序

（1）启动氧化铁粉输送风机。

（2）启动螺旋输送器底和返回仓底旋转阀。

（3）启动螺旋输送器。

（4）启动焙烧炉炉底旋转阀。

（5）启动破碎机。

（6）启动旋风除尘器旋转阀（可以先启动）。

（7）启动漂洗水泵。

（8）启动预浓缩器泵、吸收塔泵、洗涤塔水循环泵和$FeCl_2$循环泵。

（9）启动废气风机。

（10）启动燃烧空气风机。

（11）点火升温操作。

1）启动热值检测仪，现场按下面板上“start”键，观察到蓝色火苗即可。

2）启动助燃风机，用空气吹扫焙烧炉10min。

3）吹扫完毕后，检查点烧嘴的条件是否具备，若不具备，马上进行处理。然后开始点烧嘴，先点1号烧嘴，当在屏幕上看到1号烧嘴有大火焰时，再点2号烧嘴。两个烧嘴点燃后，开始自动加热升温，任何人不许干预，严格禁止手动升温。

4）时刻观察焙烧炉负压状况。

（12）焙烧炉炉顶温度达到380℃以上时，启动焙烧炉供液泵。

（13）插入酸枪，并切换至“漂洗水操作”。

（14）水操作。

1）检查喷枪是否正常。

2）清洗喷嘴和过滤器。

3）检查喷嘴是否拧紧，并做喷射实验。

4）将喷杆放入准备状态的位置。

5）检查预浓缩器的液位。

6）启动焙烧炉喂料泵。

7）把1号枪插入焙烧炉。当焙烧炉出口温度在显示为450°C时，插入1号喷枪（枪内安装6个喷嘴）。

8）把2号枪插入焙烧炉（枪内有10个喷嘴），同时提出1号枪，焙烧炉出口温度显示为450°C。

9）把1号枪插入焙烧炉（枪内有6个喷嘴），至焙烧炉出口温度显示为450°C。

10）把3号枪插入焙烧炉（枪内有10个喷嘴），提出1号枪，至焙烧炉出口温度显示为450°C。

11）把1号枪插入焙烧炉（枪内有10个喷嘴），焙烧炉出口温度重新达到450°C时，开始正常生产，3支喷枪都在工作。

12）酸再生装置进行水操作2h后变为酸操作。由水操变酸操需满足炉子温度。

（15）启动净化废酸泵。

（16）酸操作。酸操作状态特指在画面上选择焙烧炉“酸操作”后开始到下一次在画面上取消“酸操作”时为止。

这段时间机组运行方式是：在画面上先选择洗涤塔“$FeCl_2$模式”，再选择焙烧炉“酸操作”，酸液直接进入文丘里中。

焙烧炉酸操作和漂洗水操作之间的切换根据生产情况进行，但交班前2.5h内焙烧炉避免由“漂洗水操作”切换到“酸操作”。

正常情况下机组进入酸操作状态后半小时内完成相应的吸收塔再生酸取样工作，随后进行化学分析并记录，确保再生酸浓度被控制在控制范围内。

（17）正常停机操作顺序。

1）使洗涤塔处于“水模式”状态（洗涤塔中液体密度达到1.07kg/m^3时，停机）。

2）焙烧炉系统处于“漂洗水操作”或“纯水操作”状态。

3）抽出酸枪，灭烧嘴。

4）停助燃空气风机。

5）停焙烧炉供液泵。

6）关闭烧嘴上的煤气手动阀。

7）以下内容为非必需的工作，具体由操作工根据生产情况决定是否进行。

① 停净化废酸泵。

② 停废气风机。

③ 停吸收塔供液泵。

④ 停预浓缩器循环泵。

⑤ 停漂洗水泵。

⑥ 停旋风除尘器旋转阀。

⑦ 停破碎机。

⑧ 停炉底旋转阀。

⑨ 停螺旋输送器。

⑩ 停螺旋输送器下旋转阀、回流槽下旋转阀。

⑪ 停氧化铁粉输送风机。

⑫ 停增压站。

4.5　酸再生机组原料与产品

4.5.1　酸再生机组原料及标准

（1）废酸。废酸处理量以8000L/h为例。

铁离子含量：110~130g/L；

HCl（游离酸离子）含量：20~50g/L；

温度：≥40℃（最大85℃）；

颗粒含量：约1.25g/L。

（2）工业水。

需用量：约10m^3/h；

温度：32℃；

压力：0.2~0.3MPa；

用途：清洗过滤器和生产线、泵的密封。

（3）脱矿水。

需用量：约25m^3/h；

温度：32℃；

压力：≥0.35MPa；

用途：洗涤塔、焙烧炉和没有漂洗水时用于吸收塔。
（4）漂洗水。
需用量：15m^3/h；
压力：≥0.15MPa；
用途：用于吸收塔。
（5）生活水。
需用量：10m^3/h；
温度：5~32℃；
用途：饮用，安全喷淋。
（6）混合煤气。
需用量：约 8500.000kcal/h；
煤气发热值：7524±418kJ/m^3（标态）；
压力：12.0~18.0kPa。
（7）压缩空气。
需用量：440m^3/h（标态）；
温度：环境温度；
压力：0.6~0.8MPa。
（8）低压氮气（N_2）。
需用量：约 180m^3/y（标态）；
温度：环境温度；
压力：0.2~0.8MPa；
用途：混合煤气管道吹扫。
（9）蒸气。
需用量：1.8t/h；
温度：160℃；
压力：0.5~1.3MPa；
用途：用于预浓缩器、脱硅、换热器等。

4.5.2 酸再生机组产品

（1）再生酸。
产量：8000L/h（与废酸量相同）；
Fe 离子含量：<3g/L；
∑HCl 含量：195~200g/L；
再生酸温度：80℃。
（2）氧化铁粉。氧化铁粉质量见表 4-9。
理论产量：1350kg/h（不脱硅），1700kg/h（脱硅）；
Fe_2O_3纯度：≥99.1%（当 w(Mn)≤0.3%时），≥99.0%（当 w(Mn)≤0.35%时）；
SiO_2含量：≤8×10^{-5}（w(Si)≤0.3%），≤7.3×10^{-5}（w(Si)≤0.15%）；
湿度：≤0.2%；

平均颗粒：0.7~0.95μm；

堆密度：0.3~0.45g/cm^3；

压实密度：2.4~2.6 g/cm^3；

比表面积：3.0~4.0 m^2/g。

在使用低硫燃料、去离子水、低碳钢的前提下，铁粉可达到的质量见表4-9。表中A、B、C为质量等级，其中A级可做软磁高档材料使用。

表4-9 氧化铁粉质量

氧化铁粉成分及物理性质		A	B	C
成分/%	Fe_2O_3	99.25~99.5	99.1~99.3	96.5~99.9
	MnO	0.3~0.35	0.3 ~0.35	0.25~1.0
	Al_2O_3	0.02~0.03	0.05~0.08	0.05~0.09
	Cr_2O_3	0.01~0.02	0.02~0.04	0.02~0.04
	NiO	0.02~0.03	0.03~0.05	0.03~0.05
	MgO	0.01~0.02	0.03~0.06	0.03~0.06
	CaO	0.01~0.02	0.02~0.04	0.05~0.15
	Na_2O	0.005~0.01	0.01~0.02	0.02~0.04
	K_2O	0.005~0.01	0.005~0.01	0.02~0.04
	SiO_2	<0.015	0.02~0.05	0.04~3.00
	TiO_2	<0.001	0.002	0.002
	CuO	0.02~0.03	0.02~0.05	0.02~0.05
	ZnO	0.005~0.01	0.02~0.05	0.02~0.05
	Cl^-	0.2	0.2	0.2
物理性质	比表面积/$m^2 \cdot g^{-1}$	2~3	2~5	4~10
	水（质量）/%	0.15~0.25	0.25~0.4	0.25~0.5
	烧损（质量）/%	0.3~0.4	0.5~0.8	0.5~2.5
	水溶性盐（质量）/%	<0.15	0.25~0.40	0.35~2.00
	体积密度/$g \cdot dm^{-3}$	650~1100	350~700	250~450
	原生粒度/μm	0.1~0.3	0.1~0.3	0.05~0.2

复习题

4-1 简述废酸再生的工作原理。

4-2 简述除硅的工艺过程。

4-3 简述鲁兹纳废酸再生工艺过程。

4-4 喷雾焙烧炉的结构如何？

4-5 简述文丘里式预浓缩器的结构及工作原理。

4-6 简述吸收塔的作用及工作原理。

5 带钢轧制

5.1 常用轧制工艺

5.1.1 冷轧板带钢生产的工艺特点

（1）金属的加工硬化。冷轧是在金属再结晶温度以下进行的轧制。在冷轧中，金属的晶粒被破碎且不能产生再结晶回复，导致金属产生加工硬化。由于加工硬化，金属变形抗力增大，轧制压力升高，金属的塑性降低，容易产生脆断。当钢种一定时，加工硬化的程度与冷轧的变形程度有关，变形程度愈大，加工硬化愈严重。加工硬化超过一定程度后，因金属过于硬脆而不能继续轧制。因此板带钢在一定的冷轧总变形量之后，需经热处理(再结晶退火或固溶处理)，恢复其塑性，降低变形抗力，以利于继续轧制。生产过程中每次软化热处理之前完成的冷轧工作，称为一个“轧程”。由此可见，在一定的轧制条件下，钢的变形抗力愈高，成品的尺寸愈宽愈薄，所需的轧程就愈多。

（2）冷轧中采用工艺润滑与冷却。冷轧采用工艺润滑的主要作用是减小金属的变形抗力、降低能耗、提高轧辊的寿命、改善带钢及钢板厚度的均匀性和表面状态，可使轧机生产厚度更小的产品。

实践表明以牛脂为基的动物油工艺润滑的效果最佳，其次是植物油，如棕榈油、蓖麻油、菜籽油等，矿物油最差。近年来研究在矿物油中添加极压添加剂、油性添加剂等以提高润滑效果、降低成本，取得显著的成效。

研究和实践表明，在冷轧过程中轧件表面只需有一层很薄的润滑油膜，该油膜的厚度因轧件的形式、轧制条件与所轧品种的不同而异。实测表明冷轧薄带钢的耗油量为0.5~1kg/t。在冷轧生产中，广泛采用兼顾润滑和冷却作用的油和水的混合剂——乳化液。这是一种经济而实用的润滑冷却液。对乳化液的要求是：当以一定流量喷到轧件和辊面上时，既能有效地吸收热量，又能保证油剂以较快的速度均匀而有效地从乳化液中析离并黏附在轧件和辊面上，及时均匀地形成厚度适中的油膜。

乳化液所用的基础油，有矿物油、植物油和动物脂肪等。乳化液有稳态乳化液和亚稳态乳化液两种。在稳态时，油与水混在一起的乳化液，称为稳态乳化液。油与水是分离的乳化液，则称为亚稳态乳化液。生产薄的冷轧带钢产品时，一般采用亚稳态乳化液作为工艺冷却润滑剂；而生产厚的冷轧带钢产品时，则采用稳态乳化液。例如，某厂2030mm带钢冷连轧机，当采用全连续轧制时，其成品厚度为0.30~0.59mm时，使用亚稳态乳化液；带钢成品厚度为0.60~2.0mm的冷轧过程，则使用稳态乳化液。

（3）冷轧中采用张力轧制。张力在冷轧生产过程中起着非常重要的作用：一是张力在轧制中自动地调节带钢的纵向延伸，使之均匀化。在张力的作用下，若轧件出现不均匀延伸，则沿轧件宽度方向上的张力分布将会发生相应的变化。在延伸大的一侧，张力自动减小；在延伸小的一侧，张力自动增大。张力沿轧件宽度方向得到自动调节，调节的结果使轧件沿宽度方向纵向延伸均匀化。在整个轧制过程中张力的自动调节在不断进行，以确保轧件沿宽度方向的延伸分布均匀，消除轧制过程中出现带材跑偏、撕裂、断带等现象。二是张力轧制能降低轧制压力，轧制出更薄的产品。实验表明，增大后张力较之增大前张力（指平均张应力）降低轧制压力的效果更为显著。

5.1.2 冷轧机的发展历史

冷轧机按轧辊辊系结构分类有二辊式、四辊式和多辊式冷轧机，如图 5-1 所示。

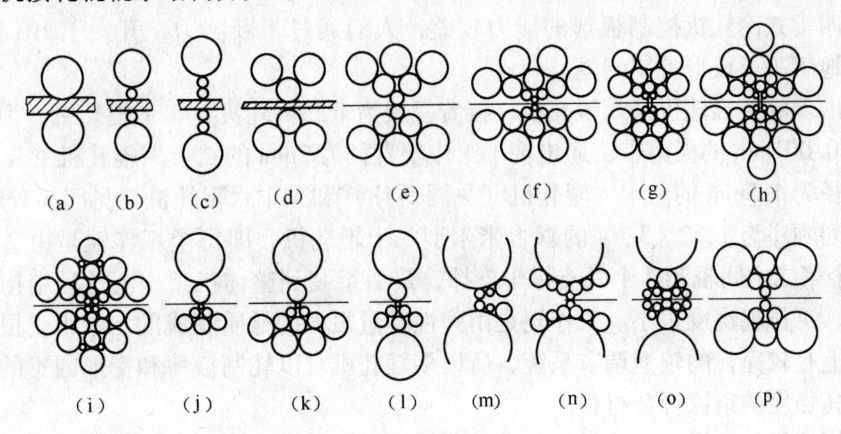

图 5-1 冷轧机轧辊布置

（a）二辊；（b）四辊；（c）六辊 HC 或 CVC；（d）多辊六辊；（e）十二辊；（f）二十辊；（g）二十六辊；（h）三十二辊；（i）三十六辊；（j）不对称八辊；（k）不对称十二辊；（l）不对称九辊；（m）MKW 轧机（偏八辊轧机）；（n）双偏八辊轧机（十六辊轧机）；（o）"Z"轧机（十八辊轧机）；（p）CR 轧机（十二辊轧机）

二辊式冷轧机是早期出现的、结构形式最简单的冷轧机。它辊径大、咬入性能好，轧制过程稳定，但轧机刚度较小，轧制产品厚度大、精度差，难以保证高质量的轧制。因此目前这种轧机只用于轧制较厚的带钢或作平整机用。

随着轧制带钢厚度的减薄和宽度的增加，二辊轧机显然已不能满足工艺要求。

冷轧机最小可轧厚度公式为：

$$h_{\min} = \frac{3.58Df(1.15\sigma_s - \overline{Q})}{E} \tag{5-1}$$

式中 $h_{\min}$——最小轧制厚度；

D——轧辊工作直径；

f——摩擦系数；

σ_s——屈服强度；

$\overline{Q}$——平均张力；

E——轧辊弹性模数。

由式（5-1）可以看出，在带钢变形抗力增大时，必须减小轧辊直径才能得到更薄的轧制厚度。这是因为只有减小轧辊直径，才能使轧制力和力矩降低，轧辊弹性压扁减小，才可以承受轧薄时更大的轧制力，增加道次压下量。但是，小直径轧辊在轧制力和张力作用下，又缺乏足够的强度和刚度，这样就产生了工作辊和支撑辊的分工合作关系，即由小直径工作辊直接进行轧制变形，而大直径支撑辊用来支撑工作辊，于是就产生了四辊式冷轧机，以及使工作辊直径更小，并在垂直和水平方向上都能支撑工作辊变形的多辊轧机。

四辊式冷轧机一般多采用工作辊传动，其工作辊和支撑辊直径之比约为1∶3，机架具有较大的刚度，可以轧制厚度为0.15~3.5mm、宽度最大为2080mm的低碳冷轧带钢和镀锡、镀锌及涂层基带，也可轧制不锈钢、硅钢等合金带钢。四辊式冷轧机是一种多用途的典型冷轧机。

普通四辊式冷轧机控制板形的能力较差，人们通过不断努力，开发了HC或CVC轧机，较好地解决了板形控制问题。

最初出现的多辊轧机是六辊轧机，接着发展为十二辊轧机、二十辊轧机。为了获得厚度不大于0.001mm的极薄带，还出现了工作辊直径为2mm的二十六辊轧机（见图5-1g），工作辊直径为1.5mm的三十二辊轧机（见图5-1h）和三十六辊轧机（见图5-1i）。现在普遍使用排列顺序为1、2、3、4的森吉米尔型二十辊轧机，即每个工作辊是由2个第一中间辊、3个第二中间辊和4个外支撑辊支撑，最后组装到整体机架中。这种结构使得轧机刚性很大、工作辊挠度很小。工作辊是由弹性模量很大的材质制成的，能承受很大的轧制压力，加上有较完善的辊型调节系统，所以多辊轧机可以轧制极薄和变形困难的硅钢、不锈钢以及高强度的铬镍合金材料。

在多辊轧机的发展过程中还出现过一些复合式多辊轧机，其辊系配置如图5-1（j）、（k）、（l）所示。另外，还有诸如MKW（偏八辊）轧机、双偏八辊轧机、“Z”（十八辊）轧机、CR（十二辊）轧机等形式的多辊轧机，其辊系配置如图5-1（m）、（n）、（o）、（p）所示。

除此以外，还有一些特殊结构形式的冷轧机，如摆式轧机、接触-弯曲-拉伸轧机（CBS轧机）、泰勒轧机和异步轧机等。

5.1.3 冷轧机的布置形式及工艺

冷轧机按机架布置形式有单（双）机架可逆式和多机架串列式。

5.1.3.1 单（双）机架可逆式冷轧机

近年来，世界上新建单机架可逆式轧机有较大发展，单机产量日益提高，从传统的$(2\sim3)\times10^5$t/a发展到4×10^5t/a以上，最大已达8×10^5t/a。除不锈钢和硅钢等特殊钢大多采用单机架多辊可逆式轧机外，轧制普碳钢和低合金钢的单机架可逆式轧机也在增多，其原因：一是冷轧技术的发展（AGC、AFC、大卷重和高速度），使单机架可逆式轧机的产品质量和产量都有很大提高；二是市场需要多品种、小批量和较短的交货周期，单机架可逆式轧机可较好地满足这种需求，特别是薄板坯连铸连轧带钢厂的出现和发展，带动了年产50万~80万吨单机架可逆式轧机的建设；三是单机架可逆式冷轧机投资低、产品灵活，可降低成本并取得较好的经济效益。

从美国的薄板坯连铸连轧带钢厂近年投产和改造的3台年产70万~90万吨的单机架四辊可逆式轧机来看，轧机的主要机械部分改变不大，主要更新的是控制和传动系统，自动化配置程度与现代连轧机基本相同，对应于薄板坯连铸连轧带钢厂的生产特点采取了合适的工艺和装备措施：

（1）所有产品厚度均采用3道次轧制（1个轧程，均不中间退火），根据产品厚度、钢种匹配相应厚度的带坯。

（2）从第1道次开始就以最大速度轧制以增加产量，并采用较快的升速轧制，这就要求轧机功率比常规轧机几乎增加1倍。

在对单机架四辊可逆式冷轧机不断进行改进、提高、完善的同时，也发展了双机架四辊可逆式冷轧机。它具有占地少、节省设备的优点，1台双机架紧凑式可逆冷轧机的占地面积几乎与1台单机架冷轧机占地面积相当。与2台单机架轧机比较，可以减少1台开卷机、2台卷取机及相应的电气设备，并可减少操作人员。但在操作上，1台双机架轧机不如2台单机架轧机灵活；而且就目前设计产量上看，1台双机架轧机为90万~100万吨，而1台单机架轧机也高达80万~90万吨，两者各有其特点。

动力钢铁公司（SDI）和施罗曼-西马克公司（SMS）联合开发出一种新型紧凑式冷轧机——两机架可逆式冷轧机。1997年12月首次试轧成功。新的紧凑式冷轧机由以下设备组成：连续酸洗线、批量退火炉、大规格1号热镀锌生产线及小规格2号热镀锌生产线。此轧机由具有一个轧入侧开卷机和两个卷取机的两机架可逆式轧机组成，通过实施不同的轧制策略，所生产的冷轧带钢宽度可达1600mm，厚度为0.4~2.2mm，且轧机配有新式直接传动高张力卷取机和带钢特殊干燥系统。该紧凑式冷轧机由以下功能部件组成：轧机入口侧带卷运输设备、带有带卷准备站的开卷机、入口侧可逆式卷取机、具有窜辊装置的两架轧机、出口侧可逆式卷取机和出口侧带卷运输设备，如图5-2所示。

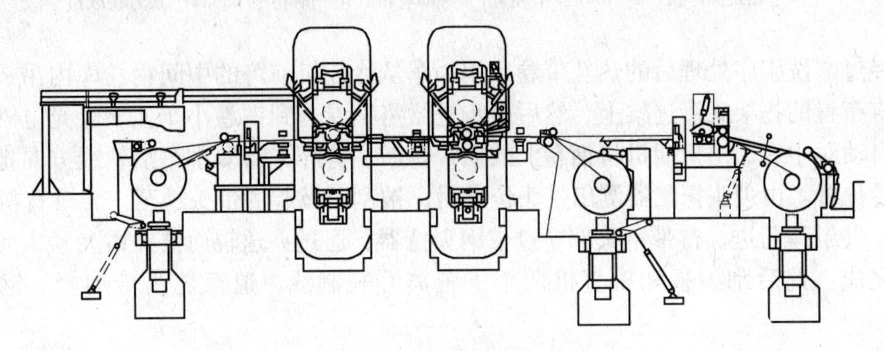

图5-2 双机架可逆冷轧机

与单机架可逆式轧机相比，此紧凑式冷轧机的优势在于提高产量和降低停产时间，且一次运转进行两道次轧制。

与串列式冷轧机相比，此紧凑式冷轧机具有轧制道次灵活的优势。

紧凑式冷轧机用于厚度和平直度控制的成品控制元件由以下几部分组成：液压压下装置、正负工作辊弯辊系统、CVC轴向移动技术和多段冷却。

为补偿带钢厚度偏差，带钢厚度控制采用流量AGC，测量装置安装于1号和2号机架之前以及2号机架之后用于测量带钢厚度和带钢速度。

平直度偏差是由带钢宽度方向上长度差异所造成的。偏差在最后道次由安装在2号机架出口侧的带钢平直度测量装置加以测量，从而获得带钢平直度且消除平直度偏差。

紧凑式冷轧带钢的最后工序是卷取干燥无斑点带钢，这可通过使用带钢干燥系统加以完成。带钢干燥系统和改装后的带钢边部排烟设备可保证带钢在极高的速度下干燥储存，因而可省略最后退火工艺过程中附加的干燥过程。带钢干燥系统由新开发且证明性能良好的构件组成，且能无接触地干燥冷轧带钢。

5.1.3.2　常规式冷连轧机组生产的工艺过程

常规式冷连轧是20世纪60年代出现的一种生产方法。冷轧机上装设有两台拆卷机、两台轧后张力卷取机和自动穿带装置，并采用快速换辊、液压压下、弯辊装置、计算机自动控制等新技术。

某公司1700mm五机架常规式冷连轧机组（见图5-3）及生产的工艺过程如下：

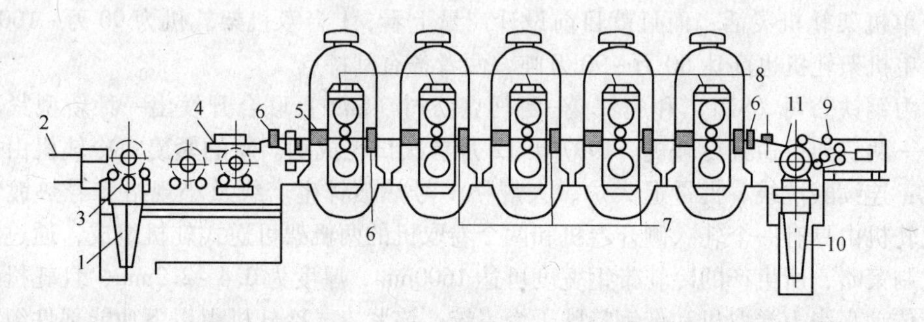

图5-3　某公司1700mm五机架常规带钢冷连轧机组设备布置示意图

1—钢卷小车；2—拆捆机；3—步进式梁；4—开卷机；5—带钢辊式压紧器；6—同位素测厚仪；7—电磁式测厚仪；8—液压压下装置；9—助卷机；10—钢卷小车；11—张力卷取机

将经过酸洗工序处理后的热轧带卷，用吊车从冷轧机前跨的中间钢卷库内吊放在与轧制线垂直布置的托架式步进梁上，然后由步进梁将钢卷送到钢卷小车上。经光电管和定位传感器自动对中后，由拆捆机将钢卷上的捆带切断、剪碎，随即小车沿轧线方向把钢卷送到预开卷位置。由带头探测器测出带头位置后，被刮刀掀起的带头送至三辊矫直机（图上未画出）并继续前进。待带钢头部穿过带钢夹持器，通过夹送辊而被夹钳夹紧，此时预开卷工作完成。此后刮刀板和矫直机两个下辊离开轧制线，退至轧机传动侧。钢卷等待开卷。

当前一卷带钢尾部离开双锥头胀缩式开卷机后，卷筒收缩并左右分开。上卷小车即将准备好的钢卷运至开卷机，并套在开卷机的卷筒上。接着便开始穿带过程，即带头由夹送辊送入辊式压紧器5，待带钢进入轧机后，辊式压紧器立即压紧带钢，以防止带钢折皱且使其产生后张力。当开卷机与第一机架间带钢产生张力后，开卷机上的带钢跑偏控制装置自动投入工作，使带钢始终保持对中轧制。然后以1～2m/s的穿带速度依次喂入机组中的各架轧辊之中，一直到带钢头部进入卷取机芯轴并建立了出口张力为止。整个过程称为穿带过程。

穿带时，各机架带钢压紧器的压板其开口度均保持在215mm左右；侧导板宽度已调为预设定位置，以引导带钢对中前进；机架间的测张辊均处于下降位置。在穿带过程中，操作人员必须严密监视由每架轧机出来的轧件的走向（是否跑偏）与板形。一旦发现跑偏或板形不良，必须立刻调整轧机予以纠正。因此穿带速度必须很低，否则发现问题将来不及纠正，以致造成断带、勒辊等事故。穿带自动化至今尚未完全解决，还离不开人的干预。

待穿带完毕后，机架之间带钢产生张力，测张辊上升，压紧器的压板下降至开口度为60mm处，侧导板快速打开，每侧打开30mm。并打开轧辊冷却剂喷头。

当带钢头部在卷筒上卷绕3~5圈后，皮带助卷器退回，关闭保护栅罩。

穿带结束后，整个冷连轧机组以技术上允许的最大加速度迅速地从穿带时的低速加速到预定的轧制速度，即进入稳定轧制阶段（见图5-4）。

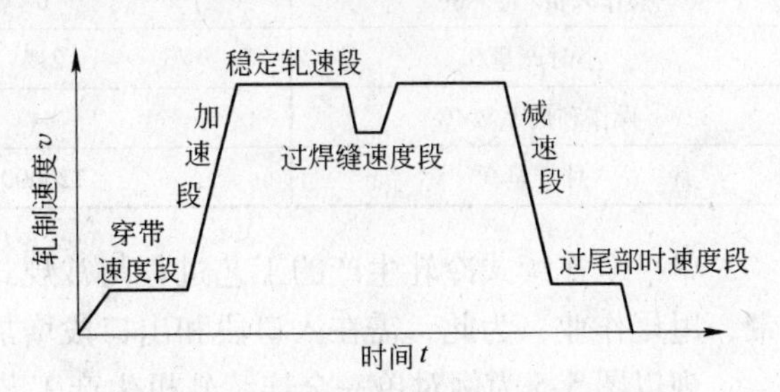

图5-4 常规式冷连轧机的轧制速度

在轧机加速前，厚度自动控制系统（在开卷机与第1架之间、第1架与第2架之间、第5架与卷取机之间各装设一台同位素γ射线测厚仪）、张力自动控制系统（在各机架间，以及第5机架与卷取机之间装设有带钢张力测量辊，用压磁式传感器测量带钢张力）和液压压下系统已投入工作，将加速过程中带钢厚度公差控制在允许范围内。各机架上设置的工作辊液压弯辊装置，可控制辊形、校正板形。

由于供冷轧用的带卷是由两个或两个以上的热轧板卷焊合并而成的大卷，焊缝处一般硬度较高，厚度与板卷其他部分亦多少有差异，而且边缘状况也不理想。因此，在冷连轧的稳定轧制阶段中，在带钢的焊缝进入轧机之前，为了避免损伤轧辊和防止断带，由光电焊缝检测器发出信号（焊缝旁的带钢在酸洗机组焊接时冲有一个圆孔），主传动速度调节系统自动减速，使焊缝过轧机时，其轧制速度降为稳态轧制速度的40%~70%；待焊缝通过轧机后，又自动升速至稳态轧制速度（见图5-4）。

在稳定轧制阶段，轧制操作及过程的控制完全是自动进行的，操作人员只起到监视作用，很少进行人工干预。

在带尾快要到达卷尾时，轧机必须及时从稳轧速度降至甩尾速度，该速度一般与穿带速度相同。带钢离开开卷机之后，各架的带钢压紧器压板顺序压紧带钢，这样既保证带钢尾部在一定的后张力下轧制，又可以防止甩尾时带钢的跳动。

当带尾离开最后一个机架之后，卸卷小车上升，卷取机自动停车，卷筒收缩，由卸卷小车从卷取机上卸下钢卷，送入输出步进梁的鞍形部。由步进梁将钢卷移上磅秤，称量后送往打捆机打捆，然后移至步进梁端部，根据下一工序的安排，一部分钢卷经翻卷机翻转90°后运往罩式退火炉，其他钢卷则不翻卷直接运往电解脱脂机组或热镀锌机组。如需抽查带钢质量，则运至钢卷检查站。

5.1.3.3 全连续式冷轧生产

按冷轧带钢生产工序及联合的特点，全连续轧机可分成3类：单一全连续轧机、联合式全连续轧机、全联合式全连续轧机。

A 单一全连续轧机

在常规的冷连轧机的前面，设置焊接机、活套等机电设备，使冷轧带钢不间断地轧制。这种单一轧制工序的连续化称为单一全连续轧制。常规冷连轧机改造成单一全连续轧机显出突出效果，见表 5-1。

表 5-1　改造效果比较

项　目	改 造 前	改 造 后
带钢不合格长度/m	30	2
操作人员/人 · 班$^{-1}$	6	3
小时产量/t	215	236
操作利用系数/%	84	91
月产量/t	120000	134000

单一全连续式冷轧生产的工艺过程与常规式冷连轧机相比，其根本区别在于取消了穿带、甩尾作业，为此，需在入口段和出口段增加许多设备。

现以图 5-5 为例对单一全连续轧机生产工艺过程加以简述。将经过酸洗并进行钝化处理（酸洗后不涂油以防在活套中跑偏，并避免储存期间生锈）后的热轧带卷，由吊车从钢卷库内吊放在与轧制线垂直布置的 1 号和 2 号槽形步进梁上（因在轧机的入口段设有两台悬臂式开卷机，以保证过程的连续性，故有两条槽形步进梁运输机，每一条步进梁上可放置 5 个钢卷，但同时只能放置 4 个钢卷），并由人工拆除钢卷上的捆带。然后由步进梁将钢卷移送到钢卷小车上，且由可编程序控制器的步进程序 SB 进行自动对中，使带卷中心线与开卷机中心线重合后，钢卷小车移至开卷机（由主控台操作人员根据带钢的尺寸，选择开卷机的工作方式，如采用全连续式轧制，1、2 号两台开卷机交替工作；若选用常规式轧制方法，则 1 号开卷机工作）并套在悬臂式开卷机的卷筒上。

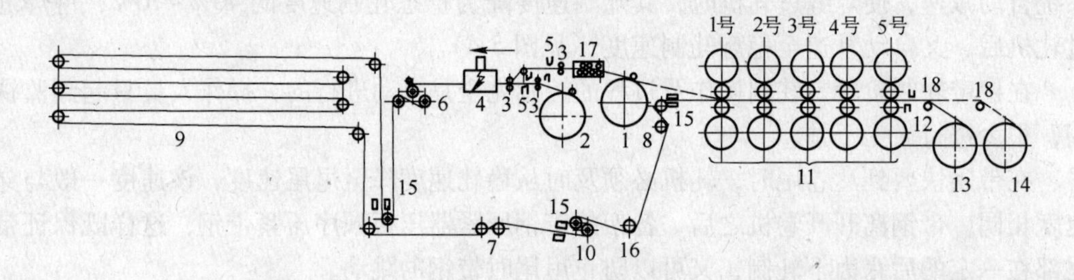

图 5-5　某厂 2030mm 五机架全连续式冷连轧机组设备布置示意图

1—1 号开卷机；2—2 号开卷机；3—夹送辊；4—闪光对焊机；5—端部剪切机；6—1 号张力辊；7—1 号控制辊；8—2 号控制辊；9—活套；10—2 号张力辊；11—五机架连轧机组；12—分切飞剪；13—1 号卷取机；14—2 号卷取机；15—焊缝检测器；16—跳动辊；17—夹送矫直辊；18—导向辊

当开卷机卷筒插入钢卷时，开卷机自动向送料方向爬行。在带头从 1 号或 2 号开卷机经穿带导板送入夹送矫直辊 17（图上未画出 2 号开卷机的夹送矫直辊）并被夹住时，开卷机速度调节系统的速度调节器处于饱和，进入张力控制状态，在开卷机和夹送辊之间建立微小的张力，以防止开卷机卷筒上的钢卷松套。同时，带钢端部在夹送矫直辊中矫直，再经夹送辊 3 将带钢头部送入剪切机 5，把不合规格的头部剪切成 600mm 左右的小块，直到符合要求为止。

将已切掉了头部的带钢送到焊机（见图 5-5 中 4）前的等待位置，准备焊接。

在前一带卷即将轧完时，轧机入口段的速度自动降为爬行速度，此时矫直机的两个上辊压下对带钢的尾部进行矫直。再经矫直机后面的夹送辊将带钢尾部送入剪切机，把不合规格的尾部也切成600mm 左右的小块，直到符合要求为止。然后把前、后两卷带钢的头、尾的端部由焊机内的剪切机切除（剪切长度最大为 160mm），移至焊缝位置进行焊接。焊后带钢再牵引到刨削光整位置，清理焊缝表面毛刺，以免划伤轧辊表面。如所焊的前、后两带钢的宽度不同时，由焊机内的切口机在焊缝两端分别切一个月牙弯，以防止带钢端角刮伤设备。为实现对焊缝的跟踪，由焊缝冲孔机在焊缝附近冲一直径为 ϕ25mm 的孔作为焊缝标记。带钢的厚度不同，其焊接周期不一。当带钢厚度为 5mm 时，其焊接周期为 58s；而带钢厚度为 1.8mm 时，其焊接周期为 50s。

在对带钢头、尾端进行焊接期间，为保证连轧机组仍按原速继续轧制，在焊机的后面设有可储存 720m 带钢的活套装置，在轧机的正常入口速度下，可允许活套装置入口端带钢停走 86.4s，从而保证了无头轧制的实现。

因此，由焊机把前、后两带钢的头、尾端焊接后，入口端立即加速到最大的充套速度（约 750m/min），活套车向右移动，活套装置充套，直到使其储存的最大套量为 720m 时，小车停止移动，充套完毕。

带钢从活套 9 出来后经过转向辊和 1 号控制辊 7、2 号张力辊 10、跳动辊 16、2 号控制辊 8 等，从入口段底部返回送入连轧机内进行轧制。第 1 机架带钢的后张力由活套出口侧的 2 号张力辊 10 提供，并由跳动辊 16 控制使其恒定不变。

为使计算机对焊缝进行准确的跟踪，在活套装置的入口与出口及连轧机的入口三处装有焊缝检测器（见图 5-5 中 15）。

为了使连轧机能轧出厚度均匀的带钢，在第 1 机架之前、各机架之后各设一台 FH46M 型同位素测厚仪（第 3 机架后面的测厚仪未参加调节作用），用以检测带钢厚度偏差作为厚度调节系统的控制信号。

为了保证各机架间带钢张力的稳定，在各机架之间设有瑞典 ASEA 公司生产的单辊压磁式测张仪，用以检测带钢张力的实际值并与计算机设定的目标值比较，根据其差值调节有关的参数（如轧制压力等）。

为了得到具有良好板形的成品带钢，在第 5 机架的后面装有瑞典 ASEA 公司生产的多段测量辊板形检测仪，将所测得的板形信号周期地送给板形控制计算机进行处理后，发出控制板形的信号给轧辊倾斜控制、CVC 轧辊系统、工作辊弯辊装置（每个机架均设有正弯辊装置，而在第 4 机架上还设有负弯辊装置）等执行机构来修正轧制过程中轧辊凸度的变化，以校正板形。

为控制带钢的尺寸精度和保证机械负荷的合理分配，在每个机架上均装有一套电阻应变式轧制压力测量仪，在第 1 机架上还另增设一套 ASEA 公司生产的压磁式测压仪。

为获得理想厚度的带钢产品，在每个机架的液压缸上，按对角线方向装有日本索尼公司生产的 MSS-701 型线性磁尺位移传感器作为辊缝值的测量仪，用以测量轧辊实际的位移量，作为位置自动控制系统的反馈信号。

为提高轧机的生产率，在连轧机组上设有能使带钢在机架内进行快速换辊的装置，只需 5min 就能更换一对工作辊。

在每一架主传动电动机上均装有直流测速发电机（用于进行主传动电动机的速度调

节）和数字脉冲发生器，用于精确测量每架传动电动机的转速，作为速度调节系统数字校正电路的控制信号。

单一全连续式冷轧过程可分为稳定轧制阶段，变更规格前后的加、减速阶段和变更板厚规格的过渡阶段，即动态规格变换三部分（见图5-6）。

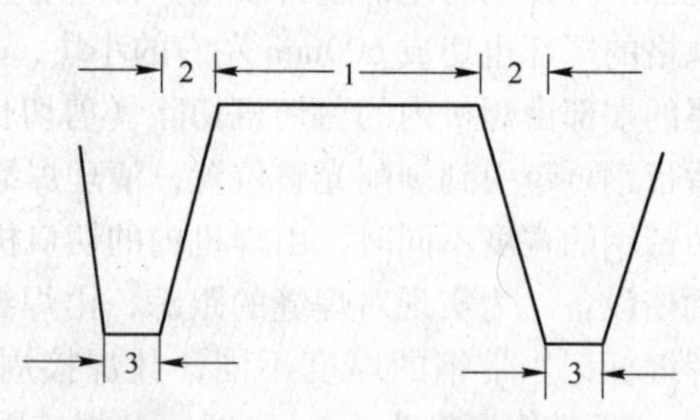

图5-6 单一全连续式冷轧过程
1—稳定轧制阶段；2—变更规格前后的加、减速阶段；3—变更板厚规格的过渡阶段

单一全连续式冷轧过程的前两部分与常规式冷连轧机没有什么区别，所不同的只是轧制进行中的动态规格变换这一部分。动态规格变换是全连续式冷轧的工艺特点之一，也是全连续式冷轧的关键技术。

当带钢从第五机架轧出后，通过机后夹送辊（图上未画出来）进入高速转鼓式飞剪进行分卷或事故切断（无定尺长度要求）。

夹送辊的作用是：在带钢被切断但尚未来得及进入另一空的张力卷筒重新建立张力之前，维持第五机架一定的前张力。该夹送辊一般不与带钢相接触，只有当焊缝接近时，夹送辊被加速至带钢的速度并夹住带钢，一旦卷取机的张力重新建立之后再行松开。

分卷飞剪是实现全连续冷轧的重要设备之一，要求其动作速度高而准。分卷剪切是在焊缝通过剪机以后进行的（由计算机对焊缝的跟踪控制来实现的），使焊缝总位于板卷的尾部。

飞剪的剪切速度应与带速同步，因此在第一机架前变规格点发出信号，使各机架减速至300m/min（该速度由飞剪的最大剪切速度所限制）。同时给飞剪一启动信号，使其立即从静止状态以最大的加速度加速到所要求的剪切速度（与带钢速度同步）。因为飞剪是在带钢运行中剪切的，如果剪刃速度大于送料速度，带钢受拉，将可能导致断带事故，影响正常的生产；如果剪刃的速度过低会使带钢松弛造成剪口不规则，形成弯曲，影响导向的顺利进行。在剪切完成之后，又要以最大的减速率减速，使剪刃迅速停止。然后再将停止的剪刃反转回到原始位置，准备下次启动剪切。

由转鼓式飞剪分切后的带钢经快速导向辊18（其作用是使被飞剪切断的带钢头部，能够从一台卷取机迅速、平稳地过渡到另一台卷取机）送往卷取机13或14（两台卷取机交替工作）进行卷取，然后由卸卷小车将带卷从卷筒上卸下送到鞍形链式运输机上。

在鞍形链式运输机的第4个卷位处进行半自动打捆，在第5个卷位处进行自动称量、打印，再由吊车将钢卷从运输链吊往连续退火机组或热镀锌机组进行下一工序的处理。

如需在罩式炉内退火的带卷，则在鞍形链式运输机的第8个卷位处由钢卷小车将其送往与运输链垂直布置的平板式步进梁上（可放置4个钢卷），并由其端部的钢卷倾翻机，将钢卷小车送来的卧放钢卷翻成立放，再由吊车送往罩式炉前的仓库内储存。

B　联合式全连续轧机

单一全连轧机再与其他生产工序的机组联合，就成为联合式全连轧机。若单一全连轧机与后面的连续退火机组联合，即为退火联合式全连轧机；单一全连轧机与前面的酸洗机组联合，即为酸洗联合式全连轧机。目前世界上酸洗联合式全连轧机较多，发展较快，是全连轧的一个发展方向。下面是酸洗冷轧联合机组生产工艺流程：

原料→钢卷运输→预开卷、上卷→开卷→对中→矫头尾→切头尾→激光焊接→入口活套→破鳞→酸洗→漂洗→干燥→中间活套→切边→检查→出口活套→轧机→飞剪→卡伦赛卷取→称重、打捆→中间库。

C 全联合式全连续轧机

全联合式全连续轧机是最新的冷轧生产工艺流程。单一全连轧机与前面酸洗机组和后面连续退火机组（包括清洗、退火、冷却、平整、检查工序）全部联合起来，即为全联合式全连轧机，如图1-5所示。最早的是新日铁广畑厂于1986年新建投产，第二条线是美日于1989年合建的。全联合式全连轧机是冷轧带钢生产划时代的技术进步，它标志着冷轧板带设计、研究、生产、控制及计算机技术已进入一个新的时代。为使整个机组能够同步顺利生产，采用了先进的自动控制系统，投产后均一直正常生产，板厚精度控制在±1%以内。过去冷轧板带从投料到产出成品需12天，而采用全联合式全连轧机只要20min。

5.2 轧制设备及预调

以1420冷轧五机架串列式冷轧机为例，当酸洗后的带钢经过酸洗线剪边机后的3号活套后，连续不断地进入冷轧机。由于酸洗活套可储存足够数量的带钢，这就保证了在带钢焊接以及轧机更换工作辊时，带钢轧制和酸洗能连续进行。

根据设备特点和生产情况，轧机段分为入口段、工艺段和出口段。酸洗后的带钢进入轧机入口段。入口段主要是保证带钢在正常轧制或穿带、甩尾操作时，导向对中地进入1号轧机。带钢在工艺段（即1~5号机架）经过轧机的轧制，形成合同所需的产品规格。之后带钢进入轧机出口段。出口段的工艺要求是对带钢进行卷取、分卷、运输、检查、打捆、称重。钢卷出了出口段后就由天车吊至料库内。

5.2.1 轧机入口段设备

轧机入口段设备为轧机辅助设备，主要作用为保证酸洗后的带钢在正常轧制和非正常轧制情况下导向对中进入轧机，另外还有处理堆钢和断带时剪切带钢，换辊及检修时压紧带钢头。入口段主要设备有二辊纠偏装置、测张辊、压紧装置、分切剪、带钢导向装置以及辅助卷扬。

（1）二辊纠偏装置。二辊纠偏装置是轧机入口段的主要设备，也是酸洗来料能否正常对中进入轧机的关键设备之一。它根据光栅对中检测装置对酸洗来料进行对中检测的结果进行动态纠偏对中，纠偏动作由液压缸产生。上纠偏辊的传动压紧辊具有夹送压紧作用，能在轧机检修或换辊过程中，压紧带钢以防带头滑入油库之中，造成极大的麻烦。

二辊纠偏装置主要由上下对称纠偏辊、纠偏液压缸、纠偏支撑轴承、纠偏平衡轮、传动压紧辊及压紧辊液压缸摆动机构组成，如图5-7所示。

传动压紧辊主要起压紧夹送带钢的作用。压紧动作由液压缸通过连杆机构产生，夹送传动由齿轮马达通过万向轴作用产生，具体传动结构如图5-8所示。

（2）带钢夹紧装置。带钢夹紧装置（见图5-9）布置在二辊纠偏装置之后，主要用于当带钢被分切剪剪切或在轧机换辊操作时夹住带钢，以防带钢头落入油库内。夹住带钢的动力来源为液压缸，动作形式为下部固定，上部由两个三位油缸驱动夹紧。上夹紧板有三位动作：穿带位、轧制位和夹紧位。上下夹紧板各由五块压木组成，使用压木以防止在夹紧过程中对带钢表面造成损伤。

(3) 分切剪。分切剪（见图 5-10）主要由两驱动液压缸、同步齿轮、齿条和上下剪刃组成。分切剪设置在带钢夹紧装置的后面，用于在换支撑辊或处理堆钢断带时，切断仍在轧机中的带钢。剪切必须在轧机处于停机状态和带钢张力为零时进行，剪切方式为下剪切，剪切力来源于位于下部的两液压缸。动作过程为：上剪刃在两液压缸缸体作用下开始向下运动，运行至行程 185mm 时，由于机械挡块的作用而停止；下剪刃在活塞杆的作用下向上运动，全行程为 195mm，从而完成整个剪切过程。液压缸的全行程为 380mm，剪切完成后，液压缸缩回，下剪刃收回，下剪刃行程为 195mm，到位后，上剪刃在油缸缸体的作用向上运动，行程为 185mm，从而完成一整个运动。

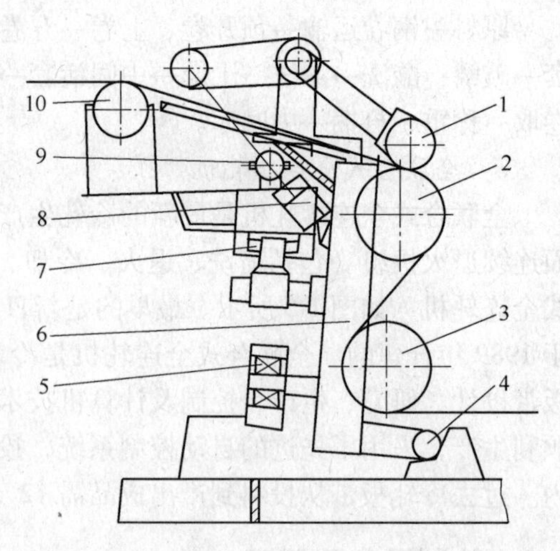

图 5-7 二辊纠偏装置

1—传动压紧辊；2—上纠偏辊；3—下纠偏辊；4—导向轮；5—支撑轴承；6—纠偏框架；7—平衡轮；8—传动压紧辊压紧油缸；9—纠偏油缸；10—轧机入口测张辊

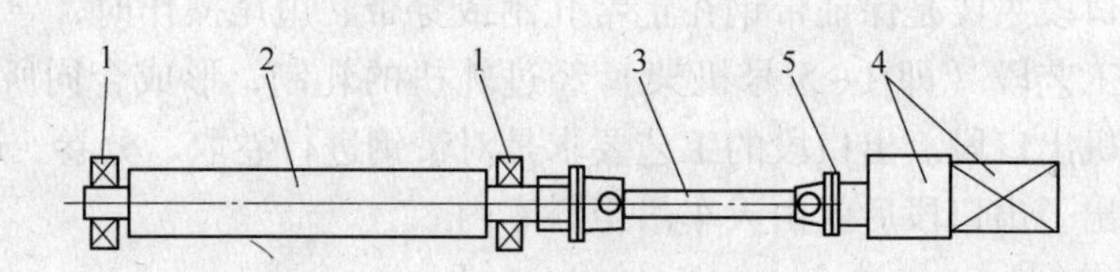

图 5-8 传动压紧辊传动装置

1—轴承；2—压紧辊；3—万向接轴；4—齿轮马达；5—滑动离合器

(4) 带钢侧导装置。带钢侧导装置在 1 号机架之前，主要是在换支撑辊和断带处理后的穿带和甩尾过程中，用于导向和对中带钢。其开口范围为 700~1500mm，带钢引导部分装有 4 个垂直导辊，一边各有 2 个，开口的调节由一个液压缸作用，通过齿轮齿条和两个导向杆保证两边同步和导向，在运行过程中，位置传感器检测出液压缸的行程。

带钢侧导装置（见图 5-11）由一个对中液压缸、齿轮、齿条、导向杆以及位置传感器组成。对中油缸带动齿条运动，齿条与齿轮啮合使齿轮运动，齿轮将运动传给与之啮合的另一齿条，此齿条使另一边的侧导产生同主动侧相反的运动方向，形成机械侧导辊对中。

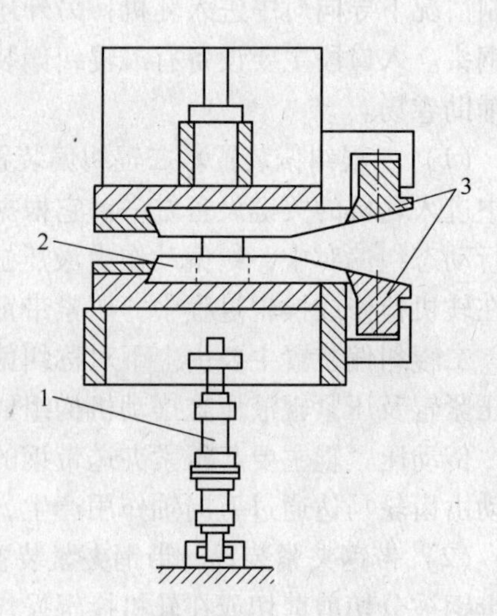

图 5-9 带钢夹紧装置

1—三位油缸；2—压木；3—定位夹紧板

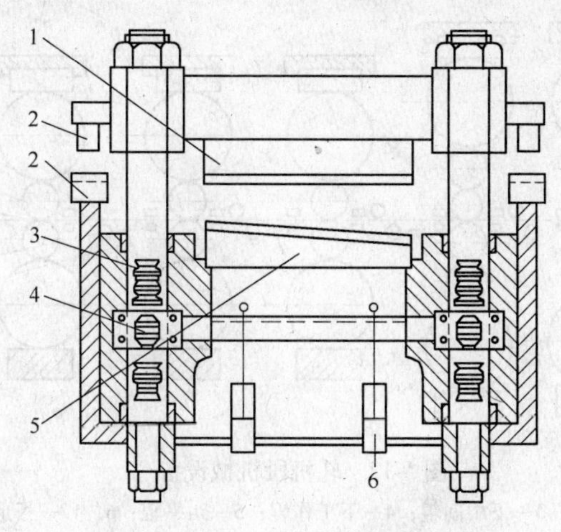

图 5-10 液压分切剪

1—上剪刃；2—机械挡块；3—齿条柱杆；4—齿轮；5—下剪刃；6—剪切油缸

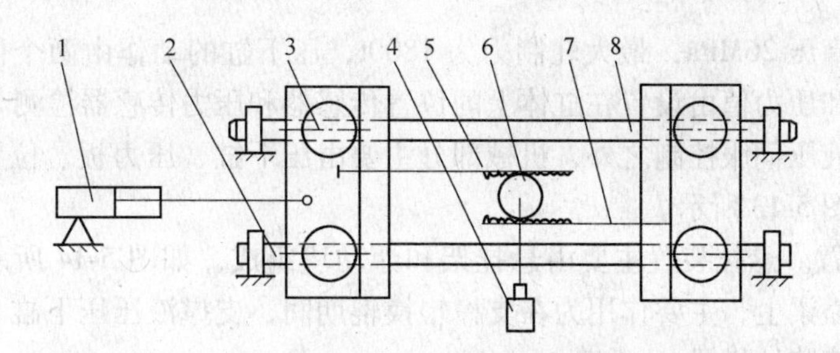

图 5-11 带钢侧导装置

1—对中油缸；2，8—导向杆；3—导辊；4—位置传感器；5，7—齿条；6—齿轮

（5）轧机入口段辅助设备。入口段除以上的 4 大主要设备外，还有用于人工穿带的辅助卷扬和位于二辊纠偏装置后的张力测量辊。此将作为主要设备编入工艺段加以介绍。另外还有设置在测厚仪处的喷射吹扫装置。

5.2.2 轧机工艺段设备

轧机工艺段是酸轧机组的一核心部分，是使酸洗带钢成为冷轧产品的关键工序。工艺段主要由五台轧机和五台换辊装置组成，1~3 号设计为四辊 CVC 轧机，4~5 号为六辊 CVC 轧机，在轧制过程中由液压压下缸进行压下，由斜楔调节装置来保证下工作辊始终处于轧制线位置。由测张辊来测定在轧制过程中的带钢张力，由板形测量辊检测轧制后的板形。工作辊、中间辊的正负弯辊和工作辊 CVC 轴向移动（1~3 号），中间辊的 CVC 轴间移动（4~5 号）改变轧制辊缝，提高板形。乳化液的分段冷却改变轧制过程轧辊热凸度，得到理想的冷轧带钢。1~3 号机架设计为工作辊双驱动，4~5 号机架为支撑辊直接驱动。4~5 号机架的换辊小车可以同时更换工作辊、中间辊。工艺段的机械设备及其工艺流程如图 5-12 所示。以下就工艺段的主要机械设备的性能、原理及机械结构组成作一介绍。

（1）液压压下缸。压下缸设置在轧机顶部，在支撑辊与牌坊上横梁之间，其主要作用为调节上轧辊，提供轧制工艺所需的轧制力以及补偿轧辊直径的减小。压下缸为双作用

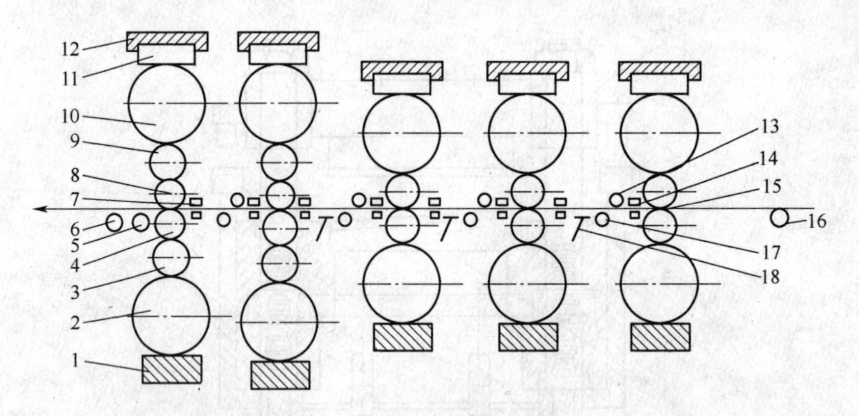

图 5-12 轧机段机械设备

1—斜楔；2—下支撑辊；3—下中间辊；4—下工作辊；5—纠平辊；6，17—板形辊；7—夹紧装置；8—上工作辊；9—上中间辊；10—上支撑辊；11—压下缸；12—悬挂装置；13—压紧辊；14—抗弯导板；15—防缠导板；16—测张辊；18—摆动导板台

缸，压下系统为高压 26MPa，最大轧制力为 1800t，压下缸的动作由两个伺服阀控制，压下缸的位置行程和压力值由设置在缸体上的位置传感器和压力传感器检测与控制。

压下系统除液压伺服控制之外，机械部分主要由压下缸、压力板、位置传感器、压力传感器组成，如图 5-13 所示。

（2）悬挂装置。悬挂装置主要由悬挂架和浮动块组成，如图 5-14 所示。悬挂装置用螺丝固定在牌坊横梁上，主要作用为在支撑辊换辊期间，支撑液压压下缸，浮动块用于防止液压压下缸碰撞牌坊横梁。

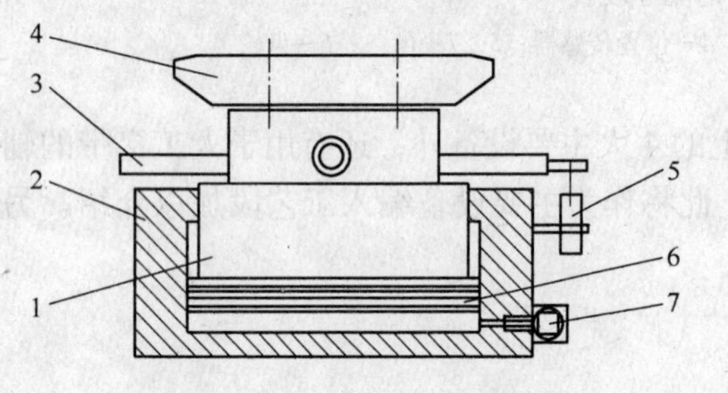

图 5-13 液压压下缸示意图

1—活塞杆；2—缸体；3—压力块；4—悬挂板；5—位置传感器；6—活塞；7—压力传感器

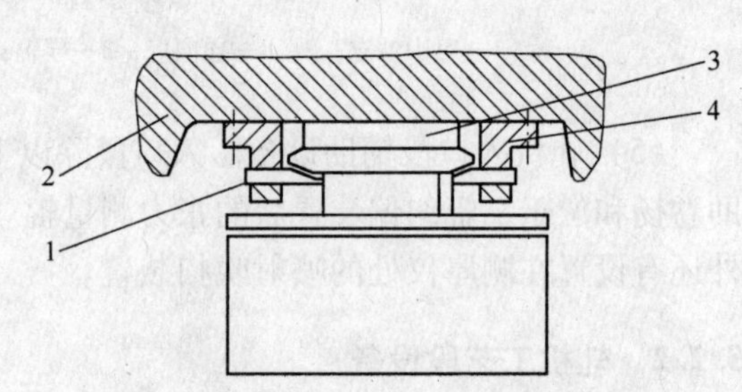

图 5-14 悬挂装置示意图

1—悬挂架；2—机架横梁；3—浮动块；4—连接块

（3）斜楔调节装置。斜楔调节装置（见图 5-15）主要由双斜面斜块、液压缸、液压夹紧装置、支撑平台等组成。1~5 号斜楔设置在下支撑辊下部，即机架底部的横梁上。在重新磨削支撑辊、工作辊和中间辊后，利用斜楔的上下调节功能可以保持轧制线不变，斜楔调节装置的驱动侧和操作侧各设置了一个水平油缸，液压缸带动一对斜楔做水平运动。斜面间的相对移动形成斜楔（驱动侧）在垂直方向上的上下运动。为保证斜楔的任意工作位置的稳定，在两油缸活塞杆上设置了两个液压夹紧装置。斜楔的水平位置由油缸内的磁性位置传感器测量，该传感器同时还计算出到轧制线的垂直位置。

（4）工作辊和中间辊弯辊系统、支撑辊平衡系统。带有平衡缸的液压块用螺栓固定在牌坊立柱上，用于上支撑辊平衡的液压缸设置在液压块内，用于工作辊弯辊系统和中间辊弯辊系统的弯辊块垂直导入液压块内。弯辊系统的作用为对工作辊、中间辊产生正负弯辊力，改变轧辊的辊型和力的分布，可以达到控制板形的目的。用于控制工作辊正负弯辊的4个液压缸作用8个弯辊块在液压块的T形槽中由青铜衬套垂直导向；用于控制中间辊正负弯辊的8个液压缸作用8个弯辊块在液压块的T形槽中由青铜衬套垂直导向；对于1~3号机架，每个工作辊辊颈上弯辊力约为+500~-350kN；对于4、5号机架，每个工作辊辊颈上的弯辊力为+400~-300kN，每个中间辊辊颈上弯辊力为+500~-400kN。

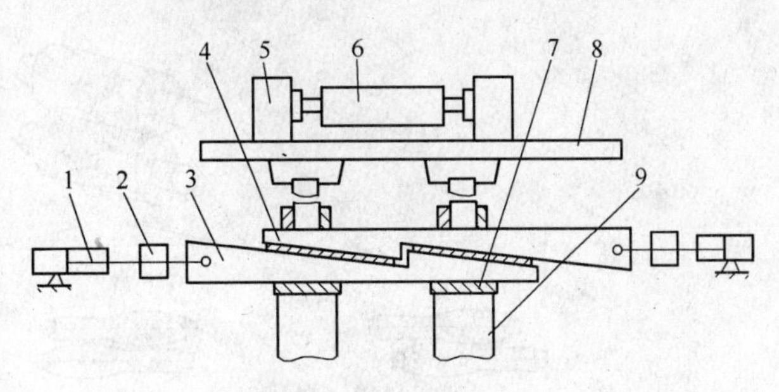

图5-15　斜楔调节装置

1—液压缸；2—夹紧装置；3—斜楔；
4，7—耐磨板；5—油膜轴承；6—支撑辊；
8—支撑平台；9—机架下横梁

对于1~3号机架主要由液压块、平衡缸、弯辊块、弯辊缸、导向杆、青铜耐磨块组成。对于4、5号机架主要由液压块、平衡缸、工作辊弯辊块、工作辊弯辊缸、中间辊弯辊块、中间辊弯辊缸和导向杆组成，具体结构如图5-16所示。

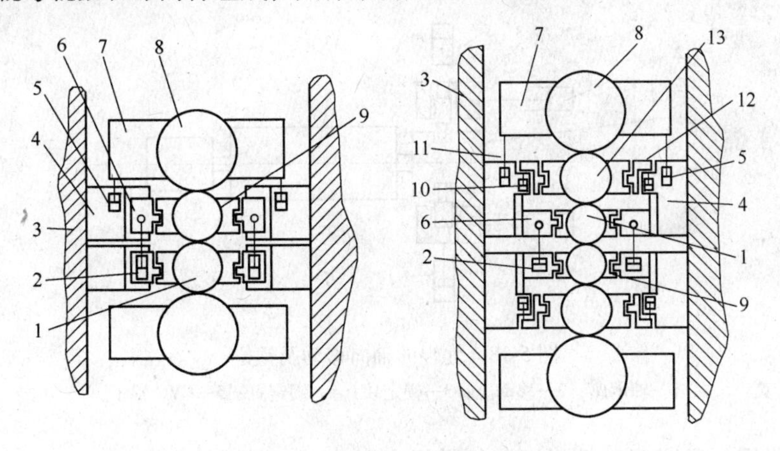

图5-16　弯辊、平衡系统图

1—工作辊；2—工作辊弯辊油缸；3—牌坊；4—液压块；5—平衡缸；6—工作辊弯辊块；7—支撑辊轴承座；8—支撑辊；9—工作辊轴承座；10—中间辊弯辊缸；11—中间辊轴承座；12—中间辊弯辊块；13—中间辊

（5）CVC轴向移动系统。CVC板形控制是当今冷轧带钢板形控制的主要方式之一。CVC控制的工作原理（见图5-17）为：工作辊或中间辊辊面磨削成“瓶颈”形的辊形，而不是传统的平辊、凸辊或凹辊。由于这种“瓶颈”形辊子为CVC控制所特有，故称为CVC辊。安置在传动侧或操作侧的液压油缸，通过锁定装置或连接机构使油缸与工作辊或中间辊（统称为CVC辊子）的轴承座相连接，油缸的动作使CVC辊做轴向运动（运动方向与CVC辊轴线一致），该油缸称为CVC油缸。上下CVC油缸作用上下CVC辊子，使辊子做反向运动，从而使轧制辊缝发生改变。1420轧机中的CVC配置为1~3号机架采用工作辊轴向移动，而在4、5号六辊轧机中采用中间辊轴向移动。CVC辊的轴向移动最大值为±80mm。

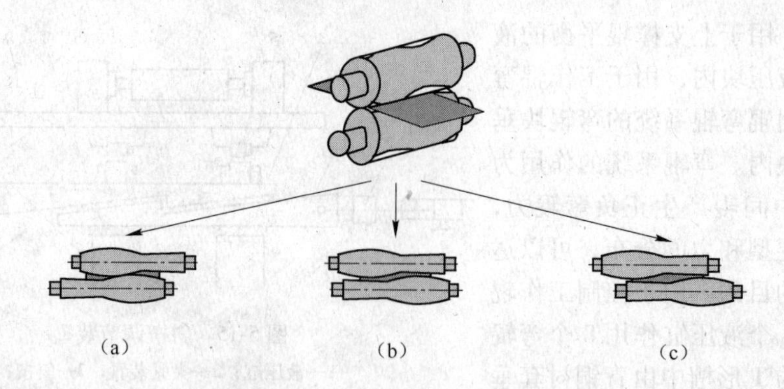

图 5-17　CVC 轧机的工作原理图
(a) 正凸度控制；(b) 中和凸度控制；(c) 负凸度控制

CVC 轴向移动系统的结构如图 5-18 所示。工作辊（中间辊）的轴向移动主要是通过 CVC 油缸产生，上辊和下辊的移动各由两个油缸作用于操作侧的轴承座。油缸分别位于轧机的出口、入口，即轴承座的两侧处。同时每个 CVC 油缸配有一个锁定油缸，构成 CVC 油缸与 CVC 辊轴承座的连接。每个 CVC 油缸内部带有磁性传感器，检测 CVC 油缸的移动位置，并反馈于油缸的伺服阀和 CVC 控制系统。

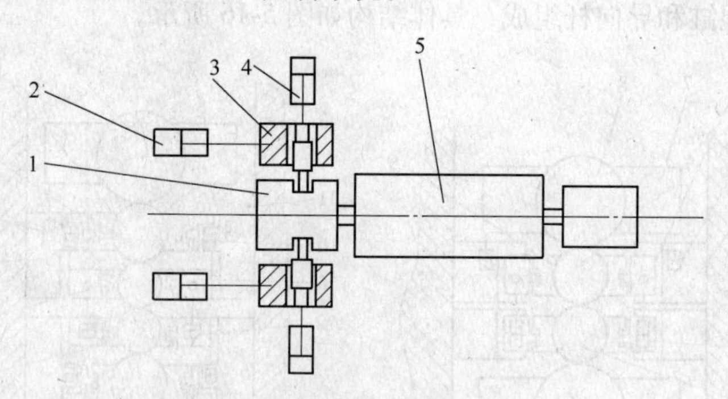

图 5-18　轧辊的轴向移动及锁定
1—轴承座；2—移动缸；3—锁定块；4—锁定缸；5—CVC 辊子

(6) 测张辊、压紧辊、板形辊与纠平辊。

测张辊共有 4 个，分别位于二辊纠偏装置后，2~4 号机架的出口处，主要作用为测量轧制过程中轧机入口（也即 0 机架）和机架间带钢张力。带钢张力通过测张辊轴承座内的测张头传递张力信号，信号经处理比较后送入速度控制系统和压下控制系统，以保证恒张力轧制。

压紧辊设置在 1~4 号机架出口的轧制线上方，主要作用为使带钢在测张辊上获得足够的包角，另外可挤掉带钢上的乳化液。压紧辊由两液压缸驱动上下运动。

板形辊设置在 1 号和 5 号机架出口，主要作用为检测 1 号机架大压下量后的带钢板形以及 5 号机架后带钢的板形。

纠平辊设置在 5 号机架出口，轧制线下方，主要作用为稳定卷取张力，也即减少 5 号出口张力的波动，以确保 5 号机架后的带钢板形。在轧制较薄带钢时，纠平辊将在液压缸的作用下参与轧制时带钢的运行。

测张辊的转动与带钢的运行速度保持同步。压紧辊的升降动作由两液压缸控制。板形辊由电动机通过联轴节直接传动。纠平辊由液压缸控制上升与下降，其平稳由两导向杆来保证。测张辊、压紧辊、板形辊和纠平辊的具体结构如图 5-19 所示（以 4 号、5 号机架为例）。

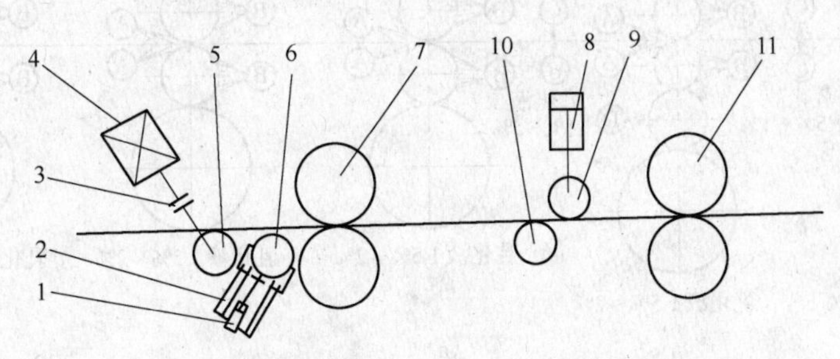

图 5-19 测张辊、压紧辊、板形辊与纠平辊

1—液压缸；2—导杆；3—联轴器；4—电动机；5—板形辊；6—纠平辊；7—5 号工作辊；8—压紧油缸；9—压紧辊；10—测张辊；11—4 号工作辊

（7）乳化液喷射装置。乳化液是油水的混合物，提供给轧制的乳化液为半稳定乳化液，主要作用为冷却和润滑带钢及轧辊。机架内部的喷射梁是提供乳化液的主要设备，乳化液对轧辊的冷却方式及部位，通过喷射梁的分段得到控制。乳化液的浓度在轧制冷轧板和轧制镀锡板时是不同的。

乳化液喷射设备主要由喷射梁和平扁喷嘴组成，乳化液喷射梁在机架内的分配和布置如图 5-20 所示。

在第一机架前设有直接喷射系统，共有 2 个喷射梁，布置在带钢的上、下两面，每个梁上布置一排喷头，分三段控制，喷头间距为 100mm。直接喷射系统向带钢表面喷射含油量为 10%~30% 的乳化液，改善第一机架轧制辊缝的润滑状况，有利于此机架较大的压下。

第一机架共有 5 个喷射梁。在入口侧设有 2 个喷射梁，布置在带钢的上下两面，每个梁上布置一排喷头，分三段控制，喷头间距为 100mm，用于第一机架的辊缝润滑。在出口侧设有 3 个喷射梁。其中有 2 个喷射梁每个布置有两排喷头，分三段控制，喷头间距为 100mm，用于第一机架上下工作辊冷却；另一个喷射梁布置一排喷头，一段控制，喷头间距为 100mm，用于第一机架上支撑辊冷却。

第二机架喷射梁的设置情况与第一机架相同。

第三机架 5 个喷射梁的分布与第一机架相同，区别在于入口侧的 2 个喷射梁和出口侧用于上下工作辊冷却的 2 个喷射梁是分五段控制的。

第四机架共有 6 个喷射梁。在入口侧设有 4 个喷射梁。其中 2 个布置在带钢的上、下两面，每个梁上布置一排喷头，分五段控制，喷头间距为 100mm，用于第四机架的辊缝润滑；另 2 个喷射梁每个布置一排喷头，一段控制，用于第四机架上、下中间辊冷却。在出口侧设有 2 个喷射梁，每个梁上布置两排喷头，分五段控制，用于第四机架上下工作辊冷却。

第五机架设有带多段冷却的喷射系统，共有 4 个喷射梁，都布置在入口侧。其中

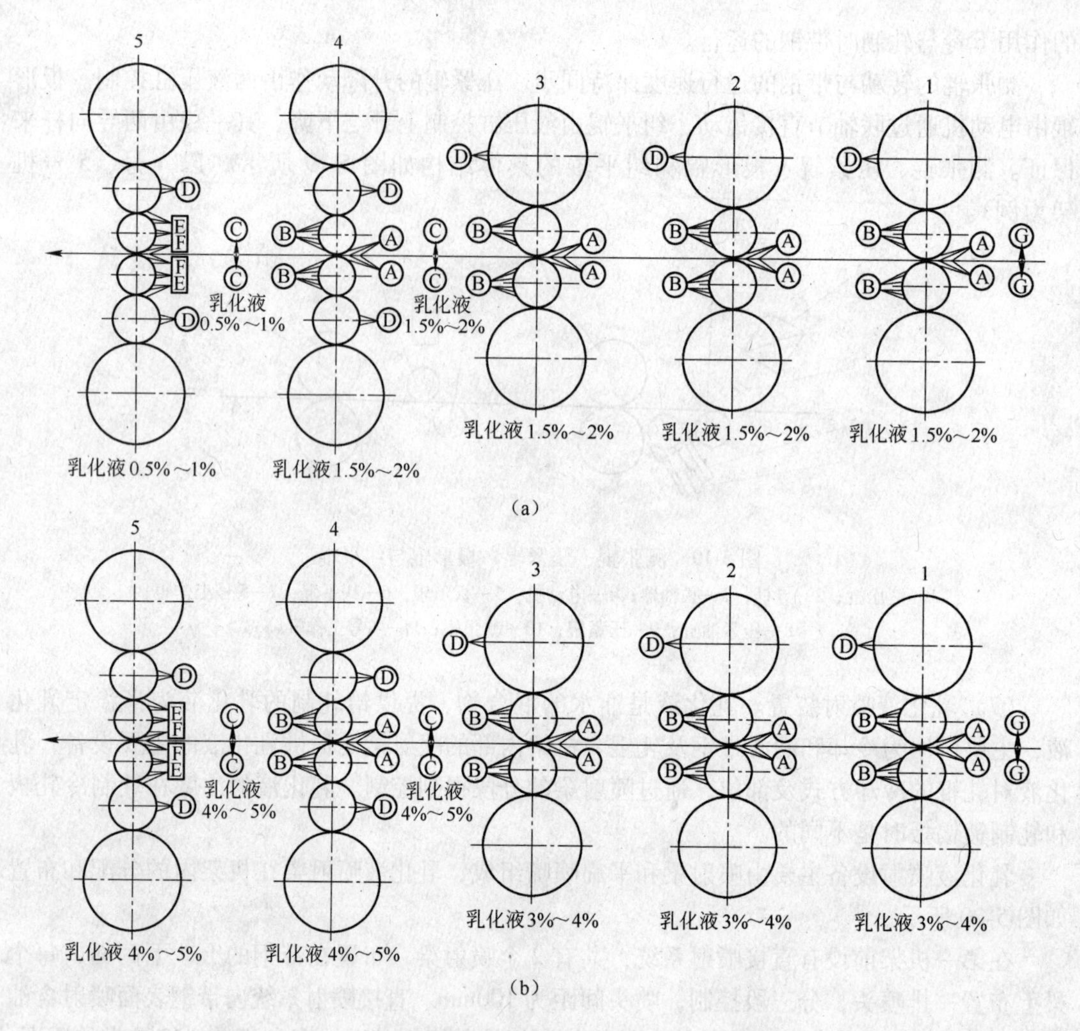

图 5-20　乳化液喷射梁在机架内的分配和布置图
(a) 轧制冷轧板时乳化液浓度；(b) 轧制镀锡板时乳化液浓度

2 个喷射梁每个布置三排喷头，分二十五段控制，用于有选择性地冷却上下工作辊和轧制辊缝。另 2 个喷射梁每个布置一排喷头，一段控制，用于第五机架上、下中间辊冷却。

另外，在 3/4 和 4/5 机架间，轧制线上下各有一个喷射梁，每个布置一排喷头，分三段控制，用于机架间带钢冷却。

(8) 轧辊传动。1~3 号机架为上下工作辊单独传动，4、5 号机架为马达通过万向接轴直接传动上下支撑辊。轧辊的机械传动部分主要传递速度、力矩。1~3 号机架的传动部分不仅可以传递速度、力矩，还可以分配力矩以及通过减速箱对电动机速度进行增减速。

1~3 号机架的传动部分主要电动机、电动机接手、双传动齿轮箱、工作辊传动连接轴以及连接轴支撑组成。

4~5 号机架的传动部分主要由 AC 马达、支撑辊传动接轴、传动连接轴支撑等组成，具体结构布置如图 5-21、图 5-22 所示。

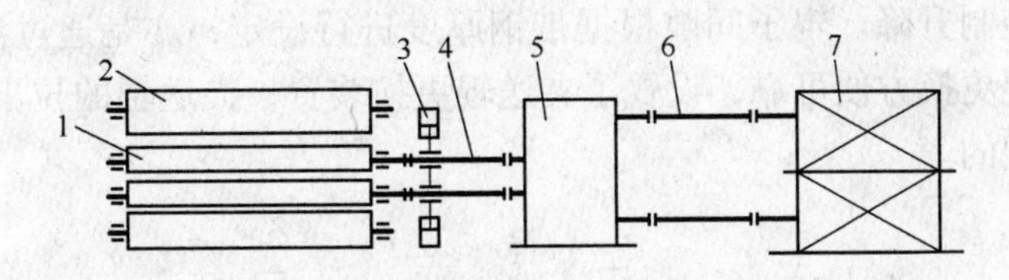

图 5-21 1~3 号机架传动示意图

1—工作辊；2—支撑辊；3—连接轴支撑；4—传动连接轴；5—齿轮箱；6—电动机接手；7—电动机

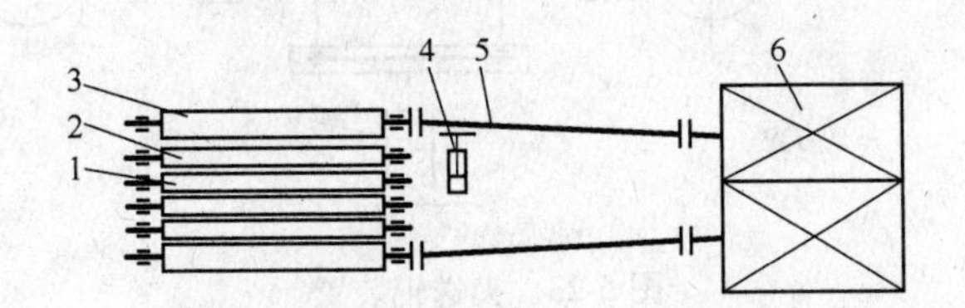

图 5-22 4、5 号机架传动示意图

1—工作辊；2—中间辊；3—支撑辊；4—传动接轴支撑；5—传动接轴；6—电动机

（9）工艺段辅助设备。工艺段机械设备除以上介绍的几个主要设备外，还有一些次要设备和辅助设备，有的设备从工艺角度上看，是在轧制过程中不可缺少的，只是设备的机械结构较为简单，本书不具体加以介绍。这里只是简单地介绍这些设备的布置位置和主要功能。

1）带钢压紧装置，也即压板台，设置在各机架入口处，主要作用为在穿带和甩尾时导向带钢。在甩尾时，建立较小的后张力，用于阻止带钢尾部缠绕，以及在工作辊和中间辊换辊时，夹持住带钢。

2）防缠导板，设置在 1~4 号机架出口的上工作辊抗弯曲导板和下工作辊防缠导板，其作用是防止带钢在断带时缠绕到工作辊、测张辊和板形辊上。

3）摆动导板台，设置在各机架间，其作用是帮助穿带和甩尾。

4）工作辊和中间辊换辊小车，设置在机架旁的操作平台上。

5）支撑辊换辊装置，设置在机架旁的操作平台之下。

6）吹扫装置，设置在 5 号机架出口侧，用于阻止从轧辊溅出的乳化液，吹扫带钢上的乳化液。

5.2.3 轧机出口段设备

轧机出口段要对轧制成品的带钢进行分切、卷取、输送、检查、打捆、称重等一系列工艺过程。因此在出口段设置了出口夹送辊、滚筒飞剪、传动转向辊、磁性皮带运输机、双卷筒旋转式卷取机、皮带助卷机、钢卷小车、鞍座式步进梁。辅助设备有套筒供给系统、钢卷检查台、打捆机、称重机等。

（1）出口夹送辊。出口夹送辊装置主要由上下夹送辊、传动万向接轴、电动机、下夹送辊升降油缸以及夹送辊更换装置组成，如图 5-23 所示。出口夹送辊设置在板形辊和滚筒飞剪之间，主要用于夹送带钢进入飞剪，同时在剪切后建立与 5 号机架之间的带钢张力。上下夹送辊都由电动机通过万向接轴直接传动，上夹送辊固定在轧制线的上方，下夹送辊由一液压缸控制升降。辊子间隙根据带钢厚度进行设定，亦是通过液压缸来控制的。同时为了使夹送辊更换方便可靠，设置了夹送辊更换装置，夹送辊的拉出和推进是通过一个标准卷扬来实现的。

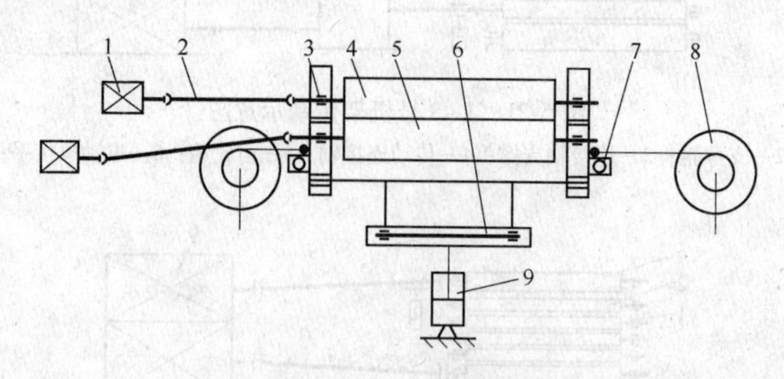

图 5-23　夹送辊装置

1—电动机；2—万向轴；3—轴承；4—上夹送辊；5—下夹送辊；6—升降机构；7—行走轮；8—卷扬；9—升降油缸

（2）滚筒飞剪。滚筒飞剪是出口段的主要设备之一，布置在出口夹送辊之后，主要用于分卷卷取时快速剪切带钢，以保证轧制的连续性。其设计剪切厚度为 0.18~0.8mm，剪切时带钢的速度为 300m/min，剪切带钢宽度为 730~1230mm。

滚筒剪切为上下带有横剪刃的转鼓同步运动，产生剪切。转鼓的运动为电动机通过减速机驱动，上转鼓为主动，下转鼓为被动。两转鼓的驱动侧有一对齿轮进行同步运动，上转鼓为单个齿轮，下转鼓为组合齿轮，组合齿轮的两齿轮相差一个角度，以消除齿轮啮合间隙，保证上下齿轮在正向和反向运动时，都为无间隙啮合运动，确保带钢的剪切效果。下转鼓操作侧有一间隙调整机构，保证轧制不同厚度的出口带钢有适当的剪切间隙。

（3）传动转向辊。传动转向辊设置在滚筒飞剪之后，主要作用是转向带钢进入双卷筒旋转式卷取机。转向辊是通过电动机直接传动的。

（4）磁性皮带运输机。磁性皮带运输机主要由输送皮带、永久磁铁、皮带张紧机构、传动转向辊、皮带传动、电动机组成，如图 5-24 所示。

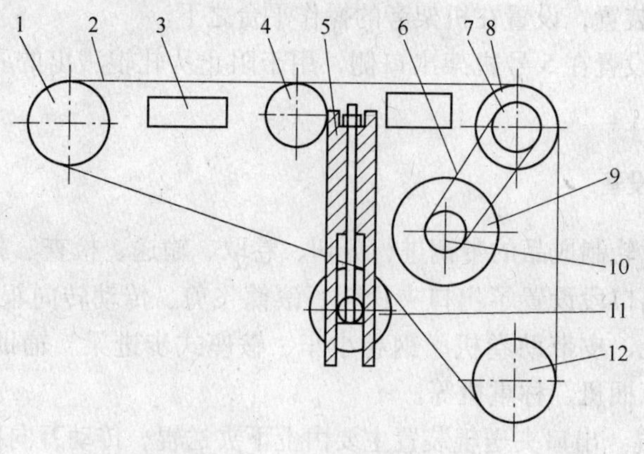

图 5-24　磁性皮带运输机

1，12—导向辊；2—磁性皮带；3—永久磁铁；4—输送辊；5—张紧机构；6—皮带；7，10—皮带轮；8—传动辊；9—电机马达；11—张紧辊磁性皮带运输机设置在转向辊和卷筒之间，主要作用为输送带钢头部进入双卷筒卷取机。它在输送皮带下设置了两块永久磁铁，在带钢的头尾部分间断失张时，带钢的头部被磁力吸附在皮带上，皮带在电动机、皮带传动机构和传动主动辊的作用下，使带头与轧制带钢同步运动，保证带头顺利进入卷取机卷取。为保证皮带松紧适当，设置了皮带松紧调整机构。

（5）双卷筒旋转式卷取机（卡罗塞尔卷取机）。卷取机主要由大转盘、双卷筒、大转盘支撑和压紧传动装置、大转盘转动机构、卷筒传动装置、卷取带钢压紧装置、大转盘锁定装置以及卷筒轴外支撑等装置组成，主要结构布置如图 5-25 所示。

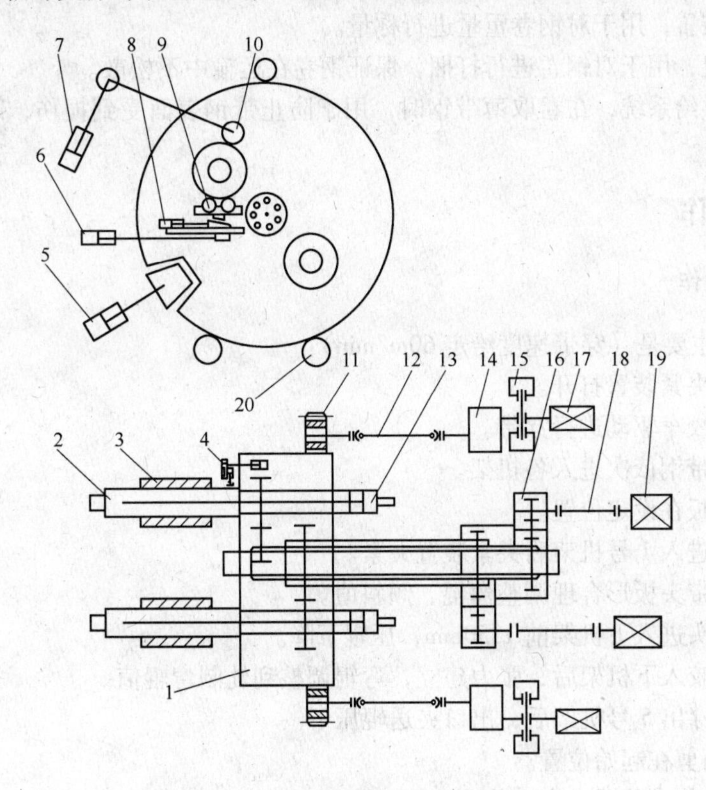

图 5-25 双卷筒旋转式卷取机

1—大转盘；2—卷筒；3—套筒；4—卸卷装置；5—锁定油缸；6—支撑移动油缸；7—压紧油缸；8—支撑调整油缸；9—支撑辊；10—压紧辊；11—大转盘旋转小齿轮；12—万向轴；13—减速箱；14—胀缩油缸；15—气动抱闸；16—卷筒传动齿轮箱；17，19—电动机；18—传动轴；20—大转盘支撑辊

卷取机布置在串列式轧机的出口段、磁性皮带运输机之后，带有两个卷筒，在卷取过程中两个卷筒交替使用。当带钢卷入卷筒后，可在连续轧制操作时旋转卷筒，在带头卷入卷筒时，可保持转向辊和卷筒之间的带钢长度不变。每个卷筒包括四个扇形块、四棱锥体、拉杆和用于卷筒胀缩的旋转液压缸。两卷筒固定在一个大转盘上，卷筒的旋转通过两个齿轮分配系统实现。每个卷筒的传动有其单独的传动系统。带有卷筒的转盘安置在两个淬硬的导辊上（两套）。支持导辊可用丝杆、斜楔调整。在大转盘顶部设置了压紧传动导轮，以保证大转盘在旋转过程中平稳。大转盘的旋转两个由马达带动齿轮箱、万向轴、小齿轮和大盘架上的大齿轮转动所带动。另外在 2 号卷取位置设置了钢卷压紧辊装置和卷筒

的外支撑装置。卷取机有两个工作位置，即进料位置和卷取位置，两个位置相差180°，大转盘可在两个工作位置进行机械锁定。钢卷分卷后，带钢卷取在进料位置进行，带钢助卷器帮助其卷取。当带钢张力在卷筒上建立后，卷取位置转过180°到2号卷取位置，直到卷取结束分卷为止。此时钢卷小车将钢卷从卷筒上卸下，并送至鞍座式步进梁或检查站。在进料位置，允许绕上钢卷的最大重量为10t，一旦卷重超过10t，系统就得停止轧制状态。

（6）出口段辅助设备。轧机出口段除了以上介绍的主要设备外，还有一些次要设备或辅助性设备。

1）钢卷检查台，用于对带钢表面进行检查。

2）称重装置，用于对钢卷重量进行称量。

3）打捆机，用于对钢卷进行打捆，保证钢卷在运输中不松散。

4）套筒供给系统，在卷取薄带钢时，用于防止带钢表面受到损伤，以保护带钢表面和卷取质量。

5.3 生产操作

5.3.1 穿带操作

穿带操作主要是（穿带速度给定60m/min）：

（1）入口夹紧装置打开。

（2）接通绞车驱动进行穿带。

（3）点动带钢依次进入各机架。

（4）侧导板在设定位置。

（5）带钢进入1号机架后夹紧装置夹紧。

（6）根据带头板形合理调整弯辊、倾斜值。

（7）当带头进入下机架前1350mm，压辊下降。

（8）带头咬入下机架后，张力建立，弯辊调整到轧制弯辊值。

（9）点动穿出5号机架后，出口夹送辊压下。

（10）滚筒剪在起始位置。

（11）出口传动接通，出口传动连锁。

（12）磁性皮带运输机在运输位置。

（13）出口张力接通。

（14）点动使带钢进入卷取机卷取三圈后，张力建立。

（15）确认乳化液冷却系统和乳化液吹扫系统状态正常。

（16）观察板形良好后，关闭机架门。

（17）穿带结束。

（18）全部正常后通知主操升速。

5.3.2 换辊操作

5.3.2.1 工作辊、中间辊换辊操作

换辊大车和换辊推拉车由电动机驱动，换辊横移车由液压驱动，行走过程中两极速度

变换，靠接近开关换速。

换辊工作方式有手动和自动两种。

A 换辊前准备

(1) 机组工作制选择开关扳到“换辊”位。

(2) 一套新辊位于横移车上。

(3) 横移车上准备拉出旧辊的空位对准机架窗口。

(4) 推拉车预先开进换辊大车头部。

(5) 支承辊换辊升降盖板落下。

(6) 主机的卷帘门打开。

(7) 液压 AGC 缸落到下限位。

(8) 上支承辊上升到最高位。

(9) 上工作辊换辊轨道升起。

(10) 上中间辊换辊轨道升起。

(11) 下工作辊、下中间辊、下支承辊落到各自轨道上。

(12) 上、下工作辊在准停位。

(13) 接轴托架上夹板在液压缸的作用下托住接轴。

(14) 阶梯板、斜楔在换辊位并锁定。

(15) 人工拔下润滑管接头。

B 换辊步骤（手动）

(1) 换辊大车前进到达换辊位停止，换辊大车锁紧装置锁住换辊大车。

(2) 推拉车前进到达换辊位停止（碰到轧辊轴头），推拉车夹钳动作夹紧工作辊和中间辊。

(3) 工作辊、中间辊锁紧装置打开，推拉车拉着旧辊后退移出机架进入横移车停止。

(4) 推拉车夹钳打开与工作辊和中间辊轴头脱开，推拉车后退，退出横移车进入换辊大车内。

(5) 横移车左移，使新辊对准机架窗口，推拉车前进到新辊前停止（碰到新辊轴头）。

(6) 推拉车夹钳动作夹紧工作辊和中间辊，将新辊推向机架内。

(7) 工作辊、中间辊锁紧装置锁紧。

(8) 推拉车夹钳打开与工作辊和中间辊轴头脱开。

(9) 换辊大车锁紧装置打开。

(10) 换辊大车后退到后限位置停止，横移车右移到极限位置停止。

(11) 按换辊前准备的各有关项目的反动作、反顺序恢复原状态；工作辊及中间辊换辊结束。

5.3.2.2 支承辊换辊操作

支承辊换辊只有手动操作方式。

A 换辊前准备

(1) 机组工作制选择开关扳到“换辊”位。

（2）上支承辊上升到最高位。

（3）阶梯板、斜楔在换辊位并锁定。

（4）下支承辊落到轨道上。

（5）工作辊及中间辊被拉出机架外，各润滑管路被拆下。

B 换辊步骤

（1）支承辊换辊车液压驱动行走，行走过程中两极速度变换，靠接近开关换速。

（2）支承辊换辊车前进向机架内运动到达换辊位停止，人工将换辊钩与下支承辊轴承座钩子搭接，支承辊换辊车后退移出机架。

（3）天车将换辊支架吊放在下支承辊轴承座上。

（4）支承辊换辊车前进向机架内运动到达换辊位停止，上支承辊下降将上支承辊轴承座落在换辊支架上，上支承辊轴端挡板打开，支承辊换辊车后退移出机架。

（5）天车将一套旧辊吊走再吊入一套新辊。

（6）支承辊换辊车前进向机架内运动到达换辊位停止，将新辊推入机架。

（7）上支承辊轴端锁紧装置关闭，将上支承辊轴向固定。

（8）上支承辊上升将上支承辊推至最高位。

（9）支承辊换辊车后退移出机架，将下支承辊和换辊支架移出轧机。

（10）天车将换辊支架吊走。

（11）支承辊换辊车前进向机架内运动到达换辊位停止，将下支承辊推入机架内。

（12）下支承辊轴端锁紧装置关闭，将下支承辊轴向固定。

（13）将工作辊及中间辊推入机架内。

（14）换辊大车将升降盖板移回原位。

（15）人工接通润滑管接头。

（16）人工将插销从盖板销孔中拔出。

（17）换辊大车返回原位。

（18）换辊结束。

5.3.2.3 标高调整装置操作

斜楔调整装置安装在轧机机架上部，由斜楔和阶梯板两部分组成，用于调整上辊系的标高，其调节量取决于上工作辊、上中间辊及上支承辊的重磨量。当重磨量之和小于30mm时，只调整斜楔；当重磨量之和大于30mm时，先利用阶梯板粗调，再用斜楔精调。阶梯板共有6个阶梯，其中5个阶梯用于调整标高，每个阶梯高度差为30mm，另外一个阶梯高40mm，用于换辊。

当机组工作方式处于换辊状态，在换辊之前首先要将斜楔调整装置从设定位移至换辊位，待换辊过程结束，操作人员将新辊辊径重新在HMI上输入，按“确认”按钮后，控制系统自动给出阶梯板和斜楔的设定位置，然后斜楔调整装置从换辊位移回设定位。

5.3.2.4 轧机调零

轧机的调零分为有带钢调零和无带钢调零。有带钢调零在换工作辊或中间辊后进行，可在机架或操作台进行。无带钢调零在换支撑辊后进行，必须在机架进行操作。

（1）有带钢调零。根据换辊前后的辊径差自动完成。

（2）无带钢调零。

1）换支撑辊后，液压缸打开200mm，压下，轧辊接触轧制力达到100t。

2）检查接触位置，误差不大于2mm。

3）调整轧辊平衡。

4）轧制力提高到200t，打开乳化液，轧机启动速度为240m/min，此时中间辊CVC为零。

5）轧制力上升到500t，压下，再一次调平衡。

6）此时标定为零位（支撑辊至少要转两圈，乳化液量为2500L/min）。

7）调零结束。

5.3.2.5 压靠

压靠的作用是进行辊缝零点基准标定。换完轧辊后，必须通过压靠对辊缝零点基准进行标定。另外，轧机中的轧辊使用一段时间，确认有一定磨损后也有必要进行辊缝零点基准标定。

A 初始条件

（1）“机组工作方式”置于“辅助”工作状态。

（2）轧机工作辊低速运转（方向不限）。

（3）“AGC工作方式”转换开关置于“AGC工作”位置。

（4）阶梯板设定位。

（5）斜楔设定位。

（6）辊径确认。

B 压靠力设定

压靠力设定值从HMI上输入，一般不大于最大轧制力的三分之一。

C 压靠过程

（1）置“AGC工作方式”于“压靠”位置，主台“压靠”指示灯亮。

（2）按下HMI“压靠开始”功能按钮，压靠过程开始，AGC缸从任意状态回到无油点开始充油至压力反馈达到压靠压力设定值为止。

（3）操作人员将“AGC工作方式”转换开关从“压靠”位置装换到“AGC工作”位置。压靠过程结束，“压靠”指示灯灭，AGC控制系统自动记忆此刻辊缝位置，并设为辊缝零点基准。此后，AGC控制系统进入正常工作方式，轧制道次自动设定为0道次，辊缝30mm，目的是方便穿带。

5.3.3 轧制操作

5.3.3.1 生产前准备

（1）打开主控台照明。

（2）检查各操作面板信号灯是否正常。

（3）检查各操作面板快停、急停开关是否正常。

（4）打开各计算机的显示屏、监视器，并调出各相应需要核对的画面进行检查。

（5）在计算机的画面输入本班的班次号。

（6）在操作面板上接通轧机的排雾系统。

（7）接通乳化液系统。

（8）通知地下油库接通各液压润滑系统。

（9）通过画面提示在操作面板上接通各机架的液压压下，按钮 HGC 接通。

（10）通知主电室，将轧机主传动，出口传动和辅助传动等全部接通。

（11）通过画面得知电气送电完毕，在操作面板上接通轧机主传动和出口传动以及辅助传动，按钮灯亮。

（12）通过操作画面的提示要求，对轧机区域的测厚仪进行校正。

（13）根据当日生产计划单，调用过程机物料跟踪画面，检查是否与计划单上的钢卷号一致，应做到实际钢卷号、计划单和过程机画面一致。

（14）调用过程机预计算画面，检查轧制规范是否出错，如有出错信息，手动修改轧制规范。

（15）正确选用厚度控制模式和生产程序。

（16）检查各自动和手动选择开关所应选择的位置。

（17）确认轧辊数据。

（18）确认轧制状态是否已在轧制位置。

（19）通知机架操作工进行压下校正，作好开车前的准备工作。

（20）接通酸洗工艺段，1、2 号出口活套和轧机入口张力。

（21）确认对中装置已对中并在自动位置。

（22）确认 1 号机架前的夹紧装置的位置。

（23）确认操作面板上横剪处于打开位置。

（24）确认操作面板上的辊缝已达到设定位置。

（25）确认机架后夹送辊位置。

（26）确认 5 号机架后滚筒剪处于初始位置，灯按钮亮。

（27）确认操作画面的出口段卷取准备就绪。

（28）确认出口段套筒准备就绪。

（29）画面提示主控台准备就绪后，立即通知各岗位，轧机准备预热。

5.3.3.2 操作过程

（1）在带钢跟踪画面上选择穿带时的带头速度（60m/min）。

（2）按下穿带启动按钮实施穿带，同时通过监视器跟踪带头的走向。

（3）在穿带前或穿带中对辊缝和弯辊设定值进行手动干预。

（4）给定轧机 100t 轧制力，点动将带钢逐次进入各机架，直至进入卷取机三圈，卷取张力建立，穿带完成（穿带位卷取重量不大于 12t）。

（5）按穿带速度进行厚带头启动，100t 轧制力轧制，注意观察板形、弯辊、轧制力、张力、电流是否正常。

（6）在板形等各项指标都正常后，按预先设定的剪切速度将厚带头手动剪掉。

（7）按需升速。

（8）重新设定剪切速度和取样的剪切速度。剪切速度在正常生产时为180m/min，最大为250m/min。

（9）在轧制时，发现轧制力、张力、轧机马达功率分配不合理时，可通过轧制规范画面进行修改。

（10）在轧制中如发生断带，立刻作好故障报表的打印工作，同时作好确认带头位置和带头影像同步以及启动重新计算校零工作。

（11）若钢卷需送检查台检查，可在检查台按下按钮，下一卷检查按钮灯亮。

（12）板形操作。

启动板形操作画面。

轧钢工只能对板形画面和实际应力分布画面进行操作，其他画面只能由维护人员操作。

板形画面显示内容包括：画面上方显示基本参数，左上方显示设定值和实际值，右上方显示控制量，左下方显示工作多区冷却，右下方显示倾斜实际值、工作辊弯辊和中间辊弯辊以及中间辊 CVC 值和工作辊的实际喷射冷却值。

（13）手动干预值。

1）对设定值的干预（出口板形系统）：倾斜、弯辊、边部区域冷却。

2）对实际值的干预：工作辊弯辊、中间辊弯辊、中间辊 CVC 移动、倾斜。

（14）滚筒剪操作和连锁条件。

1）确认滚筒剪处于初始位置等按钮亮。

2）如不亮，则使用按钮起始位置，使剪刃定位于初始位置。

3）剪切的基本条件：

① 轧机速度为250~300m/min。

② 下夹送辊上升。

③ 滚筒剪在起始位置。

④ 转向辊到达剪切位置。

⑤ 磁性皮带穿带位运输准备好。

⑥ 空的卷筒准备好。

⑦ 助卷皮带已包好。

⑧ 卷取传动准备好。

5.4 轧机实训操作

5.4.1 技能目标

能按要求正确操作轧机。

5.4.2 实训内容

轧机操作。

5.4.3　实训器材

300 轧机、前后卷取机、主控台、千分尺、盒尺。

5.4.4　方法与基本要求

5.4.4.1　AGC 轧钢方式

首先在触摸屏选择钢带种类，然后在参数输入区（见图 5-26）设定好出入口厚度、辊缝等工艺参数。工作方式开关打到“AGC”方式，第一道轧制一般使用“APC”方式，也可以使用“AGC”方式。

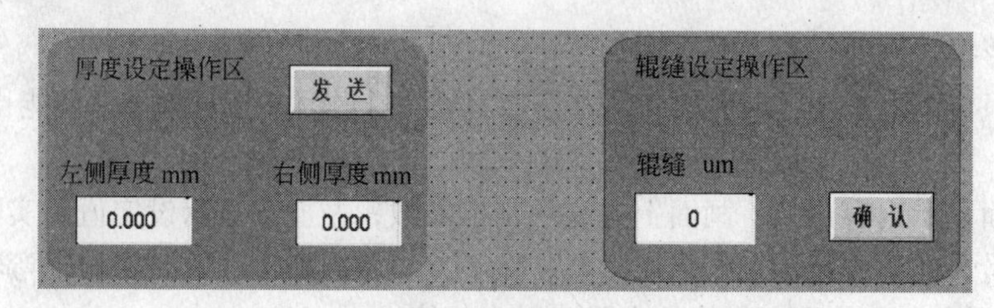

图 5-26　参数输入区

(1) 工作状态开关由“卸荷”位置打到“工作”位置。

(2) 建立左右“张力”（参见张力控制部分）。带钢只有被压上时，才能建立“张力”；只有先撤掉“张力”时，才能抬起“卸荷”。

(3) 起车，缓慢运行，看带钢是否“起浪”跑偏。若跑偏，机前轧钢工使用机前操作箱上“纠偏”钮调整。方法是哪边“起浪”，哪边抬大辊缝。如操作侧起浪时，旋钮选择“操抬”，这时操作侧辊缝将增大，传动侧同时将减小；传动侧起浪时，旋钮选择“操压”，这时传动侧辊缝将增大，操作侧同时将减小。带钢运行正常后，就可以加速了。

(4) 加速之前，把测厚仪 C 型架拉到位后，“测厚仪在线”钮拨到“在线”位置（如有测厚仪时）。

(5) 停车：停车后先卸掉张力，再“卸荷”抬起。

5.4.4.2　APC 轧钢方式

(1) 恒辊缝轧制方式，须在屏幕上的“辊缝设定操作区”（见图 5-27）设定辊缝值后点击确认。

厚度等于辊缝值加上弹跳值，所以一旦确定出口厚度，必须计算辊缝设定值。

(2)“工作状态”开关打到“工作”位置。

(3) 以下操作同 AGC 轧钢方式。

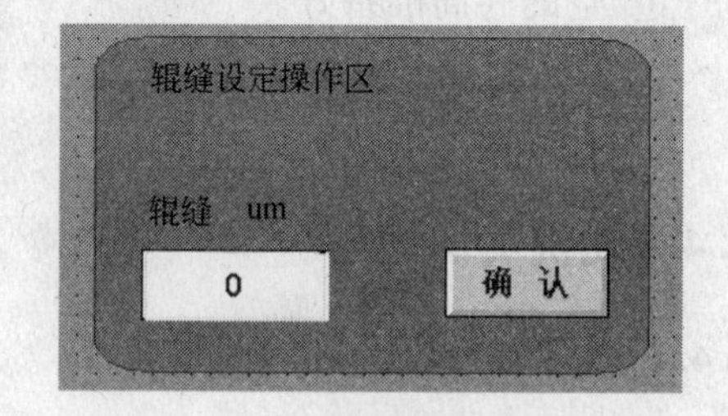

图 5-27　辊缝参数输入区

5.4.4.3　初始卷径预置

当卷筒上更换一卷新的原料或系统停机断电时间过长后重新上电运行而卷径不明确

时，需要重新设定预置卷径。方法是用测量工具测量左右卷取的直径，然后分别输入图 5-28 的预置卷径输入框，分别点击确认。

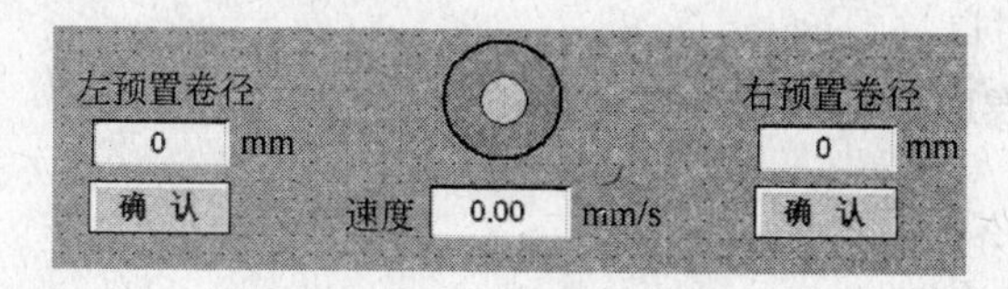

图 5-28 卷径尺寸输入区

5.4.4.4 在轧制状态下的加速轧制操作步骤

(1) 在上位机的张力设定区域（见图 5-29）设定一个合适的张力。

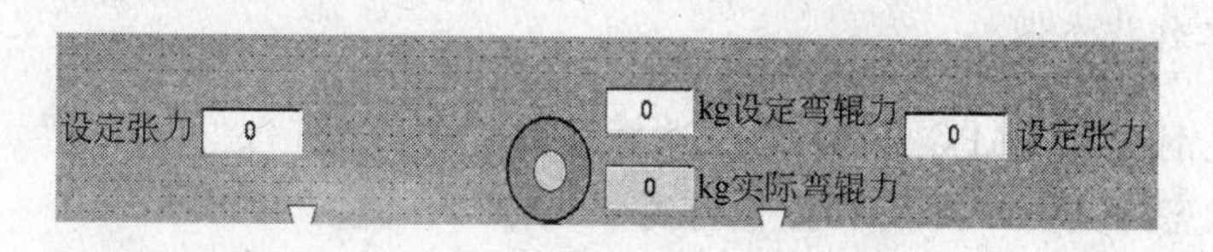

图 5-29 张力设定区

设定单位为 kg，一般出口张力大于入口张力 200kg 较为合适。

(2) 压下轧辊，建立压力（见压下装置操作说明）。

(3) 操作向左/向右旋钮选择轧制方向。

(4) 操作卷取/停止/冲动旋钮选择至卷取状态。

(5) 操作全线建张使左右张力达到设定值。

(6) 操作主机加减速钮使主机缓慢平稳加速。

(7) 加速过程结束。

5.4.4.5 在轧制状态下的减速停车操作步骤

(1) 操作主机加减速钮使主机缓慢平稳减速直到主机停止。

(2) 关断全线建张，撤除施加在轧辊两侧的张力。

(3) 操作卷取/停止/冲动旋钮选择至停止状态。

(4) 减速停车过程结束。

5.4.4.6 停车关机操作

(1) 工作状态打到“卸荷”位置。

(2) 停压下液压站各个泵电动机。

(3) 关掉 AGC 柜电源（空开）。

5.4.5 操作步骤

5.4.5.1 上卷操作

(1) 准备工作，打开 AGC 柜电源（空开）、气动液压泵。

（2）上卷，用天车把钢卷套到开卷机的卷筒上。

（3）穿带，弯辊开，工作辊抬起，穿过带钢，带头嵌入卷取机卷筒钳口，若是最后道次，带头嵌入卷取机钳口。

（4）点动模式，卷取机卷两圈，压住带头。

5.4.5.2 参数输入

（1）测量入口厚度并输入。

（2）输入轧出厚度，输入辊缝值。

（3）用卷尺测量入口和出口卷径并输入。

（4）输入入口张力和出口张力。

5.4.5.3 工作状态调整

（1）选择轧钢方式（APC 或 AFC），选择轧钢模式。

（2）工作状态开关由“卸荷”位置打到“工作”位置。

（3）张力按钮打到开位置。

5.4.5.4 轧钢操作

（1）轧制加速（慢速轧制）。

（2）调整操压/操抬控制板形。

5.4.5.5 轧制停止

（1）轧制结束减速至零。

（2）撤掉张力。

（3）工作状态打到卸荷位置。

（4）复原各按钮。

5.5 轧制厚度控制

5.5.1 厚度自动控制基础

5.5.1.1 *P-h* 图的建立与运用

板带轧制过程既是轧件产生塑性变形的过程，又是轧机产生弹性变形（即所谓弹跳）的过程，二者同时发生。由于轧机的弹跳，轧出的带材厚度（h）等于轧辊的理论空载辊缝（S_0'）加轧机的弹跳值。按照虎克定律，轧机弹性变形与应力成正比，则弹跳值应为 P/C_P，此时

$$h=S_0'+P/C_P \tag{5-2}$$

式中 P——轧制力，kN；

C_P——轧机的刚度，kN/mm。

式（5-2）为轧机的弹跳方程，据此绘成曲线称为轧机弹性变形线（见图 5-30 中曲线

A)，它近似一条直线，其斜率就是轧机的刚度。但实际上在压力小时弹跳和压力的关系并非线性，且压力愈小，所引起的变形也愈难精确确定，亦即辊缝的实际零位很难确定。为了消除这一非线性区段的影响，实际操作中可将轧辊预先压靠到一定程度，即压到一定的压力 P_0，然后将此时的辊缝指示定为零位，这就是所谓“零位调整”。以后即以此零位为基础进行压下调整。

由图 5-31 可以看出：

$$h = S_0 + \frac{P - P_0}{C_P}$$

式中 S_0——考虑预压变形的相当空载辊缝，mm。

给轧件以一定的压下量（h_0-h），就产生一定的压力（P）。当料厚（h_0）一定，h 愈小即是压下量愈大，则轧制压力也愈大。通过实测或计算可以求出对应于一定 h 值（即 δ_h 值）的 P 值，据此绘成曲线称为轧件塑性变形线（见图 5-30 中曲线 B）。B 线与 A 线交点的纵坐标即为轧制力 P，横坐标即为板带实际厚度 h。塑性变形线 B 实际是条曲线，为便于研究，其主体部分可近似简化成直线。

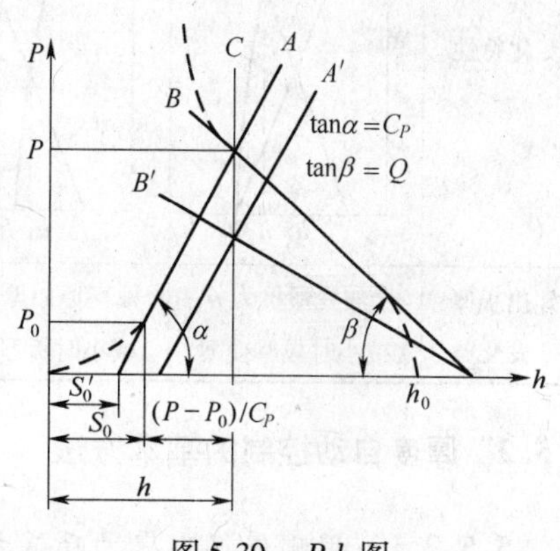

图 5-30 P-h 图

由 P-h 图可以看出，如果 B 线发生变化（变为 B'），则为了保持厚度 h 不变，就必须移动压下螺丝，A 线移至 A'，使 A' 与 B' 的交点的横坐标不变，亦即须使 A 线与 B 线的交点始终落在一条垂直线 C 上，这条垂直线 C 称为等厚轧制线。因此，板带厚度控制实质就是不管轧制条件如何变化，总要使 A 线与 B 线交到 C 线上，这样就可得到恒定厚度（高精度）的板带材。由此可见，P-h 图的运用实是板带厚度控制的基础。

5.5.1.2 冷轧带钢厚差产生的原因

（1）由热轧钢卷（来料）带来的扰动。属于这类的有：热轧卷带厚不匀，这是由于热轧设定模型及 AGC 控制不良造成的（来料厚度波动）；热轧卷硬度（变形抗力）不匀，这是由于热轧终轧及卷取温度控制不良造成的（来料硬度波动）。

来料厚差将随着冷连轧厚度控制而逐架变小，但来料硬度波动却具有重发性，即硬度较大（或较小）的该段带钢进入每一机架都将产生新的厚差。

（2）冷轧机本身的扰动。属于这类的有：不同速度和压力条件下油膜轴承的油膜厚度不同（特别是加减速时油膜厚度的变化）；轧辊椭圆度（轧辊偏心）；轧辊热膨胀和轧辊磨损。

（3）由于工艺等其他原因造成的厚差。属于这类的有：不同轧制乳化液以及不同速度条件下轧辊-轧件间轧制摩擦系数不同（包括加减速时摩擦系数的波动）；全连续冷连轧或酸洗-冷轧联合机组在工艺上需要进行动态变规格，因而将产生一个楔形过渡段；酸洗焊缝或轧制焊缝通过轧机时造成的厚差。

这一类厚差属于非正常状态的厚差，不是冷轧 AGC 所能解决的，是不可避免的。

由于冷连轧轧件较薄、加工硬化、纠正厚差的能力有限，高质量的热轧来料是生产高质量冷轧成品的重要条件。

上述各个因素的变化与板厚的关系可绘成 P-h 图，见表 5-2。

表 5-2　各种因素对板厚的影响

变化原因	金属变形抗力变化 $\Delta\sigma_s$	板坯原始厚度变化 Δh_0	轧件与轧辊间摩擦系数变化 Δf	轧制时张力变化 ΔT	轧辊原始辊缝变化 ΔS_0
变化特性	$\sigma_s-\Delta\sigma_s$；P，h_1' h_1 h_0 h	$h_0-\Delta h_0$；P，Δh_0，h_1' h_1 h_0 h	$f-\Delta f$；P，h_1' h_1 h_0 h	$T-\Delta T$；P，h_1' h_1 h_0 h	$S_0-\Delta S_0$；P，ΔS_0，h_1' h_1 h_0 h
轧出板厚变化	金属变形抗力 σ_s 减小时板厚变薄	板坯原始厚度 h_0 减小时板厚变薄	摩擦系数 f 减小时板厚变薄	张力 T 增加时板厚度变薄	原始辊缝 S_0 减小时板厚度变薄

5.5.2　厚度自动控制的基本方法

5.5.2.1　用测厚仪测厚的反馈式厚度自动控制系统

带钢从轧机中轧出之后，通过测厚仪测出实际轧出厚度 $h_{实}$ 并与给定厚度值 $h_{给}$ 相比较，得到厚度偏差 δ_h（$=h_{给}-h_{实}$）。当 $h_{给}$ 和 $h_{实}$ 数值相等时，厚度差运算器的输出为零，即 $\delta_h=0$。若 $\delta_h\neq0$，此数值便被反馈给厚度自动控制装置，变换为辊缝调节量的控制信号，输出给压下电动机带动压下螺丝做相应的调节，以消除此厚度偏差。

根据图 5-31 所示的几何关系，可以得到：

$$\delta_h=\frac{C_P}{Q+C_P}\delta_S \tag{5-3}$$

或

$$\delta_S=\frac{C_P+Q}{C_P}\delta_h=\left(1+\frac{Q}{C_P}\right)\delta_h \tag{5-4}$$

式中 δ_S——辊缝调整量；

Q——轧件的塑性刚度；

C_P——轧机的弹性刚度。

从式（5-4）可知，为了消除带钢的厚度偏差 δ_h，则必须使辊缝移动 $\left(1+\frac{Q}{C_P}\right)\delta_h$ 的距离，也就是说，要移动比厚度差 δ_h 还要大 $\frac{Q}{C_P}\delta_h$ 的距离。因此，只有当 C_P 越大，Q 愈小，才能使得 δ_S 与 δ_h 之间的差别愈小。当 C_P 和 Q 为一定值时，即（C_P+Q）/C_P 为常数，则 δ_S 与 δ_h 便成正比关系（见图 5-32）。只要检测到厚度偏差 δ_h，便可以计算出为消除此厚度偏差应做出的辊缝调节量 δ_S。

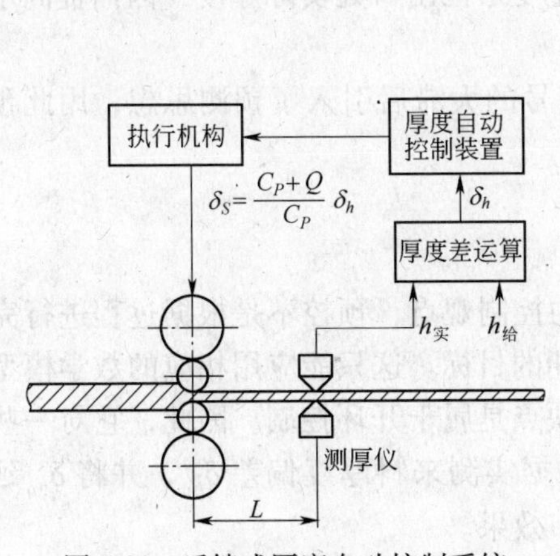

图 5-31 反馈式厚度自动控制系统

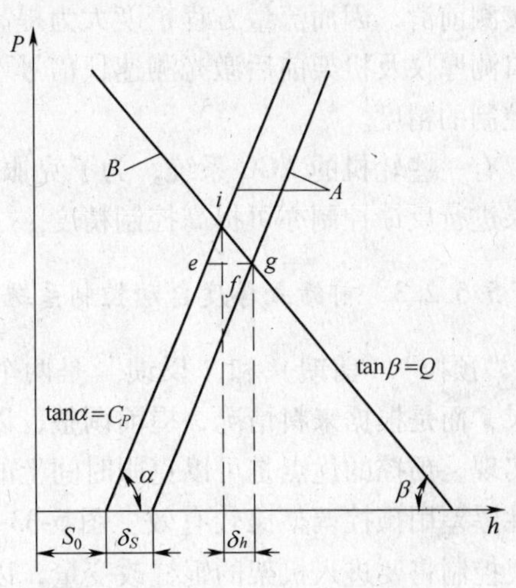

图 5-32 δ_h 与 δ_S 之间的关系曲线

当轧机的空载辊缝 S_0 改变一个 δ_{S_0} 时，它所引起的带钢的实际轧出厚度的变化量 δ_h 要小于 δ_{S_0}。δ_h 与 δ_{S_0} 之间的比值 $C=\delta_h/\delta_{S_0}$ 称为“压下有效系数”，它表示压下螺丝位置的改变量究竟有多大的一部分能反映到轧出厚度的变化上。当轧机刚度较小或轧件的塑性刚度较大时，δ_h/δ_{S_0} 比值很小，压下效果甚微，换句话说，虽然压下螺丝往下移动了不少，但实际轧出厚度却往往未见减薄多少。因而增大 δ_h/δ_{S_0} 的比值对于实现快速厚度自动控制就有极其重大的意义。所以在实际的生产中，增加轧机整体的刚度是增大 δ_h/δ_{S_0} 的重要措施。如果能使轧机成为具有超硬性刚度，那么辊缝改变一个 δ_{S_0}，则实际轧出厚度也就能变化一个 δ_{S_0}。

反馈属于闭环控制，即出口厚差产生后加以检测并反馈回去控制。它将使厚差越来越小，但由于存在滞后，效果受到影响。如果用机架后测厚仪进行反馈，滞后十分大，特别是低速轧制时从变形区出口运行到测厚仪往往要几百毫秒。

大滞后的反馈容易使系统不稳定，因此目前普遍采用利用弹跳方程对变形区出口厚度进行检测，然后进行反馈控制。

5.5.2.2 厚度计式厚度自动控制系统

在轧制过程中，任何时刻的轧制压力 P 和空载辊缝 S_0 都可以检测到，因此，可用弹跳方程 $h=S_0+P/C_P$ 计算出任何时刻的实际轧出厚度 h。在此种情况下，就等于把整个机架作为测量厚度的“厚度计”，这种检测厚度的方法称为厚度计方法（简称 GM），以区别于前述用测厚仪检测厚度的方法。根据轧机弹跳方程测得的厚度和厚度偏差信号进行厚度自动控制的系统称为 GM-AGC 或称 P-AGC。按此种方法测得的厚差进行厚度自动控制可以克服前述的传递时间滞后，但是对于压下机构的电气和机械系统以及计算机控制时程序运行等的时间滞后仍然不能消除，所以这种控制方式，从本质上讲仍然是反馈式的。因此，为了消除厚度偏差 δ_h 所必需的辊缝移动量 δ_S 仍可按式（5-3）或式（5-4）来确定。

GM-AGC 虽大大减少了滞后，但由于弹跳方程精度不高，虽然加上了油膜厚度补偿等措施仍不能保证精度，这正是当前推出流量 AGC 的原因。安装了激光带速测量仪后可精确实测前滑，因而流量方程精度大为提高，用变形区入口及变形区出口流量相等法则根据入口测厚仪及机架前后激光测速仪信号可精确确定变形区出口处实际厚度，因而提高了反馈控制的精度。

有一些轧机的 AGC 系统，为了克服测厚仪信号的大滞后引入了预测思想，用此预测结果进行反馈控制亦可提高控制精度。

5.5.2.3 前馈式厚度自动控制系统

“预控”（前馈）和“反馈”是两个相对立的控制观点，预控不是根据过程进行完的结果，而是根据来料情况，提前调整，以达到预期的目标。这只能应用相应的数学模型才能实现。预控的优点是可以克服时间上的滞后，缺点是属于开环控制。因此，它对一些突变性厚差用预控调整比较有效。图 5-33 说明了根据实测来料厚度偏差 δ_{h_0}，并将 δ_{h_0} 延时后，控制将要进入机架的辊缝改变量，以保证调节效果。

δ_{h_0}、δ_h 与 δ_S 之间的关系，可以根据图 5-34 所示的 P-h 图来确定，由图可知：

$$\delta_h = \left(\frac{Q}{C_P + Q}\right)\delta_{h_0} \tag{5-5}$$

根据式（5-4）的关系，有：

$$\delta_S = \frac{C_P + Q}{C_P}\delta_h = \left(\frac{C_P + Q}{C_P}\right)\left(\frac{Q}{C_P + Q}\right)\delta_{h_0} = \frac{Q}{C_P}\delta_{h_0} \tag{5-6}$$

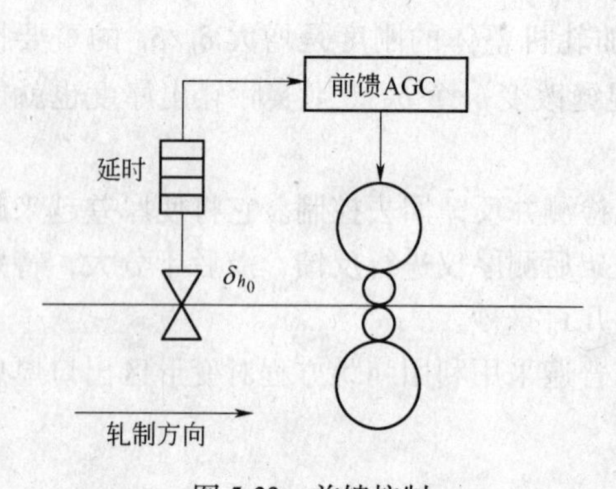

图 5-33 前馈控制

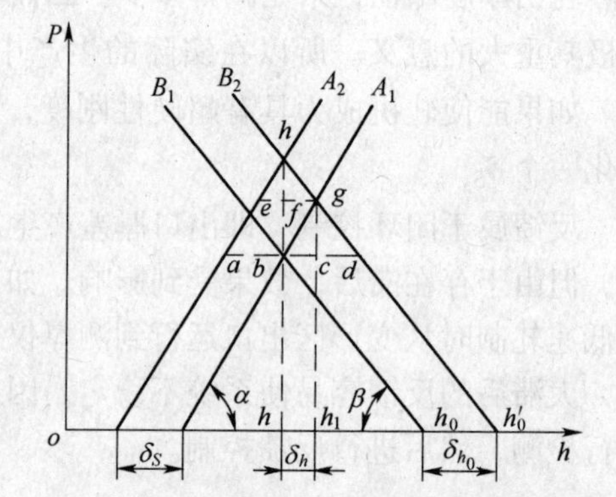

图 5-34 δ_{h_0}、δ_h 与 δ_S 之间的关系曲线

式（5-6）表明，当 C_P 愈大和 Q 愈小时，消除相同的来料厚度差 δ_{h_0} 压下螺丝所需移动的 δ_S 也就愈小，因此，刚度系数 C_P 比较大的轧机，有利于消除来料厚度差。

从式（5-5）可以看出，轧机对来料厚度偏差 δ_{h_0} 有一定的自动纠正能力。

考虑到 δ_{h_0} 是冷轧带钢产生厚差的重要原因之一，因此冷连轧一般在 C_1（第一机架）前设有测厚仪，直接测量来料厚差用于前馈控制，机架间亦设有测厚仪用于下一机架的前馈控制。

前馈的优点是可提前控制，可完全去掉信号检测及机构动作所产生的滞后，必要时还可提前 $\Delta\tau$ 的时间进行控制，使阶跃性 δ_{h_0} 得到更好的控制。

但前馈的缺点是精度完全依靠计算的正确性，不能保证轧出厚度精度，因此前馈控制应和反馈以及监控 AGC 相结合。

5.5.2.4 张力 AGC

冷轧带钢，特别是后面机架，带钢越来越薄、越来越硬，因而其塑性变形越来越难，亦即其 Q 值越来越大，因而使压下效率越来越小。当 Q 远远大于 C_P 时，为了消除一个很小的厚差需移动很大的 δ_S。

采用液压压下后由于其动作快使这一点得到一定的补偿，但对于较硬的钢种，轧制较薄的产品时精调 AGC 还是要借助于张力 AGC。当然张力 AGC 有一定限制，当张力过大时需移动液压压下使张力回到极限范围内以免拉窄甚至拉断带钢。

5.5.2.5 监控 AGC

机架后测厚仪虽存在大滞后但其根本的优点是高精度地测出成品厚度，因此一般用其作为监控。监控是通过对测厚仪信号的积分，以实测带钢厚度与设定值比较，求得厚差总的趋势（偏厚还是偏薄）。有正有负的偶然性厚差通过积分（或累加）将相互抵消而得不到反映。如总的趋势偏厚，应对机架液压压下给出一个监控值，对其“系统厚差”进行纠正，使带钢出口厚度的平均值更接近设定值。

为了克服大滞后，一般调整控制回路的增益以免系统不稳定，或者放慢系统的过渡过程时间使其远远大于纯滞后时间，为此在积分环节的增益中引入出口速度。其后果是控制效果减弱，厚度控制精度降低。

克服大滞后的另一办法是加大监控控制周期，并使控制周期等于纯滞后时间，亦即每次控制后，等到被控的该段带钢来到测厚仪下测出上一次控制效果后再对剩余厚差继续监控，以免控制过头。这样做的后果亦将减弱监控的效果。

为此有些系统设计了“预测器”，通过模型预测出每一次监控的效果，继续监控时首先减去“预测”到的效果，使监控系统控制周期加快，并且不必担心控制过头而减少控制增益。

5.5.3 厚度控制实例

5.5.3.1 某 1700mm 冷连轧 AGC 系统

如图 5-35 所示，某 1700mm 冷连轧配置了三台测厚仪，即 C_1 前后以及 C_5 后面，因此粗调 AGC 由 C_1 的前馈 AGC、监控 AGC 及 C_2 的前馈控制组成，而精调 AGC 由反馈 AGC（张力 AGC）组成。

A 粗调 AGC

a 第一机架的前馈 AGC

当 C_1 入口测厚仪测得来料厚差 δ_{h_0}后，进行延迟 t_L（s）后控制 C_1 压下：

$$\delta_{S_{FF1}} = \alpha \frac{Q}{C_P}\delta_{h_0}$$

式中 $\delta_{S_{FF1}}$——前馈辊缝调整量；

α——可调节的系数。

延迟时间

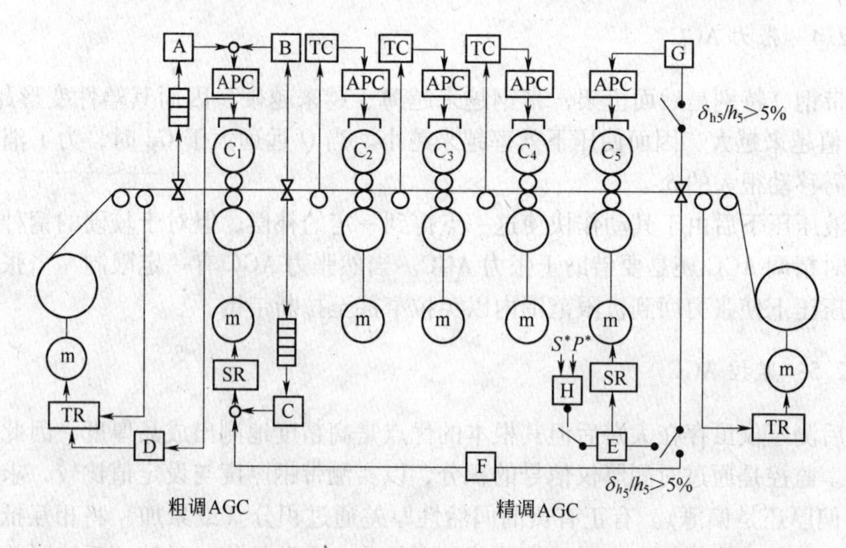

图 5-35　某 1700mm 冷连轧 AGC 系统

A—C_1 前馈 AGC；B—C_1 带速度信号的反馈控制；C—C_2 前馈控制；D—开卷机张力补偿；E—C_5 反馈；F—对 C_1 的反馈；G—以 C_5 压下控制使张力回到极限范围内；H—间接测厚代替 E 对 C_5 反馈控制（可选择）；TC—张力控制压下；APC—位置内环；SR—速度控制回路；TR—开卷机、卷取机张力控制回路

$$t_L = \frac{L_0}{v_1'}$$

式中　L_0——入口测厚仪到 C_1 中的距离（2.65m）；

v_1'——C_1 的带钢入口速度。

例如，由 2mm 热轧卷轧制 0.5mm 成品，成品速度如果为 1600m/min，则 C_1 的入口速度将为 400m/min，即 6.7m/s 左右。因此 t_L 大致为 400ms，如再考虑测厚仪及液压压下所耽误的 50ms，即可确定需延迟的时间。

由于前馈为开环控制，精度受 Q 值正确性的影响，必须和反馈或监控 AGC 相结合互相取长补短提高精度。

b　第一机架的监控 AGC

当带钢段由第一机架出来运行到 C_1 出口侧测厚仪处可实测到 δ_{h_1}，减去死区后用于监控，由于从 C_1 中心运行到出口测厚仪的时间与 C_1 的速度有关，滞后太大将使系统稳定裕度减小，为此在控制算法中引入了速度。当速度低时减小监控增益以使系统在不同轧制速度时有相同的稳定裕度。经过这一处理后，监控值可用反馈控制算法算得。

$$\delta_{S_{MN1}} = \beta \frac{C_P + Q}{C_P} \delta_{h_1} v_{01} \tag{5-7}$$

式中　$\delta_{S_{MN1}}$——监控辊缝调整量；

β——可调的系数；

δ_{h_1}——第一架轧机出口厚度偏差；

v_{01}——第一架轧机入口速度。

从式（5-7）看，这一控制亦可称为考虑带速的测厚仪反馈 AGC。$\delta_{S_{FF1}}$ 和 $\delta_{S_{MN1}}$ 相加后需进行综合，使控制量不超过100%。

c 第二机架的前馈

为了进一步消除第一机架出口尚剩余的厚差，使进入第二机架的秒流量恒等以发挥后面各机架速度比控制效果，对 C_1 后测厚仪实测到的 δ_{h_1} 同样按照此段带钢由 C_1 后测厚仪运行到 C_2 所需时间进行延迟，并当这段带钢将进入 C_2 时对 C_1 的速度进行调节以保持进入 C_2 变形区的秒流量不变。亦即使

$$(v'_2 \pm \delta_{v'_2})(h_{02} \pm \delta_{h_{02}}) = MF$$

式中 v'_2，$\delta_{v'_2}$——第二机架的入口速度及其变化量，m/s；

MF——轧机流量。

而 C_2 入口厚度 h_{02} 可认为是：

$$h_{02} = h_1，\ \delta_{h_{02}} = \delta_{h_1}$$

为了使

$$(v'_2 \pm \delta_{v'_2})(h_{02} \pm \delta_{h_{02}}) = v'_2 h_{02}$$

因此应该使

$$\delta_{v'_2} h_{02} + v'_2 \delta_{h_{02}} = 0$$

所以

$$\delta_{v'_2} = -\frac{\delta_{h_{02}}}{h_{02}} v'_2 = -\frac{\delta_{h_1}}{h_1} v'_2$$

考虑到第三机架为基准架，因此对第二机架调速不如对第一机架调速好，由于 C_1 和 C_2 间张力对 C_2 压下控制将能保持张力稳定，可认为（稳定状态下）：

$$v'_2 = v_1$$

$$\delta_{v'_2} = \delta_{v_1}$$

由此得：

$$\delta_{v_1} = \delta_{v'_2} = -\frac{\delta_{h_1}}{h_1} v_1$$

d 开卷机张力补偿

当第一机架压下动作时第一机架带钢入口速度变化（通过后滑的变化），为了防止开卷机与 C_1 间带钢张力变化，系统安排了以下的补偿。

根据 C_1 入口及出口秒流量相等原则，可得：

$$v'_1 h_{01} = v_1 h_1$$

当压下动作后 h_1 发生 δ_{h_1} 的变化，因此需调节 $\delta_{v'_1}$ 使流量相等。

$$(v'_1 \pm \delta_{v'_1}) h_{01} = v_1 (h_1 \pm \delta_{h_1})$$

$$h_{01} \delta_{v'_1} = v_1\ \delta h_1 = v_1 \delta_{S_1} \frac{C_P}{C_P + Q}$$

$$\delta_{v'_1} = v_1 \delta_{S_1} \frac{1}{h_{01}\left(\frac{Q}{C_P} + 1\right)}$$

两边微分后得：

$$\frac{\mathrm{d}v'_1}{\mathrm{d}t} = \frac{\mathrm{d}S_1}{\mathrm{d}t} \times \frac{1}{\frac{Q}{C_P} + 1} \times \frac{v_1}{h_{01}}$$

算出的 $\delta_{v_1'}$ 即为送开卷机的速度补偿信号；$\frac{\mathrm{d}v_1'}{\mathrm{d}t}$为送开卷机的加速度控制信号。

B　精调 AGC

C_5 后测厚仪测得 δ_{h_5} 后，为了最终保证厚度精度需利用此偏差信号进行调节。

a　对第一机架速度的反馈控制

当 $\delta_{h_5}/h_5>5\%$时，由于偏差过大，只能通过改变整个机组的秒流量来校正，为此通 $\delta_{v_{\mathrm{FB1}}}$ 来改变第一机架出口秒流量。

$$\delta_{v_{\mathrm{FB1}}}=\varphi\frac{\delta_{h_5}}{h_5}v_1$$

式中　φ——可调节的系数。

b　第五机架的反馈 AGC

成品测厚仪所测得的厚差将反馈控制 C_5 速度来改变 C_4、C_5 间张力进行调厚，此时不再保持 C_4、C_5 间恒张力。考虑到测厚仪离 C_5 有一定距离，属于大滞后控制，为了保持稳定裕度，采用了对$\frac{\delta_{h_5}}{h_5}$积分，并引入第五机架速度，得

$$\delta_{v_5}=v_5\int\frac{\mathrm{d}h_5}{h_5}\mathrm{d}t$$

但张力调厚有一定的限度，张力太大将造成断带，因此当 $\delta_{v_5}/v_5>5\%$后应控制压下以使张力回到允许范围内。与此同时系统还设计了利用第五机架压力信号来检测 C_5 变形区出口处厚度的反馈控制回路，与成品测厚仪反馈回路相互切换，用压力测厚可得到变形区出口处的厚度，这样大幅度地减小了滞后但其计算精度却远不如测厚仪。

5.5.3.2　某 2030mm 冷连轧 AGC 系统

轧机配置了六台测厚仪，因此其粗调 AGC（见图 5-36）由 C_1 的预控（前馈 AGC）、C_1 的负载辊缝 AGC（弹跳方程测厚）、C_1 的监控 AGC 及 C_2 的前馈 AGC 组成。

精调 AGC 设计了 A、B、C 三种方式（见图 5-37～图 5-39），因此涉及 C_5 的预控和监控、C_4 的预控和监控以及 C 方式监控等环节。

2030mm 冷连轧 AGC 系统中一个重要的特点是不像一般轧机 AGC 采用位置内环、厚度外环（即 AGC 输出 δ_S 控制位置内环），而是采用了压力内环厚度外环（AGC 输出 δ_P 控制压力内环来控制液压压下）。恒压力环本身具有消除偏心等轧机方面扰动的作用，但单纯的恒压力环使轧件带来的扰动放大，因此很少采用。2030mm 冷连轧在压力环外加上厚度环（AGC）兼顾了这两方面来的扰动。

A　粗调 AGC

a　C_1 的预控

采用带钢段（一定长度的一段带钢）概念，以带钢段进行厚度偏差测量。与前面所述不同的是用于前馈控制的是 C_1 测厚仪到 C_1 各带钢段的平均厚差：

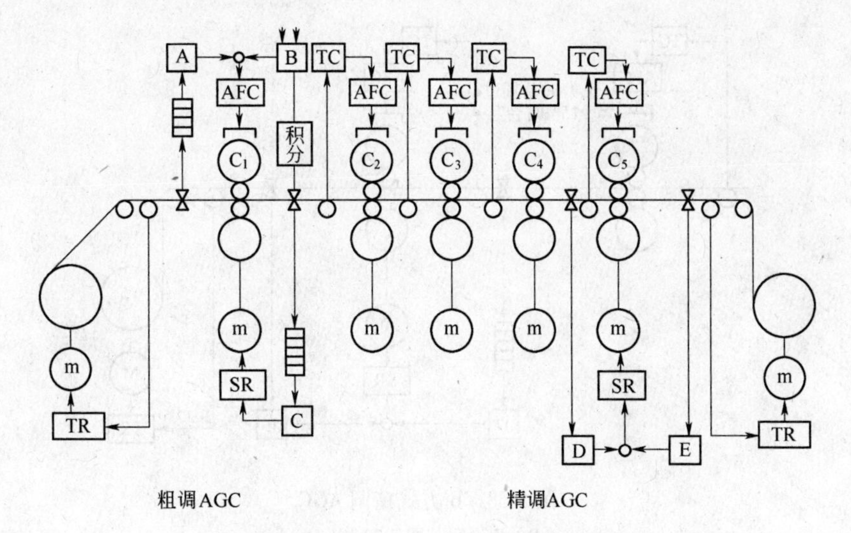

图 5-36 某 2030mm 冷连轧粗调 AGC

A—C_1 前馈 AGC；B—C_1 负载 AGC（间接测厚 AGC）；C—C_2 前馈控制；
D—A 方式的 C_5 前馈 AGC；E—A 方式时 C_5 监控；AFC—压力内环（恒轧制力环）

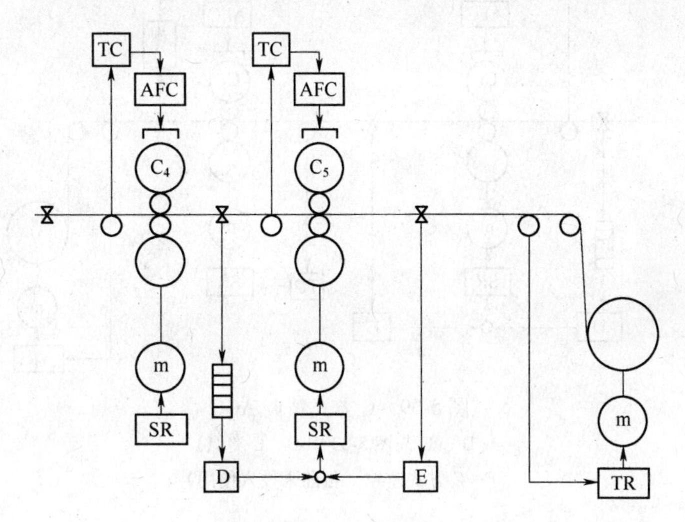

图 5-37 A 方式精调 AGC

（D、E 说明与图 5-32 相同）

$$\delta_{H_{0m}} = \frac{\sum \delta_{H_0}}{n}$$

式中 n——第一机架前测厚仪到 C_1 的带钢段数目，根据液压压下的控制周期得 $n=3$；

$\delta_{H_{0m}}$——这三段带钢的平均厚差（即将本段带钢与前两段带钢厚差作一均值计算），$\delta_{II_{0m}}$ 经延迟计数器后，在本段带钢进入 C_1 变形区时进行预控。

由前面所述厚度外环压力内环的公式可知预控的 $\delta_{P_{FF1}}$ 为：

$$\delta_{P_{FF1}} = Q\delta_{H_{0m}} K_{FF}$$

式中 K_{FF}——小于 1 的系数。

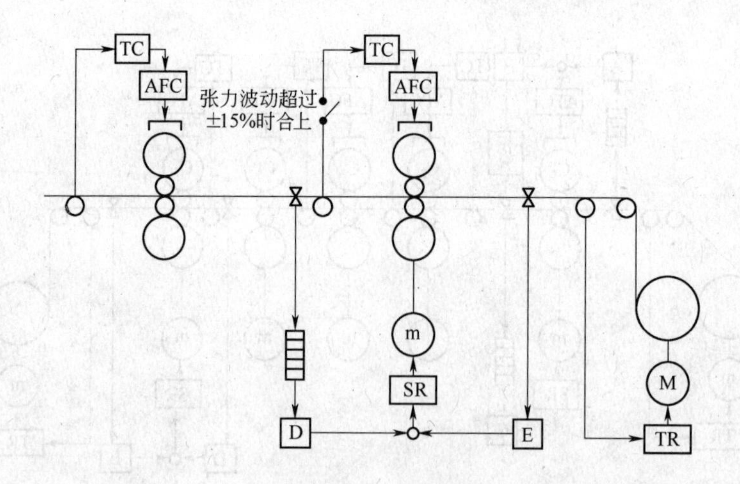

图 5-38　B 方式精调 AGC
（D、E 说明与图 5-32 相同）

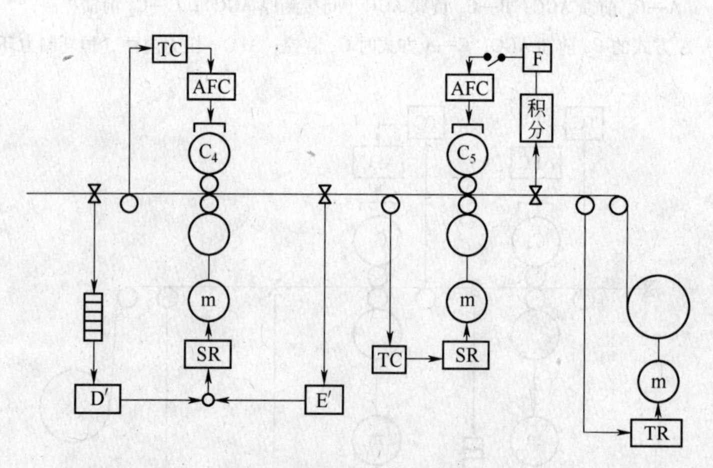

图 5-39　C 方式精调 AGC
（D′、E′与图 5-33 中 D、E 类似）
F—C 方式监控（目前未投入使用）

b　负载辊缝 AGC

利用实测轧制力及辊缝等值可由弹跳方程计算出变形区出口处的厚度，用此信息反馈可在很大程度上减少滞后。但其精度不理想，需要监控 AGC 加以校正。

为了提高弹跳方程精度，可认为 C_P 不是一个常数，弹跳曲线应用折线表示，并应考虑带钢宽度对 C_P 的影响。另外弹跳方程中引入油膜厚度

$$\delta_{P_{5i}} = K_{\mathrm{MN}} Q \int \delta_{P_5}$$

及辊缝零位（进行自适应），并加入监控量（对弹跳方程进行校正）。

$$h_{IC} = S + \frac{P}{C_P(P,\ B)} - \frac{P_0}{C_0(P)} + O + G + \delta_{h_{\mathrm{MN}}}$$

式中　$C_P(P,\ B)$ ——考虑轧制力及宽度影响后的 C_P；

$C_0(P)$——零位调整时测得的 C_P；

G——辊缝零位；

$\delta_{h_{MN}}$——监控 AGC 得出的监控量，即用 C_1 后测厚仪信号来提高弹跳方程精度。

$$\delta_{h_1} = h_{IC} - h_{IS}$$

式中　h_{IS}——设定厚度。

用弹跳方程求出 δ_{h_1} 后可按压力内环厚度外环的反馈公式计算出

$$\delta_{P_{FBI}} = Q\delta_{h_1}K_{FB}$$

式中　K_{FB}——小于 1 的系数。

c　C_1 的监控

由 C_1 后测厚仪测得厚差后，同样将这一段带钢厚差与前一段带钢厚差（两段带钢）进行平均得 $\delta_{h_{1m}}$，在进行累加前，本 AGC 系统引入了有效厚差 $\delta_{h_{IE}}$ 的概念。

$$\delta_{h_{1E}} = K\delta_{h_{1m}}$$

式中　K——放大系数，K 的计算采取了图 5-40 所示的关系。

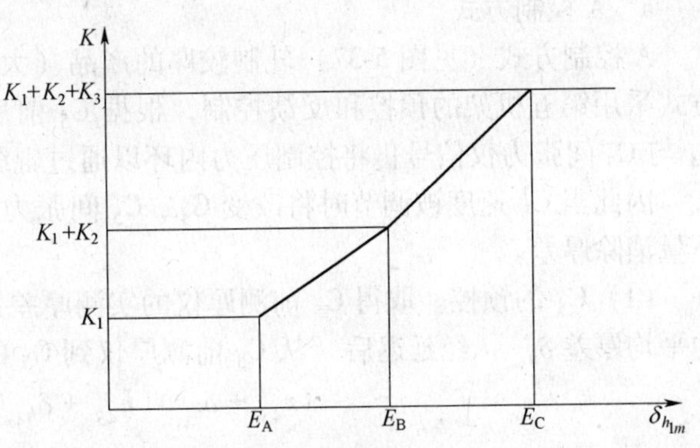

图 5-40　放大系数的三个偏差区

图中设置了三个偏差区：

（1）当平均厚差在第一偏差区（$|\delta_{h_{1m}}| < E_A$）：

$$K = K_1$$

（2）当平均厚差处在第二偏差区（$E_A < |\delta_{h_{1m}}| < E_B$）：

$$K = K_1 + K_2\left(\frac{\delta_{h_{1m}} - E_A}{E_B - E_A}\right)$$

（3）当平均厚差处在第三偏差区（$E_B < |\delta_{h_{1m}}| < E_C$）

$$K = K_1 + K_2 + K_3\frac{\delta_{h_{1m}} - E_B}{E_C - E_B}$$

（4）当平均厚差处在第三偏差区外（$E_C < |\delta_{h_{1m}}|$）

$$K = K_1 + K_2 + K_3$$

求得：

$$\delta_{h_{1E}} = K\delta_{1m}$$

后进行累加：

$$\delta_{h_{MN}} = \delta_{h_{MN}} + \delta_{h_{1E}}$$

$\delta_{h_{MN}}$ 将进入负载辊缝 AGC 的弹跳方程中。

d　C_2 的预控

同样首先取得第一机架后的平均实测厚差 $\delta_{h_{1m}}$，所以第一机架后的实际厚度 h_1 为：

$$h_1 = h_{1S} + \delta_{h_{1m}}$$

为了保证流量不变，应在这一段带钢（延迟后进入 C_2 变形区时），调整速度 δ_{v_1} 使

$$(v_{1S} + \delta_{v_1})(h_{1S} + \delta_{h_{1m}}) = v_{1S}h_{1S}$$

因此得

$$\delta_{v_1} = -\frac{\delta_{h_{1m}}}{h_{1S}} v_{1S}$$

实际第一机架轧辊线速度调节量为：

$$\delta_{v_{01}} = \frac{\delta_{v_1}}{1 + f_1} K_v$$

式中　K_v——调节系数；

f_1——第一机架的前滑。

为了保持 C_2 出口流量不变，理论上应调节 $\delta_{v_{02}}$。由于假设在稳定状态下 C_1 出口流量和 C_2 入口流量相等而将控制转移到 C_1 的速度。

B　精调 AGC

精调 AGC 采用了 A、B、C 三种方式，根据成品带钢厚度、带钢材质（硬度及加工硬化率）由操作员通过选择开关进行选择。

a　A 控制方式

A 控制方式（见图 5-37）轧制较厚的产品（大于 0.4mm），且材质较软时选用。这种方式采用第五机架的预控和反馈控制，根据 C_5 前后测厚仪信号控制第五机架速度。此时 C_4 与 C_5 间张力仪信号仍将控制压力内环以通过辊缝调节来保持张力恒定。

因此当 C_5 速度被调节时将改变 C_4、C_5 间张力，通过张力控制回路最终调整 C_5 的压下量消除厚差。

（1）C_5 的预控。取得 C_5 前测厚仪的实测厚差并算出 C_5 前测厚仪到 C_5 中心各带钢段的平均厚差 $\delta_{h_{4m}}$，经延迟后（从 C_5 前测厚仪到 C_5 的运行时间）按秒流量相等的公式得：

$$(v_{4S} + \delta_{v_{4S}})(h_{4S} + \delta_{h_{4m}}) = v_{4S} h_{4S}$$

$$\delta_{v_{4S}} = -\frac{\delta_{h_{4m}}}{h_{4S}} v_{4S}$$

与 C_2 预控相同，设稳定状态时 $v_{4S} = v_5'$，$\delta_{v_{4S}} = \delta_{v_5'}$，所以

$$\delta_{v_5'} = -\frac{\delta_{h_{4m}}}{h_{4S}} v_5'$$

式中　v_5'，$\delta_{v_5'}$——C_5 入口速度和速度调整量，m/s。

应调节的 C_5 轧辊线速度 $\delta_{v_{05}}$ 为

$$\delta_{v_{05}} = \frac{\delta_{v_5'}}{1 - \beta_5}$$

式中　β_5——C_5 的后滑。

$$\delta_{v_{05(\mathrm{FF})}} = \delta_{v_{05}} K_{\mathrm{FF}}$$

（2）C_5 的监控。由 C_5 后测厚仪实测厚差后采用与前面所述的同样方法算出平均厚差及有效厚差 $\delta_{h_{5E}}$ 用于 C_5 速度的控制。

$$\delta_{v_{05}} = \frac{\delta_{h_{5E}}}{h_{5E}} v_{05}$$

$$\delta_{v_{05(\mathrm{MN})}} = \delta_{v_{05}} K_{\mathrm{MN}}$$

式中 K_{MN}——监控系数。

b B 控制方式

当轧制薄（小于 0.4mm）而硬的带材时，压下效率较低宜采用张力来消除厚差，但考虑到张力过大容易断带，因此 B 方式（见图 5-39）采用了"张力极限控制"方式，允许张力在±15%范围内变动用于控制厚度，当张力超过 15%时还须调整压下使张力回到极限范围内，超过张力极限时相当于回到 A 控制方式。

B 控制方式与 A 控制方式的不同处在于张力仪信号不再用于控制压下的压力内环，仅当张力值超过 15%后才控制压下，因此在张力变动小于±15%时，张力环不工作，允许张力不恒定，此时对 C_5 速度的调节（预控及监控）将使张力变动并借助张力变动来调节厚度。

c C 控制方式

在轧制一般低碳产品时如果热轧来料不太平直，可只用 4 个机架轧制而将 C_5 作平整机用（压下率控制在 0.5%~2%），以保证冷轧成品的板形。此时将利用 C_4 前后测厚仪对 C_4 进行预控和监控，对 C_4 速度（并级联到 C_5 速度）进行控制（类似 A 控制方式）。C_4、C_5 间张力通过 C_5 速度来保持恒定。C_5 后测厚仪实测的成品厚度，在 C_5 上修正，以消除成品所剩余的厚差（见图 5-40）。

5.5.3.3 冷连轧流量 AGC 系统

20 世纪 90 年代由于激光测速仪的推出使得有可能直接精确测量到带钢速度，因而不仅可精确获得各机架前滑值，而且通过变形区秒流量恒等法则有可能精确地计算出变形区出口厚度。

根据变形区流量方程

$$v'h_0 = vh$$

如果对带钢段 h_0（入口厚度）实测后通过延迟，当实测 h_0 的带钢段进入变形区时根据此时实测的 v'（入口速度）及 v（出口速度）即可精确得到此带钢段的变形区出口厚度。

这一技术解决了长期困扰冷连轧 AGC 系统设计的问题，即用入口测厚仪信号进行前馈由于是开环控制不能保证 $\delta_h=0$。如果用出口测厚仪信号进行反馈，由于大滞后不稳定，为了保持稳定裕度，不得不减小反馈量。如果用轧制力通过弹跳方程计算变形区出口厚度虽然不存在滞后但弹跳方程测厚精度太低。

目前激光测速仪的采用，使这一问题迎刃而解，既可高精度地获得变形区出口厚度又可以没有滞后地进行反馈控制。

由于采用了入口测厚仪实测 h_0，通过延迟来控制，这一方法似乎应是前馈控制，但加上带钢入口和出口速度实测值后计算所得的是变形区出口厚度 h_1，因此这一方法又具有反馈控制性质。所以下面仅以流量 AGC（粗调、精调）来称呼。

现代冷连轧在每个机架的前后都设置了激光测速仪（有些轧机 C_3 前不设激光测速仪）。测厚仪一般设在 C_1 前后、C_5 前后及 C_4 前。张力仪在每个机架前后都设置。

整个系统采用的基本原则与前面所述相同，张力仪信号都对下一机架压下进行控制。

A 粗调流量 AGC

粗调 AGC 部分由 C_1、C_2 甚至包括 C_3 组成（见图 5-41），其基本控制为流量法 AGC，由于

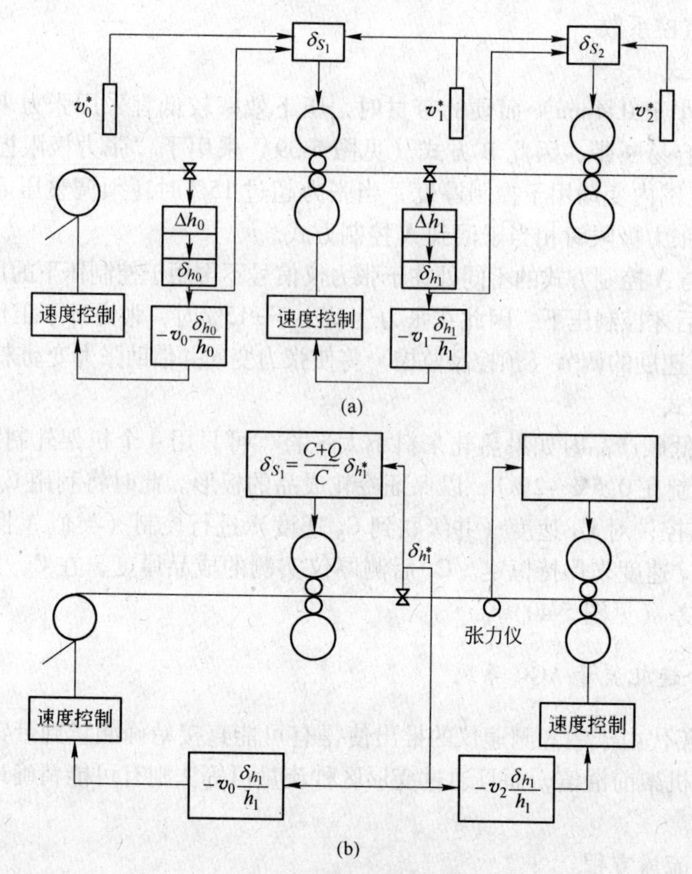

图 5-41　粗调流量 AGC

(a) 流量 AGC 算法；(b) C_1 后的测厚仪监控 AGC 算法

$$v'h_{0SET} = vh_{1SET}$$

当实测到 δ_{h_0}后，可得

$$v'(h_{0SET} + \delta_{h_0}) = v(h_{1SET} + \delta_{h_1})$$

所以

$$\delta_{h1} = \frac{v'}{v}(h_{0SET} + \delta_{h_0}) - h_{1SET}$$

因此

$$\delta_{S_1} = \frac{C_P + Q}{C_P}\left[(h_{0SET} + \delta_{h_0})\frac{v'}{v} - h_{1SET}\right]$$

式中　h_{0SET}，h_{1SET}——入口和出口厚度设定值。

由于张力仪信号直接用于控制下游机架的压下，在按上式控制的同时应设法保持入口流量不变。由于存在 δ_{h_0}，当其延迟后在进入变形区时应调整开卷机或 S 辊（酸洗-轧机联机）的速度 δ_{v_R}。

为了进入变形区流量不变，因此

$$(v' + \delta_{v'})(h_{0SET} + \delta_{h_0}) = vh_{1SET}$$

由于

$$v'h_{0SET} = vh_{1SET}$$

所以

$$\delta_{v'} = -\frac{\delta_{h_0}}{h_{0SET}}v'$$

在稳定状态（张力不变）时

$$v_R = v'$$
$$\delta_{v'} = \delta_{v_R}$$

因此上式可完成

$$\delta_{v_R} = -\frac{\delta_{h_0}}{h_{0SET}} v_R$$

式中 v_R 及 δ_{v_R} 为开卷机或 S 辊的速度值以及需调速的量。

利用 C_2 前测厚仪以及 C_2 前后激光测速仪同样可以对 C_2 进行流量 AGC 控制，以及为了保持进入 C_2 变形区秒流量不变可对 C_1 速度进行控制，与第一机架不同的是当控制 C_1 速度时同时要级联开卷机或 S 辊速度。C_1 后的测厚仪实测 δ_{h_1} 后，仍可用前面所述的算法对 C_1 进行监控，C_2 后测厚仪信号可用于对 C_2 进行监控。

如 C_3 前后仪表齐全则亦可对 C_3 进行流量 AGC 及监控。

B 精调流量 AGC

精调 AGC 由 C_4、C_5 来完成，根据所轧产品厚薄硬度不同可采用压下方式、极限张力方式、平整方式。

a 压下方式

压下方式参见图 5-42。利用 C_5 前后激光测速仪及 C_5 前测厚仪信号，用上面相同方法可确定 C_5 变形区出口处厚差。

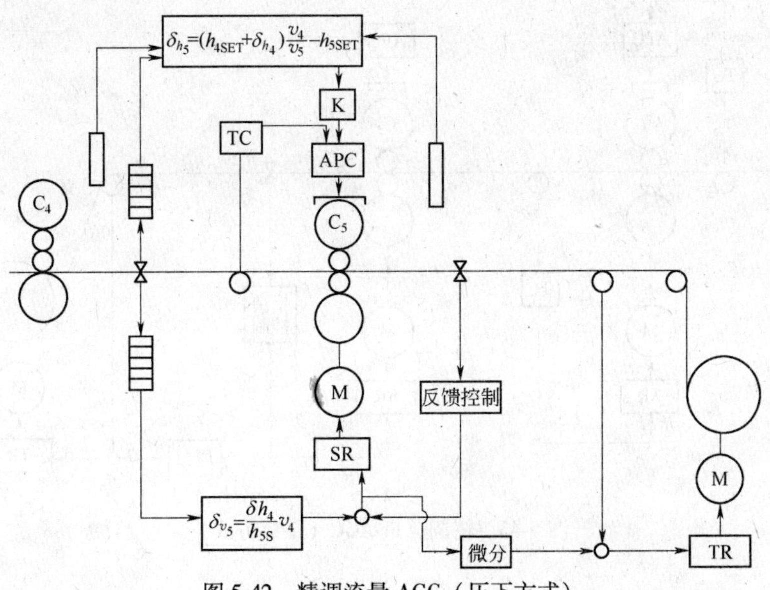

图 5-42 精调流量 AGC（压下方式）

$$\delta_{h_5} = (h_{4SET} + \delta_{h_4})\frac{v_4}{v_5} - h_{5SET}$$

因此

$$\delta_{S_5} = \frac{C_P + Q}{C_P}\left[(h_{4SET} - \delta h_4)\frac{v_4}{v_6} - h_{5SET}\right] = K\delta_{h_5}$$

同时应对 C_5 速度进行控制以保持流量（按前面所述方法应控制 C_4 速度，但考虑到 C_3 为基准架，速度调节应尽量转移到 C_1 和 C_5）。

按照

$$v_4(h_{4SET} + \delta_{h_4}) = (v_5 + \delta_{v_5})h_{5SET}$$

得

$$\delta_{v_5} = -\frac{\delta_{h_4}}{h_{5SET}}v_4$$

成品测厚仪信号反馈控制 C_5 速度使 C_4、C_5 间张力变动，然后通过张力控制回路调节 C_5 压下。

b　极限张力方式

极限张力方式控制算法和压下方式相同，不同的是：压下方式时 C_4、C_5 间张力仪信号用来控制 C_5 压下保持张力恒定。极限张力方式时允许张力变动±15%，亦即当张力在±15%范围时张力信号不控制 C_5 压下，允许张力变动，仅当张力超出范围时才会控制压下以使张力回到这一范围内。

c　平整方式

当来料板形不好，而所轧产品厚度及硬度都允许用四个机架轧制时，将 C_5 作平整用，仅给极小压下率，C_5 此时采用恒压力控制，C_4、C_5 间张力仪信号不再控制 C_5 压下而是控制 C_4 速度来保持 C_4、C_5 间张力恒定（见图 5-43）。

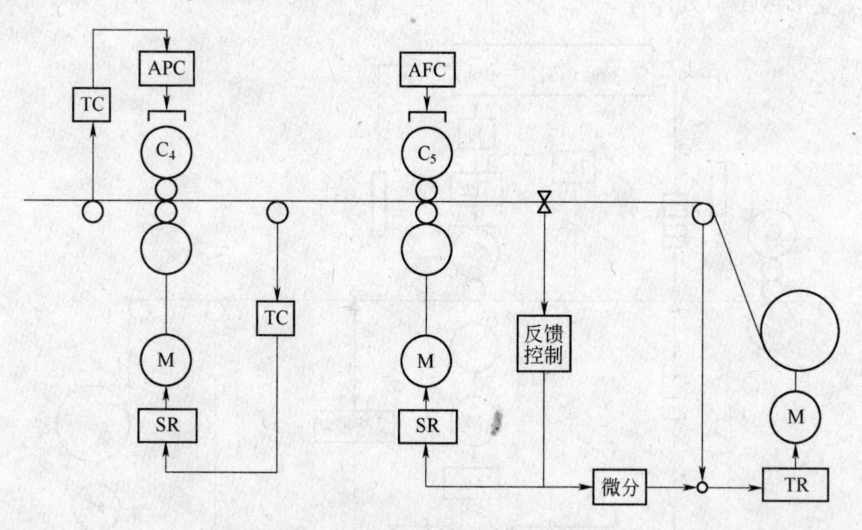

图 5-43　精调流量 AGC（平整方式）

C_5 后成品测厚仪信号用来反馈控制 C_5 速度，其后果将是：

（1）C_5 速度改变影响 C_4、C_5 间张力。

（2）C_4、C_5 间张力变动将控制 C_4 速度。

（3）C_4 速度变动将影响 C_3、C_4 间张力。

（4）C_3、C_4 间张力变动将调整 C_4 压下因而消除成品厚差。

当用 δ_{h_5} 控制 C_5 速度时应级联卷取机不使 C_5 后张力变动（卷取机将用 C_5 后张力仪信

号进行直接张力反馈控制）。对 C_5 速度调整同样采用流量不变原则，即

$$(h_{5SET} + \delta_{h_5})(v_5 + \delta_{v_5}) = h_{5SET}v_5$$

$$\delta_{v_5} = -\frac{\delta_{h_5}}{h_{5SET}}v_5K_v$$

K_v 为控制用系数，可以调整。采用流量 AGC 后成品厚度精度得到较大提高。

由上面所述的各种 AGC 方案可知，冷连轧 AGC 系统由于各参数间错综复杂的关系而存在多种方案，相对于热连轧的 AGC 系统来说要复杂许多。

5.5.4 厚度控制操作

（1）厚度及辊缝设定。

1）某一规格带材的轧制规程表由操作人员在 HMI 上选定，规程表中每个道次的厚度及辊缝设定值由工艺人员根据工艺条件确定。

2）非轧制状态辊缝状态如下：

① AGC 系统工作状态，且为穿带辊缝控制状态，辊缝为 30mm。

② AGC 快泄状态，AGC 缸液柱为 0，辊缝为当前工作辊系工况下最大值。

③ 机组“换辊”工作方式，斜楔调整装置移出/移入工况，辊缝为 15mm。

④ 机组“换辊”工作方式，斜楔调整装置非移出/移入工况，辊缝为最大值。

（2）辊缝微调。

1）辊缝微调手动干预辊缝设定值，在轧机空载和负载工况都可以执行。轧制工况，且出口厚差小于±50μm 时，辊缝精调，速率为 0.02mm/s，其他工况为粗调，速率为 1mm/s。

2）手动操作“辊缝联调”自复位转换开关，同步“增加”或“减少”操作侧和传动侧辊缝。

3）操作人员通过点动“辊缝倾斜调整”的“操作侧”或“传动侧”按钮，可分别对操作侧、传动侧辊缝进行纠偏调整。

（3）前馈 AGC。前馈 AGC 又称厚度预控，用于消除来料厚差对出口厚差的影响。前馈 AGC 功能是否投入，主要视来料厚度偏差情况而定，如果板材纵向同板厚差较小，可以退出此功能；相反则投入此功能。

（4）监控 AGC。监控 AGC 又称厚度监控，利用出口侧测厚仪检测反馈的纵向厚度差实现带材的厚度监控，该功能是实现目标厚度公差的必要控制手段。监控 AGC 功能是否投入，主要视出口厚度偏差情况而定，如果板材纵向同板厚差较小，可以退出此功能；相反则投入此功能。

（5）流量 AGC。流量 AGC 利用入出口轧机质量流恒定的原理，对出口厚差进行补偿控制。用于非第 1 道次轧制。

5.6 轧制板形控制

5.6.1 板形控制基础

板形是指成品带钢断面形状和平直度两项指标。断面形状和平直度是两项独立指标，但相互存在着密切关系。

图 5-44 给出了断面厚度分布的实例，其中包括了边部减薄和微小楔形。

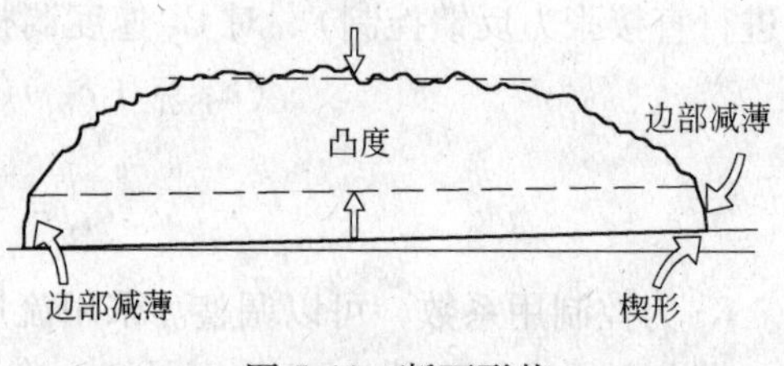

图 5-44 断面形状

断面形状实际上是厚度在板宽方向（设为 x 坐标）的分布规律，可用一多项式加以逼近。

$$h(x) = h_e + ax + bx^2 + cx^3 + dx^4 \quad (5\text{-}8)$$

式中，h_e为带钢边部厚度，但由于存在“边部减薄”（由于轧辊压扁变形在板宽处存在着过渡区而造成），因此一般取离实际带边 40mm 处的厚度作为 h_e。

式（5-8）中一次项实际为楔形的反映，二次项（抛物线）为对称断面形状，对于宽而薄的带钢可能存在三次和四次项，边部减薄一般可用正弦或余弦函数表示。

在实际控制中，为了简单，往往以其特征量——凸度为控制对象。出口断面凸度

$$\delta = h_c - h_e$$

式中 h_c——板带（宽度方向）中心的出口厚度。

为了确切表述断面形状，可以采用相对凸度 $CR = \delta/h$ 作为特征量（h 为宽度方向平均厚度），考虑到测厚仪所测的实际厚度为 h_e或 h_c，也可以用 δ/h_e或 δ/h_c作为相对凸度。

平直度一般是指浪形、瓢曲或旁弯的有无及存在程度（见图 5-45）。

平直度的定量表示法有多种，较为实用的有波形表示法、残余应力表示法和张应力差表示法。

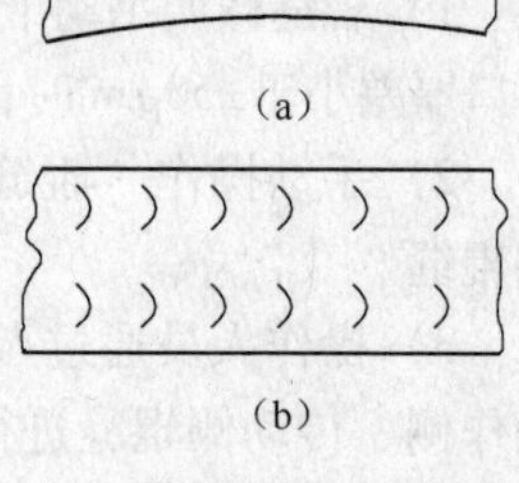
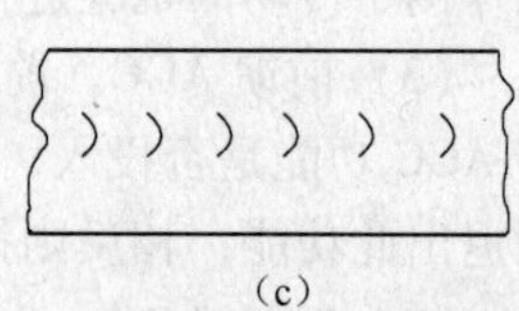
图 5-45 平直度
（a）侧弯；（b）边浪；（c）中浪

5.6.1.1 波形表示法

这一方法比较直观（见图 5-46）。带钢翘曲度 λ 表示为：

$$\lambda = \frac{R_\gamma}{l_\gamma} \times 100\%$$

式中 R_γ——波幅；

l_γ——波长。

图 5-46 中假设波形为正弦波，曲线部分长度为：

$$l_\gamma + \Delta l_\gamma \approx l_\gamma \left[1 + \left(\frac{\pi R_\gamma}{2 l_\gamma}\right)^2\right]$$

因此

$$\frac{\Delta l_\gamma}{l_\gamma} = \left(\frac{\pi R_\gamma}{2 l_\gamma}\right)^2 = \frac{\pi^2}{4}\lambda^2 \quad (5\text{-}9)$$

式（5-9）表示了翘曲度和小条相对长度差之间的关系。

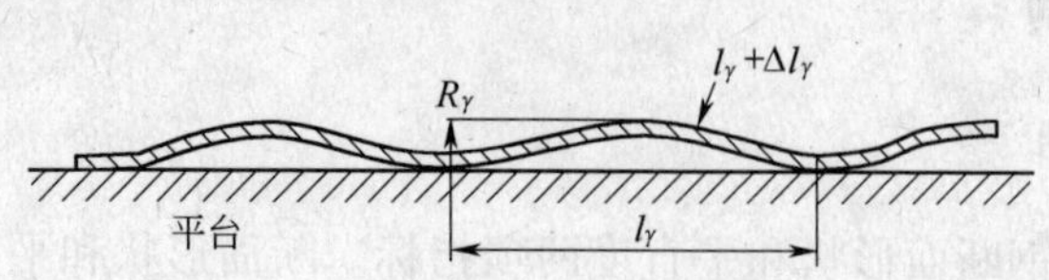

图 5-46 波形表示法

加拿大铝公司取带材横向上最长和最短的窄条之间的相对长度差作为板形单位，称为I，一个I单位相当于相对长度差为10^{-5}，这样，以I为单位表示的板形数量值为相对长度差的10^5倍。

5.6.1.2 残余应力表示法

宽度方向上分成许多纵向小条只是一种假设，实际上带钢是一整体，也就是"小条变形是要受左右小条的限制"，因此当某"小"条延伸较大时，受到左右小条影响，将产生压应力，而左右小条将产生张应力。这些压应力或张应力称为内应力，带钢塑性加工后的内应力称为残余应力。

理论上残余压应力将使带钢产生翘曲（浪形），实际上，由于带钢自身的刚性，只有当内部残余应力大于某一临界值后，才会失去稳定性，使带钢产生翘曲（浪形）。此临界值与带钢厚度、宽度有关。

5.6.1.3 张应力差表示法

当使用剖分式张力辊式平坦度测量仪时获得的是实测的带钢宽度方向张应力分布（其积分值为总张力），张应力不均匀分布是由于存在内应力，由于内应力与张应力合成而造成张应力不均匀分布。因此张应力不均匀分布形态，实质上反映了内应力的分布形态。

平直度和带钢在各机架入口与出口处的相对凸度是否匹配有关（见图5-47）。如果假设带钢沿宽度方向可分为许多窄条，对每个窄条存在以下体积不变关系（假设不存在宽展）：

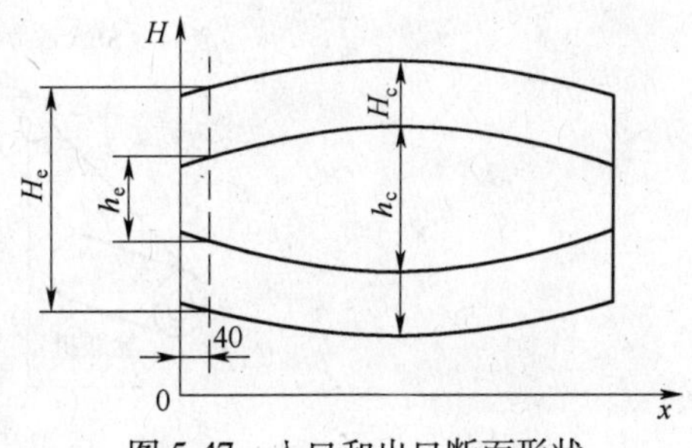

图5-47 入口和出口断面形状

$$\frac{L(x)}{l(x)}=\frac{h(x)}{H(x)}$$

式中 $L(x),H(x)$——入口侧x处窄条的长度和厚度；

$l(x),h(x)$——出口侧x处窄条的长度和厚度。

也可以用$\frac{L_e}{l_e}=\frac{h_e}{H_e}$及$\frac{L_c}{l_c}=\frac{h_c}{H_c}$分别表示边部和中部小条的变形。良好平直度的条件为：

$$l_e=l_c=l_x$$

设$\Delta l=l_c-l_e$

$$\Delta L=L_c-L_e$$

式中 ΔL——轧前来料平直度。

设来料凸度为Δ（断面形状）。

$$\Delta=H_c-H_e$$

将$H_cL_c=h_cl_c$和$H_eL_e=h_el_e$两式相减后得：

$$H_cL_c-H_eL_e=h_cl_c-h_el_e$$

$$(\Delta+H_e)(\Delta L+L_e)-H_eL_e=(\delta+h_e)(\Delta l+l_e)-h_el_e$$

展开后如忽略高阶微小量后可得：

$$\frac{\delta}{h}=\frac{\Delta L}{L}+\frac{\Delta}{H}$$

如来料平直度良好，$\Delta L/L=0$，则

$$\frac{\delta}{h}=\frac{\Delta}{H}$$

即在来料平直度良好时，入口和出口相对凸度相等，这是轧出平直度良好的带钢的基本条件。

上面所述的相对凸度恒定为板形良好条件的结论，对于冷轧来说是严格成立的。

5.6.2 板形控制系统

2030mm 冷连轧机是我国第一条全连续无头轧制的现代化轧机。为了提高冷轧产品的质量，除配备了高精度的厚度自动控制系统 AGC 外，在第五机架上还配置了独立的闭环板形自动控制系统，它共有如下 7 个组成部分（见图 5-48）：ASEA 板形测量辊、ASEA 信号处理电路、带钢应力分布显示监视器、板形控制计算机、转换和控制电路、液压控制系统和冷却控制系统。

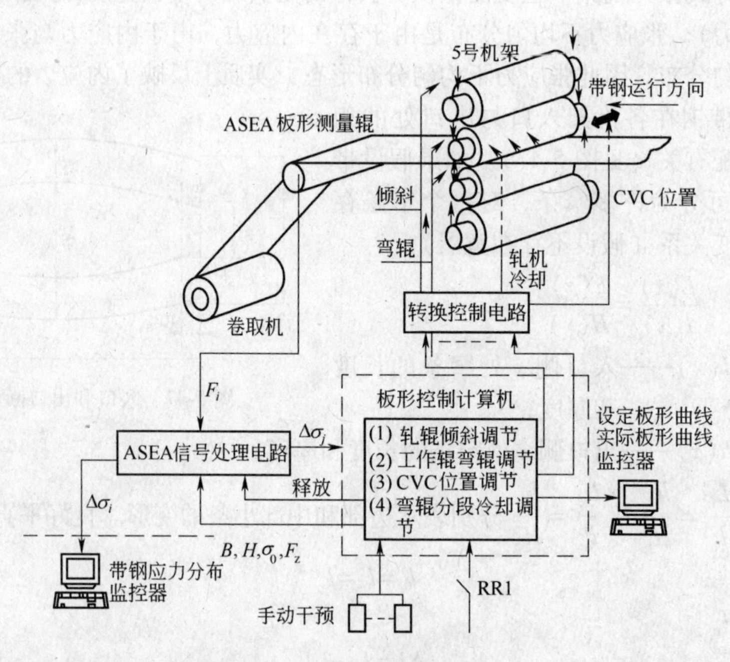

图 5-48　板形自动控制系统的组成

（1）ASEA 板形测量辊。ASEA 板形测量辊装置在 5 号机架出口侧与卷取机之间。这是一种特殊的转换辊，它由 36 个活动的圆环组成，每个圆环宽度为 52mm，称为一个测量段。这样，整个 ASEA 测量辊共分成 36 个测量段，见图 5-49（a）。在测量辊的每个圆环中都装

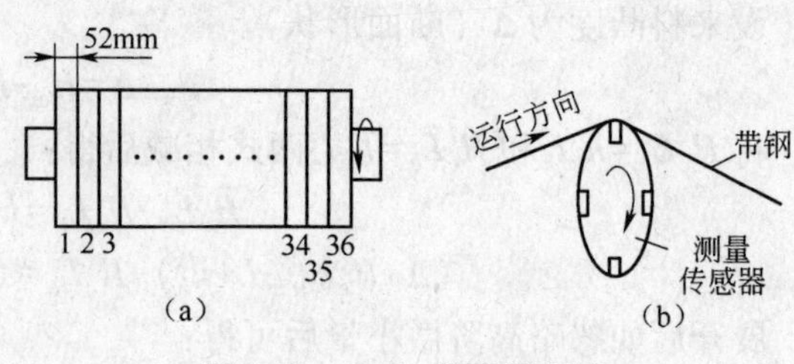

图 5-49　ASEA 板形测量辊

有四个互相错位90°的压磁式压力传感器，见图5-49（b）。在轧制过程中，带钢与ASEA测量辊相接触，由于带钢是张紧的，因而在ASEA测量辊上产生径向压应力。当测量辊转动，压磁式力传感器与带钢接触时，产生激磁并输出相应的电压信号，该电压信号及其测量段划分的大小反映了带钢在ASEA辊子上产生的张应力的大小。上述测得的电信号经过相应的线路传送给ASEA信号处理电路。

（2）ASEA信号处理电路。在ASEA信号处理电路中，把ASEA辊环每转一圈所产生的四个电磁信号，即四次测量辊环的径向压力值累加后除以4，便求得其平均径向压力值作为ASEA辊每转一圈测得的每个测量段上与实际张应力成正比的径向力值 F_i。利用该实测径向力值 F_i 和平均带钢应力 σ_0 可以计算出每一测量段上带钢的应力 σ_i 和应力偏差 $\Delta\sigma_i$。带钢应力偏差 $\Delta\sigma_i$ 将被传给板形监视器和板形控制计算机。

（3）带钢应力分布监视器。在电气室和5号机架操作台上方都安装有带钢应力分布监视器。它显示出每个单独的测量段上的带钢应力偏差 $\Delta\sigma_i$，这样操作人员可以随时知道正在轧制带钢的实际板形情况。

（4）板形计算机控制系统。板形控制计算机是对板形进行有效控制的最关键部分。在板形控制计算机中，首先计算出对应的板形设定值，然后根据带钢张应力沿宽度方向的分布并按一定的数学模型和数学方法，计算出下列调节回路的调节设定值：轧辊倾斜设定值、工作辊弯辊设定值、CVC轧辊位置设定值和轧辊分段冷却设定值。

这些设定值经过极限值检查后通过数据接口传送到下级控制环路。同时，计算机通过显示终端（安装在主控室）把带钢张应力分布实际值和设定值以及冷却调节量以直方图形式显示。

（5）转换和控制电路。由计算机控制系统给出的倾斜、弯辊、CVC位置和轧辊分段冷却设定值被传输给下级转换和控制电路，并通过电气信号来控制液压系统和冷却阀，从而控制轧辊的倾斜、工作辊弯辊、CVC位置和轧辊分段冷却。

（6）液压控制系统。根据计算机给出的设定值，推动相应的液压缸，控制轧辊倾斜、工作辊弯辊和CVC轴向移动的位置等。

（7）冷却系统。根据计算机给出的设定值，推动相应的冷却控制阀门，即决定哪些阀门应打开、打开多大，哪些阀门应关闭等。

5.6.3 板形控制措施及操作

5.6.3.1 板形控制措施

2030mm冷连轧机板形控制系统中，不同的板形缺陷可以通过下列不同的调节方式和调节环路来加以消除。

（1）轧辊倾斜调节。用于消除非对称性的带钢断面形状（如楔形带钢、单边浪等）的板形缺陷，即多项式中的 ax 分量。该调节系统从带钢左、右两边的不对称应力分布，再根据数学模型计算出轧辊倾斜的调节量，并与原轧辊倾斜设定值叠加作为新的轧辊倾斜值，输出给下级控制回路，由下级控制机构对轧辊的压下位置进行修正。

（2）工作辊弯辊和CVC位置调节。用于消除对称带钢断面形状（如中间浪、两边浪等），即抛物线形状的板形缺陷，亦即多项式中的 bx^2 分量。

这个调节系统从带钢两边的对称应力分布，再根据数学模型计算出实际需要的轧辊弯辊力设定值，并按该设定值改变轧辊的凸度。由于带钢断面形状各种各样，并且弯辊力对轧辊辊型的改变受到辊型结构和轴承强度的限制，其变化量是有限的，因而需要配置不同辊型不同凸度的轧辊来适应多变的轧制参数。为此在宝钢 2030mm 冷连轧机的最后一个机架上采用了 CVC 技术，与通常使用的不同凸度的轧机相比仅需一种 S 形状的特殊轧辊，通过轴向移动轧辊就可获得各种不同的轧辊凸度。

带钢断面形状的二次缺陷（中间浪、两边浪）首先总是由工作辊弯辊装置来消除。由于在这种情况下辊子的凸度调节范围有限，所以仅通过弯辊控制系统常常不能够完全或很快消除板形缺陷，这时需要轴向移动轧辊来改变轧辊凸度，即由弯辊和 CVC 轴向移动系统来共同消除板形的二次缺陷。

通常，当板形的二次缺陷在弯辊控制系统调节范围的 60%（该值是可调节的）以内时，仅通过弯辊控制系统来调节，因为弯辊动作快，调节简单；当超过调节范围的 60% 时，则要投入 CVC 调节系统，以增加或减小轧辊凸度。这时工作辊弯辊和 CVC 位置轴向移动控制系统共同对二次板形缺陷进行调节。

（3）轧辊分段冷却控制。用于消除其他带钢断面形状（如二肋浪等）的板形缺陷，即多项式中的分量 cx^3 和 dx^4。由于三次、四次板形缺陷在整个板形缺陷中所占的比例较小，因而采用轧辊分段冷却来控制。

如前所述，轧辊辊身方向共有 36 个测量段，对这些测量段喷射润滑油及冷却剂即可控制每个测量段上轧辊的热膨胀量，从而得到每个测量段上不同的轧辊凸度。为此在 5 号机架工作辊上方横梁上安装了 9 个冷却控制阀，每个控制阀对应 4 个测量段。这样，36 个测量段通过 9 个冷却阀组成了 9 个冷却区，并通过它来控制每个冷却区的冷却量。每个冷却区的控制都可以单独进行。

在轧辊分段冷却控制系统中，根据与每个测量段上带钢应力相对应的轧辊分段冷却分量按数学模型计算出每个冷却区的冷却设定值，同时要保证在轧制过程中轧辊在任何时候都有一个基本冷却量，该基本冷却量约为最大冷却量的 1/3。这两个冷却量叠加后作为每个冷却区实际的冷却量输出给下级控制装置，并由控制装置打开和关闭相应的控制阀，达到对板形控制的目的。

5.6.3.2　板形及平衡控制操作

板形控制包括中间辊横移窜辊、中间辊弯辊、工作辊弯辊及工作辊冷却。平衡控制包括工作辊、中间辊、支承辊平衡。

（1）中间辊横移窜辊。中间辊横移状态分为自动、锁定、手动三个工作状态。

1）自动横移：将“中间辊横移状态”转换开关从“锁紧”转换为“自动”状态，上下中间辊按 HMI 输入的板宽参数自动计算出的横移设定值相对移动。

2）手动横移：如果认为自动移动结果不理想，可以手动操作“中间辊横移状态”转换开关于“手动”位置，然后，操作“中间辊横移”的复位转换开关的“内移”或“外移”进行中间辊横移窜动微调。

3）横移锁定：调至理想位置后，置“中间辊横移状态”转换开关于“锁紧”状态，将中间辊横移窜动锁定。

(2) 中间辊弯辊。上下中间辊弯辊为两套控制执行机构：上中间辊操作侧和下中间辊传动侧为一套执行机构；上中间辊传动侧和下中间辊操作侧为一套执行机构。“中间辊工作状态”转换开关置于“弯辊”位置，控制系统可以根据 HMI 轧制规程表中设定的中间辊弯辊力进行本道次中间辊弯辊控制，也可以由操作人员根据板形状况手动联调或单调。

(3) 工作辊弯辊。“工作辊工作状态”转换开关置于“弯辊”位置，轧制压力大于 100t 时，控制系统按 HMI 轧制规程表的弯辊力设定值（正值或负值）自动正（或负）弯辊力控制，操作人员根据板形状况可以在主台或机前或机后操作箱上进行正（或负）弯辊力手动连续调节，调节开关为“工作辊弯辊调整”转换开关，“增加”或“减小”弯辊力。

(4) 支承辊平衡。上支承辊平衡装置安装在轧机的上部。换工作辊和中间辊时将支承辊提升至上极限；换支承辊时将支承辊放在换辊支架上。正常轧制时支承辊处于平衡状态。主操作台上设有“支承辊”的“平衡/下降”控制转换开关，操作人员根据工艺要求操作。

(5) 工作辊平衡/下降。在机组工作时，若不需要工作辊弯辊，则置“工作辊工作状态”转换开关于“平衡”状态，平衡弯辊执行机构只起到平衡工作辊的作用。在机组换辊工况，根据换辊工艺，手动置“工作辊工作状态”转换开关于“下降”状态，使工作辊下降。

(6) 中间辊平衡/下降。在机组工作时，若不需要中间辊弯辊，则置“中间辊工作状态”转换开关于“下降”状态，平衡弯辊执行机构只起到下降中间辊的作用。在机组换辊工况，根据换辊工艺，手动置“中间辊工作状态”转换开关于“平衡”或“下降”状态。

(7) 轧辊冷却。轧辊冷却供乳喷淋设备设有机前、机后两套。机前供乳喷淋设备，板形自动控制时，奇道次由板形自动控制系统自动控制喷淋。而板形手动控制时，无论奇偶道次机前机后供乳喷淋设备都手动控制喷淋。

5.7 生产实训操作

5.7.1 技能目标

能根据企业标准进行轧制过程控制，加深理解液压弯辊的原理、轧辊倾斜调节原理及设备结构，能利用弯辊、轧辊倾斜调节板形的方法控制板形。

5.7.2 实训内容

轧制过程中进行板形控制。

5.7.3 实训器材

300 轧机、前后卷取机、主控台、千分尺、盒尺。

5.7.4 基本概念

板形是板材平直度的简称。板形的好坏是指板带材横向各部位是否产生波浪和折皱，它决定于板带材沿宽度方向的延伸率是否相等。带钢横向厚差是指板带材沿宽度方向的厚度偏差，即带钢中部与边部厚度的偏差，也称为三点差。

板形缺陷的常见种类：镰刀弯、中间浪形、单侧浪形和双侧浪形。

板形缺陷产生的原因：如果轧制时带材两边的延伸大于中部的延伸，则产生对称的双边浪；如果中部延伸大于边部延伸，则产生中间波浪；

如果带材两边延伸率不一致，则产生单边浪或镰刀弯；

保证良好板形的条件：为了保证良好板形，必须遵守均匀延伸或板凸度一定的原则，即必须使带材沿宽度方向上各点的延伸率或压下率基本相等。

液压弯辊是用液压缸对工作辊或支撑辊施加附加弯曲力，使轧辊产生附加挠度，补偿轧辊原始辊形凸度，以保证带钢板形良好。

液压弯辊有两种基本方式：弯曲工作辊和弯曲支撑辊。其又可分为正弯辊和负弯辊。正弯辊法是减小轧辊挠度的方法；负弯辊法是增加轧辊挠度的方法。

弯辊缸的位置：8 个工作辊正弯辊缸一般直接安装在牌坊上的镶块内；8 个工作辊负弯辊缸一般都装在支撑辊的轴承座内。

弯曲支撑辊的方法是把支撑辊两端加长，在伸长的辊端上设置液压缸。这种方法使轧机结构庞大、换辊困难，只在轧辊辊身特别长时才采用，冷轧带钢轧机部采用这种弯曲方法。

液压弯辊的控制有手动调节和自动控制两种类型。采用手动调节系统时，弯辊力的大小是操作者根据板形的观测或操作者的经验给定的，而没有板形的反馈调节，手动调节系统要求给定后的弯辊力应能保持不变。

液压弯辊力的控制形式有伺服控制系统和比例控制系统。伺服控制系统是利用电液伺服阀并通过压力传感器的反馈来控制弯辊缸的油压；比例控制系统是利用比例阀的线性特点，通过调整比例阀的开口度来控制和调节弯辊缸的油压，压力传感器不参加反馈控制，弯辊力只作为控制参考。

5.7.5　参考实训步骤

实训是在试验轧机完成预压靠和调平、清零条件下完成的。

5.7.5.1　轧机准备

（1）确认拖动系统在工作状态。

（2）确认控制系统在工作状态。

（3）确认液压系统在工作状态。

（4）把主操作台控制系统旋钮置于 APC 工作状态。

（5）调整手动压下旋钮，放下下工作辊，保持 20mm 以上的开口度，以便穿带。

（6）把待轧钢卷装于开卷机。

（7）点动开卷机打开钢卷，把带钢穿过轧机，并把带钢头部穿入收卷机钳口并卷取2~3圈。

（8）手动压下轧辊至要求辊缝或轧制力（熟练后可以采用触摸屏直接设定）。

（9）设定并建立前后张力。

5.7.5.2 开始轧钢

(1) 启动轧机使带钢慢速运行。
(2) 观察轧后板形。

5.7.5.3 板形控制

(1) 若轧件跑偏或出现镰刀弯，调整纠偏旋钮，消除跑偏或镰刀弯。具体措施为抬起镰刀弯出现侧的油缸；纠偏要快速及时，同时要注意纠偏量和纠偏效果显现的时间滞后。

(2) 在正常轧制中，通过调整正弯辊，观察板形的变化。

5.7.5.4 停止

(1) 轧制结束减速至零。
(2) 撤掉张力。
(3) 工作状态打到卸荷位置。
(4) 复原各按钮。

5.8 轧制质量缺陷与处理

5.8.1 表面缺陷

(1) 压痕。压痕是由于轧辊表面粘有金属，从而在轧制时，在带钢表面形成压印。其形状与所粘金属形式一致，多呈点状、条状或块状。由于轧辊掉皮、轧辊裂纹，在轧辊表面上形成凸块或裂纹压痕。

防止压痕的办法如下：先要保护好轧辊表面，精心操作，防止各种事故发生；要注意热轧原料的质量，有否破边、折叠，辊缝是否良好，以防止粘辊、缠辊、硌辊等事故；要定时检查带钢表面质量，以便及早发现问题和及时处理。

(2) 乳化液斑。乳化液斑主要是轧制后，带钢表面的乳化液吹扫不干净，留在带钢表面，或乳化液含有铁屑等脏物，轧制时压在带钢表面造成的。乳化液斑在钢卷退火后，在带钢表面碳化形成黑斑，影响带钢表面质量。

为防止该缺陷产生，应当在轧后吹净乳化液，经常检查吹扫压力、吹扫喷嘴是否堵塞。乳化液要定期更新，乳化液系统应当有完善的过滤系统。轧机要经常清洗，保持清洁。

(3) 振痕。由于机架振动，造成带钢表面产生波纹。可通过相应调整如调整轧机速度消除。

(4) 边裂。边裂主要是酸洗切边质量不好，或带钢的塑性较差造成的。边裂多成锯齿状，严重的边裂容易造成断带，造成生产事故，要经常检查切边质量。

5.8.2 板形缺陷

板形缺陷主要是指各种浪形和瓢曲。

（1）浪形。浪形分为单边浪、双边浪、中间浪、二肋浪、周期浪等，见表5-3。

表5-3 浪形缺陷比较

分类	中间浪	单边浪	双边浪	二肋浪	周期浪
产生部位	带钢中间	带钢一侧	带钢两侧	带钢中部与边部之间	带钢上
形态	沿轧制方向凹凸不平的连续波浪状态	沿轧制方向凹凸不平的连续波浪状	沿轧制方向凹凸不平的连续波浪状	沿轧制方向出现的波浪状弯曲	周期性出现的波浪状弯曲
产生原因	带钢中部延伸大于边部延伸，导致边部受拉应力，中部受压应力，易产生裂边	带钢有浪一边的延伸大于中间和另一边的延伸所致	带钢两边的伸长率大于中间的伸长率，导致边部受压应力，中间受拉应力	出现二肋浪的带钢部位上，乳化液流量不足	工作辊曲线不准，不均匀过渡，局部膨胀等原因所致

浪形的改善或消除方法：

（1）严格把好原料关，保证来料板形。

（2）按轧制周期定期换辊。

（3）合理调节弯曲与倾斜，分段冷却。

1）通过合理调节轧辊倾斜，改善或消除单边浪。

2）对于双边浪，合理增大弯辊力，改善或消除双边浪。

3）合理减小弯辊力，改善或消除中间浪。

4）根据二肋浪产生部位，正确选择分段冷却来改善或消除二肋浪。

（2）瓢曲。瓢曲是指带钢中间呈凸形向上或向下鼓起，切成钢板时，四角向上翘起。

1）产生原因。

① 工作辊凸度太大，或在轧制时轧辊中间湿度太高，使带钢中间延伸大于两边。

② 由于某种原因压下量变小，产生中心延伸大于两边。

③ 原料瓢曲大，轧后不易消除。

④ 板形调节不当。

2）改善或消除措施。

① 合理分配辊型，正确分配压下量。

② 精心操作，勤观察板形。

③ 原料横向厚度公差应尽量小。

5.8.3 力学性能缺陷

力学性能缺陷主要是轧制工艺或热处理工艺的不正确所致。它主要为以下几个方面：

（1）冷硬状态带钢的抗拉强度过高而延伸不足。产生原因是总压下率过高，如总压下率正确，则可能精轧前的退火不完全，使精轧前加工硬化未被除尽，或中间冷轧未按工艺进行，退火工艺不正确，以致影响退火不够完全。

处理办法是减小总压下率，采用正确的退火工艺进行完全退火。

（2）冷硬状态的抗拉强度过低而延伸超标。产生原因是总压下率不足，使加工硬化程度未达到工艺要求。另外，退火工艺不正确也会造成冷轧后抗拉程度过低延伸超标。

处理办法是增大总压下率，采用正确的退火工艺。

（3）抗拉强度过低，延伸不足。产生原因是带钢本身材质不好，或热轧终了温度不正确、退火不正确所致。

处理办法是控制准确的终轧温度和退火制度。

（4）力学性能不均。产生原因是退火不均或冷轧压下不正确，致使轧制压力忽大忽小，从而造成带钢各部位硬化程度不同。

处理办法是轧制时压下均匀。

5.9 轧制时常见事故及处理

5.9.1 断带

在轧制过程中造成断带有以下几方面原因：

（1）来料原因。来料有严重板形缺陷和质量缺陷，如废边压入、严重溢出边及严重欠酸洗或过酸洗、厚度严重不均、板形边浪或中间浪，都会导致断带。

（2）设备故障。电气控制系统故障或液压系统故障，常见的有张力波动、张力消失、液压系统停车等。

（3）操作故障造成的断带较为常见。如发现带钢跑偏缺陷处未及时降速或停车；道次计划选用不合理，道次变形量太大，造成轧制压力大，板形难控制，道次前后张力太大，将带钢拉断；前道次带钢某处厚度波动（减薄或超厚），后道次未及时减速或将张力控制切断，造成断带。

（4）工作辊的爆裂造成断带。断带后，应立即停车，将机架内带钢拉出，并将工作辊换出。支承辊轻微粘辊可用油石将表面磨平，严重损坏应更换支承辊。

断带后，应将机架内断带碎片清扫干净，可将乳化液喷射打开，将残留在机架内的碎小带钢冲洗干净，换辊后第一卷钢速度不要太快。

5.9.2 轧辊事故

热划伤主要是由于带钢和轧辊之间产生相对摩擦，也就是润滑状况不佳（润滑不足或过好）造成。

粘辊的原因是局部压下量过大，断带碎片重叠和破边等造成。

勒辊主要是由于压下量过大而使带钢产生重波或轻微折叠，带钢跑偏产生重波也会造成勒辊。

裂纹的产生主要由于轧辊局部压力过大和轧辊急冷急热引起的，轧机上，若乳化喷嘴堵塞，造成轧辊局部冷却条件不佳，就会产生裂纹。

5.9.3 带钢跑偏

在轧制过程中，造成带钢跑偏的原因主要有以下几个方面：

（1）来料原因。来料的板形不好，有严重的边浪，造成第一道次带钢跑偏。采取的措施是：轧制速度不要太高，操作者留心注意观察，及时进行双摆调节，发现问题及时停车。

（2）操作原因。由于操作者双摆调节不合理，造成带钢跑偏。

（3）电气原因。由于在轧制过程中卷取机张力突然减小或消失造成带钢跑偏断带。

（4）轧辊原因。由于轧辊磨削有严重的锥度，使得压下校不了，在轧制过程中给操作者双摆调节增加了难度，轻者会产生严重一边浪造成板形缺陷，重者造成带钢跑偏、断带。

带钢轻微跑偏可通过调节双摆及时消除，严重跑偏应立即停车，将带钢剪断重新穿带，如轧辊损坏应及时换辊。

5.9.4　轧机振动

轧机振动一般发生在高速轧制极薄带钢时。振动使带钢厚度波动，同时易产生断带。另外，厚度波动带钢经镀锡后产生“斑马纹”使镀锡板降级，甚至产生废品。

产生振动的原因主要有以下几个方面：

（1）轧制速度太高，成品规格薄。

（2）道次轧制工艺参数不合理，如轧制压力低，变形量小，带钢前张力较大。

（3）润滑条件不佳，如乳化液浓度太高或太低。

（4）轧辊损坏，未及时更换。

（5）轧辊轴承和轴承座之间存在间隙。

轧制过程中产生轧机振动，应判断分析产生的原因，并采取相应措施进行处理。如一时复杂难以下结论，可适当降低轧制速度，消除和降低振动程度，等到机组检修时再进行处理。

复习题

5-1 冷轧生产工艺特点是什么？
5-2 CVC 轧机工作原理是什么？
5-3 画出常规冷连轧和全连续轧机轧制速度图。
5-4 厚度控制原理是什么？
5-5 影响厚度波动的因素有哪些？
5-6 常见的厚度控制系统有哪些？
5-7 简述板形概念及表示方法。
5-8 板形控制措施有哪些，如何控制？
5-9 常见的轧制质量缺陷有哪些？其产生原因及处理措施如何？

6 带钢卷取

6.1 卷取操作

6.1.1 卷取准备

(1) 操作按钮卷筒收缩，使卷取位置筒卷筒收缩，在使用套筒的情况下，操作按钮套筒挡板下降，使套筒挡板下降。

(2) 在卷筒上装好套筒。

(3) 套筒胀开。

(4) 转盘旋转 180°，装好套筒的卷筒处于传动位置，锁紧装置处于锁定位置，操作压辊压下按钮灯亮。

(5) 皮带助卷器包好传动位置，当操作方式在主控台时，操作皮带助卷器包进按钮。

(6) 操作外支撑臂进入按钮并操作拖辊升起按钮。

6.1.2 卷取

(1) 卷取张力建立后，操作按钮皮带助卷器退出按钮，使助卷器退出。

(2) 操作转盘锁紧装置退出按钮，并操作压辊退出按钮，转盘旋转 180°，带钢在卷取位置继续卷取。

(3) 钢卷小车进入轧制线位置灯亮。

6.1.3 卸卷

(1) 压紧辊压下到卷取外圈，按钮压下辊压下。

(2) 操作钢卷小车上升到钢卷位置。

(3) 卷取机停车后点动卷取机使带尾固定在提升器上压住。

(4) 操作拖辊下降按钮，使外支撑臂下降，外支撑退出。

(5) 操作压紧辊退出按钮，使压紧辊抬起。

(6) 操作卷筒收缩按钮使卷筒收缩。

(7) 钢卷小车水平移动将钢卷从卷筒上卸下。

(8) 钢卷小车后退到等候位置灯亮。

(9) 钢卷不需要质量检查时，小车将钢卷送步进梁指示灯亮，如果钢卷需要质量检查时，小车将钢卷穿过鞍形链送到检查台指示灯亮。

6.1.4 套筒操作

套筒操作有自动和手动两种方式，主操作台有相应的选择开关。在自动操作时，准备就绪指示灯亮之后，启动开始按钮即可，随时可用停止按钮终止操作。手动操作顺序如下：

（1）按下套筒小车后退按钮，套筒小车离开初始位置向套筒支撑臂运行。

（2）到达极限位置 SBE2 时，小车由快速切换到慢速。

（3）到达极限位置 SBE1 时，小车运动停止，小车支撑臂位置指示灯亮，按下小车的位置上升按钮，升降装置升起，到达极限位置 SBE1。

（4）操作小车向前按钮，小车带着套筒快速迈向停放站下的初始位置。

（5）到达极限位置 SBE3 时，小车速度由快速切换到慢速。

（6）到达极限位置 SBE4 时，小车移动停止，指示灯停放站位置亮，操作小车位的下降按钮，升降装置下降到极限位置开关 SBE2。

（7）在停放站 1 位，进行套筒的对中。

（8）当套筒装载设备上没有套筒并处于原始位置时，按下套筒小车位置上升按钮，升降装置升起；到达极限开关 SBE1，按下“向前”按钮，小车慢速移向槽形座；到达极限 SBE5 自动停止，指示灯槽形座位置灯亮。

（9）到达槽形座位置后，按下小车位置按钮下降，升降装置下降到极限 SBE2，然后按下按钮向后，小车慢速返回初始位置，到达极限 SBE6，指示灯停放位置灯亮。

（10）在上述操作中，第一个套筒被放在套筒装载设备的槽形座上，其余则前移一个位置。

（11）小车返回过程中，1 位置的套筒被对中。

（12）按下套筒装载设备的下部小车中心线按钮，下部小车载着套筒移向卷取机中心，到达极限开关 SBE2，速度由快速切换到慢速，到达极限开关 SBE3 时运行停止。

（13）按下上部小车位置按钮上部小车和中间小车同步运行，使鞍形座移向卷取机；到达极限开关 SBE2 时，下部小车由快速切换到慢速；到达极限开关 SBE3 时，运行停止；到达极限开关 SBE5 时，上部小车由快速切换到慢速；到达极限开关 SBE6 时，运行停止。

（14）套筒被卷取机接受后，极限开关激活，槽形座下降，按钮槽形座下降灯亮，中间小车和上部小车快速返回初始位置，到达极限 SBE1 和 SBE6 时，相应的运动停止。

（15）当两个小车到达它们的初始位置时，槽形座再次下降，到达极限开关 SBE1。

（16）按下下部小车 HOME 按钮，小车快速返回，到达极限开关 SBE1 时，运行停止。

6.2　卷形缺陷及预防

6.2.1　塔形

（1）产生原因。带钢有镰刀弯；带钢进卷取机时对中不良；夹送辊辊缝成楔形；助卷辊辊缝调整不当；卷取张力不合适；成型导板的间隙调整不合适；侧导板动作时间不同步；卷筒与推卷器之间有间隙；卷筒传动端磨损严重，转动时有较大的偏心；带钢头部打滑。

（2）改善措施。

1）调整夹送辊、助卷辊的辊缝和成型导板、侧导板的开口度；

2）调整卷取速度和张力设定；

3）改善带钢凸度、楔形、厚度、精度；

4）调整卷筒与推卷器之间的间隙和卷筒转动时的偏心；

5）提高侧导板的对中性与两侧动作的同步性。

6.2.2 松卷

（1）产生原因。卷取张力设定不合适；带钢有严重浪形；带钢在层流冷却辊道上起套、打折变形；带钢的屈服极限值高，主传动电动机功率小；卷取完毕后，因故或误操作卷筒打反转；G-TBL、PR、WR、MD 速度匹配不好；夹送辊所造成的带头下弯不充分；卷筒与带钢接触过松；助卷辊辊缝或压紧力设定不合适。

（2）改善措施。

1）调整卷取张力设定；

2）调整层流冷却方式，带钢头部不冷却；

3）改变 G-TBL、PR、WR、MD 间的速度匹配；

4）减少带钢浪形；

5）调整 PR、WR 的设定间隙。

6.2.3 碗形卷

（1）特征。带钢全长或大部分长度在卷取过程中逐渐向一侧横向移动，使卷形成碗状。

（2）产生原因。带钢有全长性的镰刀弯、楔形；卷取初期的松卷部分紧压后带钢在卷筒长度方向上发生横移；侧导板两侧的间隙夹持力有差异；水夹送辊的水平度不良；夹送辊、助卷辊两侧辊缝不相等或压紧力不相等；卷取张力过大；卷筒转动有偏心。

（3）改善措施。

1）改善或提高带钢板形；

2）检查夹送辊、助卷辊磨损，作好二者零调；

3）调整卷取张力设定；

4）检查下夹送辊水平；

5）改变卷取张力设定值。

6.2.4 卷取不齐

（1）产生原因。

1）尾部张力设置不合理；

2）头部开卷机钢卷位置不当，偏离中心过大；

3）对中系统有问题；

4）张力机辊缝间隙不合，张力机架松动。

（2）处理办法。

1）设置头部张力时应根据技术操作规程进行，尾部张力机压下量应保证板形平直紧绷，上料时上料工应与开卷工紧密配合，保证钢卷在中心附近。

2）对于设备上存在的问题及时通知电气、机械人员进行处理。

复习题

6-1 双卷筒回转式卷取机的传动原理是什么?

6-2 简述各种卷形缺陷的产生原因及处理方法。

7 带钢退火

7.1 退火概述

7.1.1 退火原因

钢材经过冷轧变形后金属内部组织产生变形现象，晶粒拉长、晶粒破碎和晶体缺陷大量存在，导致金属内部自由能升高，处于不稳定状态，具有自发地恢复到比较完整、规则和自由能低的稳定状态的趋势。

在室温下，原子的动能小，扩散力差，扩散速度慢，这种倾向无法实现，须施加激活力。这种激活力就是将钢加热到一定温度，使原子获得足够的扩散动能，消除晶格畸变，使组织、性能发生变化，因此经过冷轧后的钢材必须经过退火。

7.1.2 退火目的及作用

退火是将带钢加热到一定的温度保温后再冷却的工艺操作。

冷轧板的退火是冷轧带钢生产中最主要的热处理工序之一。冷轧带钢的退火因钢种的不同分初退火、中间退火和成品退火。大多采用的是成品退火，其目的是消除冷轧造成的内应力和加工硬化，使钢板具有标准所要求的力学性能、工艺性能及显微结构，这种热处理一般为再结晶退火。

7.1.3 退火炉形式

冷轧带钢热处理生产是冷轧带钢生产工序中的一个主要组成部分。热处理技术的发展是伴随着冷轧机技术的发展而逐渐发展起来的。

目前使用的退火炉形式如下所示：

- 退火炉
  - 间歇式退火炉（罩式炉）
    - 单垛式
      - 紧卷罩式退火炉
      - 松卷罩式退火炉
    - 多垛式-紧卷罩式退火炉
  - 连续式退火炉
    - 立式炉
    - 卧式炉

7.2 退火炉的对比

7.2.1 间歇式退火炉与连续式退火炉的对比

7.2.1.1 间歇式退火炉的优缺点

间歇式退火炉的优点是：

（1）不受带钢宽度、厚度和品种的限制，生产灵活，应用范围广泛，设备增建容易。
（2）开发早，历史较长，炉型比较成熟。
（3）投资少。
间歇式退火炉的缺点是：
（1）退火生产周期长，生产率低。
（2）热耗高。
（3）温度均匀性差。

7.2.1.2　连续式退火炉的优缺点

连续式退火炉的优点是：
（1）适用于单品种、大批量生产。
（2）退火周期短，生产率高。
（3）温度均匀性好，表面质量好。
连续式退火炉的缺点是：
（1）技术复杂，一次投资费用高。
（2）带钢厚度受限制。板厚大于1.2mm时，回转辊直径太大，设备显得笨重。

7.2.2　单垛式罩式炉与多垛式罩式炉的对比

罩式退火炉按炉型分为单垛式罩式炉和多垛式罩式炉两种，它们在退火操作上基本是一样的。多垛式罩式炉相当于几台单垛式罩式炉的集合。单垛式和多垛式对比情况见表7-1。

表7-1　单垛式罩式炉与多垛式罩式炉对比

炉　型	单　垛　式	多　垛　式
生产性	多品种、万能型	同一品种大生产
操作性	炉台和加热罩多，操作频繁	炉台和加热罩少，操作次数少
退火周期	较短	较长
燃料费	较高	较低
占地面积	较大	较小
建设费	较高	较低

综合对比来看，多垛式罩式炉占地少、产量高，但加热罩庞大，增大吊车负荷，且炉温均匀性差。综合利弊，一般多采用单垛式罩式炉。

7.2.3　紧卷罩式炉与松卷罩式炉的对比

罩式退火炉按退火钢卷松紧程度分为紧卷罩式炉和松卷罩式炉。紧卷罩式炉有充分的加热和均热时间，通过缓慢的加热和冷却过程，可以生产出各种性能良好的钢材，用以制造各种加工制品。同时紧卷罩式炉还具有容易建设、操作简单、便于生产管理等优点。但是，紧卷罩式炉也存在着一定的缺点。例如，由于紧卷传热缓慢，所以生产率低，成卷张力不能太大；由于紧卷带钢卷内温度均匀性差，所以如局部温度高和成卷张力过大，会出现黏结缺陷。

松卷罩式炉是在克服紧卷罩式炉缺点的基础上开发的。松卷罩式炉是加热和冷却气氛在松卷的带钢间循环，这样加热和冷却比较快，与紧卷罩式炉相比退火时间大大缩短。而且保护气氛与整个带钢表面相接触，适当改变保护气氛的成分，可改善钢板表面质量。但松卷退火在多层重叠时，底层的带钢卷边部易发生损伤和变形等，从而影响产品质量，所以重叠层数和装入重量受到限制，这成为大容量退火炉的难点。并且，由紧卷到松卷和再返回紧卷需两次重卷操作，并容易产生擦伤等缺陷。因此，近几年来松卷罩式炉基本上不再发展了，只是在热处理工艺有特殊要求时才采用，如脱碳退火和化学热处理等。

7.2.4 立式连续退火炉与卧式连续退火炉的对比

立式连续退火炉应用广泛、占地面积小、产量高，但建设费用高。

卧式连续退火炉占地面积大，只限于产量低的机组上采用。

7.2.5 氮氢型与全氢型单垛式紧卷罩式炉的对比

7.2.5.1 设备方面对比

全氢型罩式炉的主要特点是采用全氢作为保护气体。由于氢渗透性强，又具有爆炸性，因此，炉台、炉台循环风机以及保护罩的制造要求是非常严格的。对炉台及炉台循环风机要进行气密性试验，对保护罩焊缝要进行X射线探伤和气密性试验。同时全氢型罩式炉所属设备的几何尺寸及其精度要求相对氮氢型罩式炉也要严格得多。

7.2.5.2 生产能力对比

图7-1和表7-2反映了三种罩式炉退火的实际生产能力。三种罩式炉的装炉量皆为79t，4卷料，板宽皆为1100mm，具有同样的退火制度（热点720℃、冷点685℃）。从表7-2中明显看出，强对流全氢炉比氮氢炉生产能力有显著提高。其中加热小时能力提高79%；冷却小时能力提高84%；炉台小时能力提高82%。从表中还可看出，其能力提高的大约一半是强对流的效果，而另一半是全氢作为保护气体的效果。

7.2.5.3 产品质量对比

产品质量主要包括力学性能和表面质量。力学性能的好坏取决于炉温的均匀性。强对流全氢炉的突出优点就是在缩小炉温温差，实现炉温均匀性的条件下，提高退火能力。

汽车工业对深冲钢的要求是非常严格的，而且希望价格便宜一些。这类钢中最经济的是连铸铝镇静钢，典型成分为$w(C)=0.03\%$、$w(Mn)=0.2\%$、$w(Al)=0.04\%$、$w(N)=0.005\%$。

A 力学性能

退火平整后，σ_s应尽量低，为160~170MPa，σ_b接近300MPa，这样屈强比很低。

深冲性能好的另一个先决条件是高的r值和高的n值。由于这些因素与退火工艺有关，所以退火一定在700~723℃之间进行，且温度要均匀。除此之外，重要的是要避免过热，这种高纯钢易黏结，所以必须对最高温度规定一个上限。

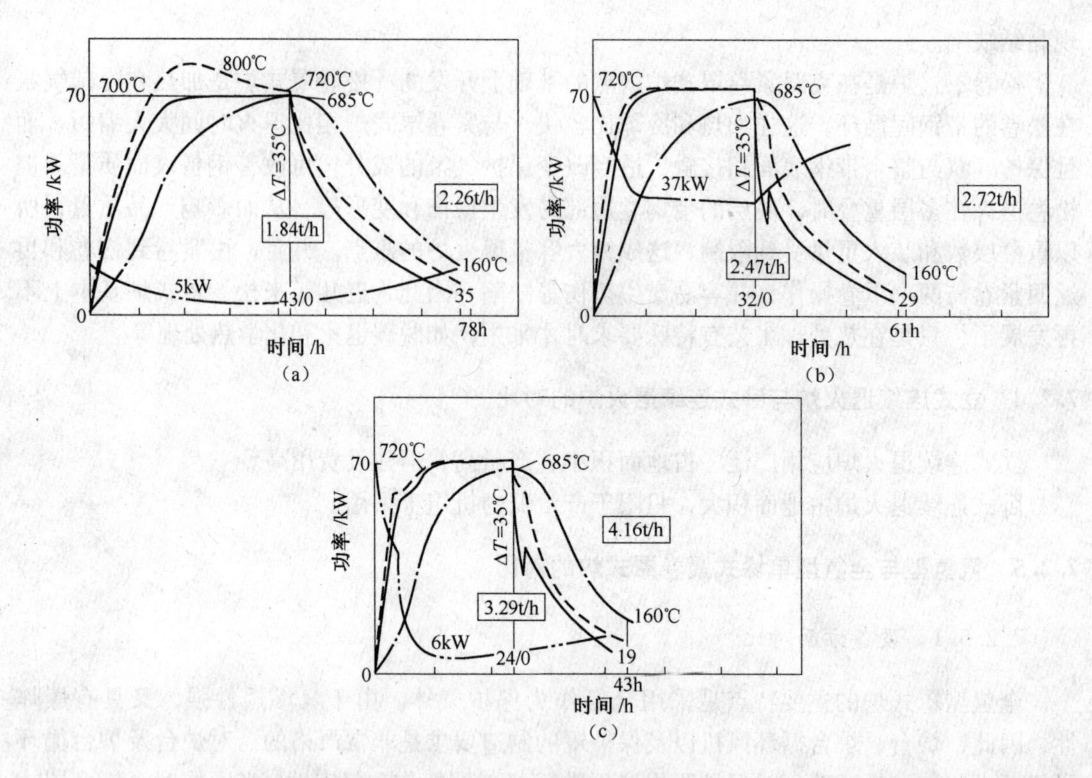

图 7-1　三种罩式炉的退火曲线

（a）氮氢炉，2%H_2，其余 N_2，普通炉台循环风机；（b）强对流炉，2%H_2，其余 N_2，强对流炉台循环风机；（c）强对流全氢炉，100%H_2，强对流炉台循环风机

——控制曲线；----热点曲线；—·—冷点曲线；—··—炉台循环风机功率曲线

表 7-2　三种炉生产能力对比

炉种类	项目 1		项目 2		项目 3	
	加热能力/t·h^{-1}	对比	冷却能力/t·h^{-1}	对比	炉台能力/t·h^{-1}	对比
氮氢炉	1.84	1	2.26	1	1.01	1
强对流炉	2.47	1.34	2.72	1.30	1.30	1.29
强对流全氢炉	3.29	1.79	4.16	1.84	1.84	1.82

所得到的力学性能对比如图 7-2 所示。总的看强对流全氢炉退火产品的性能是好的：σ_s 平均值较低，比氮氢炉大约低 15MPa；σ_b 仅稍有降低；屈强比低 2%，所以塑性变形的范围更宽了；伸长率大约高 2%；r 值基本相同；由于 σ_s 低，所以 n 值相应较高。

强对流全氢炉产品性能的提高是在每个炉台产量提高 67%的情况下取得的。

B　表面质量

表面质量的对比如图 7-3 所示，对比试验是在从连轧机来的钢卷未脱脂，带钢表面残存有乳液的情况下进行的。

经统计分析证明，强对流全氢炉中碳污染减少了一半，低于 2.15mg/m^2，而对于氮氢炉，退火温度为 700℃时，仅在外圈才能发生这么低的碳污染。在强对流全氢炉中，碳的污染在 660℃这么低的温度下才稍高。因此，即使在较低的退火温度下，高纯氢也有助于

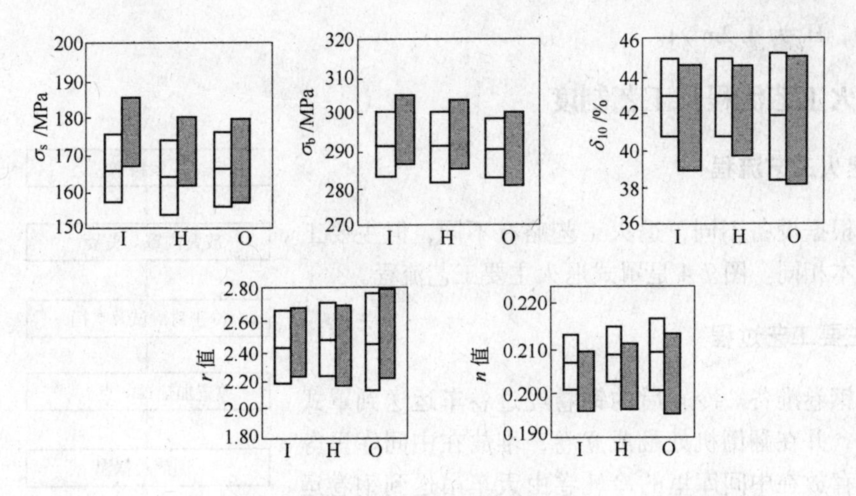

图 7-2 力学性能对比

□—强对流全氢炉，加热时间 28h，冷却时间 18h；■—氮氢炉，加热时间 43h，冷却时间 34h；
I—钢卷中部内边；H—钢卷中部卷心；O—钢卷中部外边

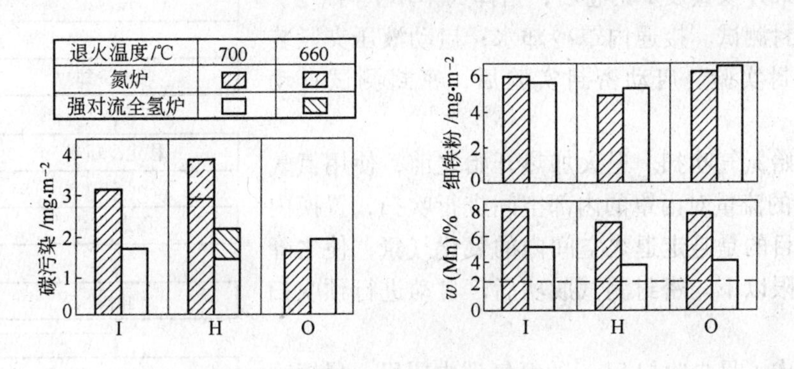

图 7-3 表面质量对比

I—钢卷中部内边；H—钢卷中部卷心；O—钢卷中部外边

去除润滑剂的残留物。

轧制中产生细铁粉的数目在这两种退火炉中是相同的。但锰的集合（可作为与氧有较大亲和力元素单独氧化的一个例子）在强对流全氢炉中明显降低。

所有的污染物，尤其是碳和锰，都会影响磷酸油漆板的耐蚀性能。雾化海水试验表明，表面越干净，耐腐蚀性能越好。雾化海水试验是要确定在一个刻线试样上漆层下两周后锈蚀的深度。腐蚀带的宽度小于 5.08mm 认为合格。强对流全氢炉产品的腐蚀带宽度降到 1.5~2.0mm，因此大大改善了磷酸油漆板的抗腐蚀能力。其主要原因是炉台为全金属外壳，氢纯度很高，其结果相当于连续退火。

在 HNX 保护气体（96% N_2）中退火能造成一定程度的氮化，这对以后的处理过程（如深冲）可能是有害的。而在纯氢中退火，实际上没有氮化。

7.2.5.4 消耗对比

强对流全氢炉各项消耗较低，天然气单耗为 0.535GJ/t，电能单耗为 6.5kW · h/t，N_2

为 $10m^3/t$，H_2为 $4.2m^3/t$。

7.3　退火工艺流程及工艺制度

7.3.1　退火工艺流程

各厂根据设备不同，退火工艺略有不同，但主要工艺流程基本相同。图 7-4 是罩式退火主要工艺流程。

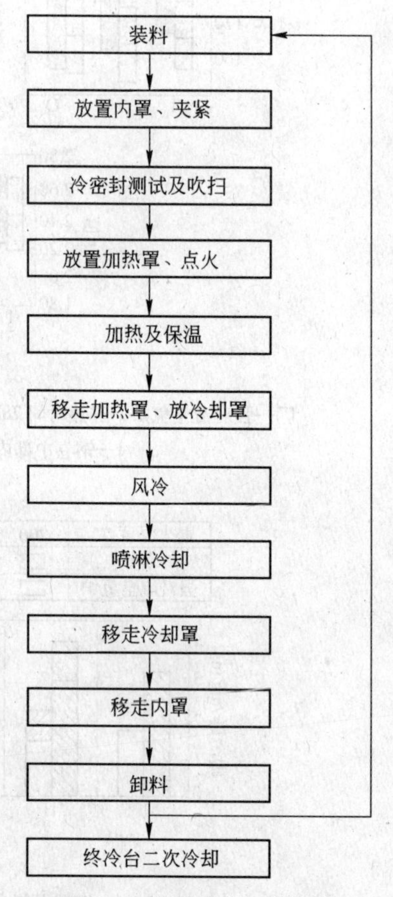

图 7-4　罩式退火工艺流程

7.3.2　主要工艺过程

（1）钢卷准备。冷轧后的钢卷经过卷车运送到罩式退火炉跨，并在翻倒机处翻成立卷，堆放在中间库里等待退火。存放在中间库里的冷轧卷由天车吊送到钢卷运输车上，再由钢卷运输车送到指定的炉台前准备装炉。

（2）装炉。通过天车把钢卷堆垛到指定的炉台上。钢卷堆垛结束并核查装炉钢卷后，指挥天车扣上内罩。

（3）密封测试。接通内罩冷却水；启动液压夹紧装置；启动密封实验。启动密封实验后，密封测试自动进行。

（4）初始氮气吹扫。退火加热开始之前，使用氮气以 $140m^3/h$ 的流量对内罩的内部空间进行吹扫，置换内部的空气。目的是赶走退火空间内的氧化气氛，使之降低到爆炸极限以下。密封测试成功后，自动进行预吹扫过程。

吹扫要求：最少吹扫 $51m^3$的氮气到内罩里；最短吹扫 22min 的氮气；内罩中的氧含量小于 1%。

（5）扣加热罩，点火。在初始吹扫的过程中扣上加热罩，手动接上电源接头、氢气烧嘴接头及通讯接头。煤气管道接口为自动连接。助燃空气电磁阀自动打开，开始燃烧室初始空气吹扫。助燃风机以最大流量的助燃气体自动吹扫加热罩内空间，直至吹扫结束，最低吹扫时间为 5min。启动点火装置。

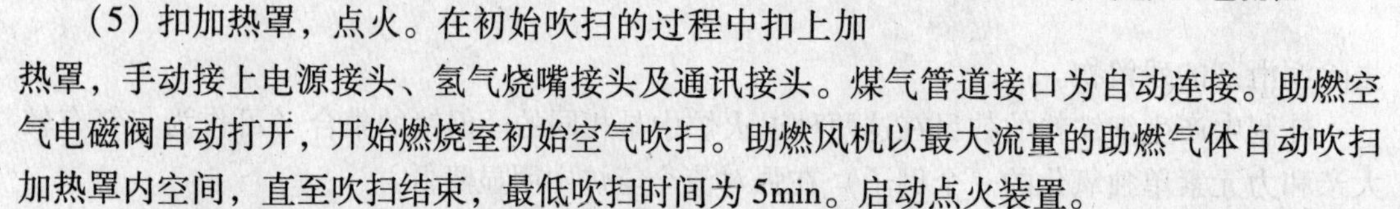

（6）氢气吹扫、加热、均热、热气密性测试。

1）氢气吹扫。用氢气自动置换氮气，对退火空间进行清扫。目的是为了赶走内罩内的氮气，提高传热效率，并达到光亮退火的效果。置换氮气需要氢气大约为 $10m^3$。

2）加热和均热。晶粒度大小直接影响产品的机械性能，不同规格、不同钢卷的钢种采用不同的退火工艺制度。具体退火工艺制度见后面章节。

3）热气密性测试。退火炉保温结束前 12min 自动进行热密封测试。

（7）冷却。

1）带加热罩冷却、移走加热罩。人工断开电源接头和燃烧氢气软管并关闭炉台上的煤气阀，然后用天车吊走加热罩。

2）辐射冷却。移走加热罩后，进行辐射冷却，冷却时间依据退火工艺制度。

3）带冷却罩冷却。用天车吊放冷却罩在炉台上就位并马上连接供电系统，冷却风机自动启动。当控制温度达到 410℃时，关闭炉台循环风机；30min 以后关闭冷却风机，开启喷淋冷却。

4）启动喷淋冷却。关闭冷却风机后 5min 自动启动喷淋冷却，一直冷却到设定的出炉温度。

5）后吹扫。当钢卷冷却到预先设定的出炉温度后，用氮气以 $140m^3/h$ 的流量吹扫退火空间内的氢气。目的是使退火空间内的保护气体氢气的含量降低到爆炸极限以下。

吹扫要求：最少吹扫时间 28min；最少吹扫体积 $66m^3$。

(8) 出炉。指挥吊车移走冷却罩；松开炉台水接头；启动夹紧释放按钮，松开内罩夹紧装置；指挥吊车吊走内罩。

(9) 终冷台冷却。钢卷出炉时，控制温度为 80℃。为确保平整机组钢卷生产所需的温度，以卷径大的钢卷在下、卷径小的钢卷在上的堆垛顺序装在终冷台上继续冷却。

(10) 入库。冷却后的钢卷通过钢卷运输车运送到平整前库里等待平整。

7.3.3 退火工艺制度的确定与执行原则

7.3.3.1 退火工艺制度的确定

冷轧带钢退火工艺制度主要根据钢的化学成分、产品的技术标准、带钢的尺寸和卷重等因素确定。工艺制度必须保证生产中钢卷层间不黏结，表面不出现氧化，中高碳钢、合金钢退火过程中不脱碳，汽车板能获得深冲性能等。

A 加热速度的确定

钢的加热速度主要决定于钢的导热系数的大小。钢质不同，导热系数也不同，所以确定加热速度时，钢质是考虑的主要依据。钢中碳含量和合金含量对热传导影响较大。如它们的含量高，则导热系数小，加热速度就要适当慢一些，避免内外温差过大而造成组织和性能的不均。

从室温到 400℃，加热速度一般是不加限制的，其原因是：根据再结晶过程的原理，带钢从室温加热到 400℃，带钢内部组织无显著变化，轧制过程中被拉长的晶粒刚刚获得回复，尚未形成再结晶，在这个温度区间加热速度快慢对钢的性能和表面质量影响是不大的。每个炉台中心都装有循环鼓风机。通过循环鼓风机的作用，特别是在低温阶段加热速度更快。正常生产情况下，加热罩都是由上一炉保温结束，立即转移到另一炉加热生产。由于罩体温度很高，所以带钢卷从室温加热到 400℃是很快的。由于循环风机和加热罩的作用，带钢卷在被加热到 400℃以前的加热速度是不易控制的。

钢卷由 400℃加热到保温温度，加热速度对带钢的性能和表面质量都有相当大的影响。一般规定升温速度以 30~50℃/h 为宜，对特殊钢质、易出现质量问题的钢种和较厚的带钢，加热速度都有不同的规定。带钢从 400℃加热到保温温度 723℃以下期间，正是再结晶形成阶段，因而在这个温度区间加热速度必须予以控制。

钢种不同、厚度不同，加热速度的控制是不同的。如优质镇静钢、低碳软钢等钢种，尤其在带钢厚度较薄时，退火中不易出现性能缺陷，因而可适当提高加热速度，这样既可提高生产率，又可减轻带钢带层间的黏结缺陷。带钢厚度较厚的 09MnAl(Re)、Q235F 等钢种，退火中出现的性能问题较多，黏结缺陷相对较少，因而加热速度应适当缓慢，以使带钢卷加热均匀，保证性能。

B 保温温度和保温时间的确定

钢的再结晶温度不是固定的某一温度。再结晶温度与带钢内部组织状态有关，如加工变形量越大，晶格歪扭和晶粒被拉长轧碎的现象越严重，带钢内能也就越大，越易形成再结晶，即在较低的温度就能进行再结晶。如低碳钢再结晶有时在450℃就开始。实际生产中使用的再结晶温度是根据产品在570~720℃范围内选择的。

保温温度及保温时间主要依据产品标准、技术条件及钢种和带钢的厚度来确定。保温时间、保温温度还与卷重、带钢厚度有关。卷重大、钢板厚，则保温温度高，保温时间也要长，这与带钢卷在单垛罩式炉中退火时的受热方式有关。带钢卷在单垛罩式炉中退火时的受热方式主要是对流和热传导。卷越大、带钢厚度越厚，越不易烧透，所以保温温度要高，保温时间要长。对易产生层间黏结缺陷的钢质和薄规格的带钢，保温温度可适当低些，保温时间可短些。对强度偏高或塑性不足的钢质和厚规格带钢，保温温度适当高些，保温时间长些。

C 冷却速度和出炉温度的确定

根据多年生产实践和国内外关于冷轧带钢退火的论述，特别是近年来快速冷却的出现，人们普遍认为罩式炉内钢卷冷却速度应当是越快越好，因为罩式炉的冷却速度本身是慢的，不影响钢的性能，快冷还可以提高炉台效率、改变台罩比。对性能有特殊要求的钢种，如重深冲汽车板，在500℃以上冷却速度太快会使冲压性能变坏，因此需要缓冷，即带大罩冷却。单垛罩式炉带钢卷垛是套在内罩里的，在冷却过程中不与外界空气接触，而且钢卷垛本身冷却就很慢，因此不会因采用加快冷却速度措施而影响产品质量。在生产实际使用的热处理制度中，吊大罩以后的冷却速度是不加限制的。当前，罩式炉广泛采用分流快速冷却和快冷罩。出炉温度的确定，是以带钢出炉后与空气接触不发生氧化为依据的，考虑到炉台利用率和确保表面质量，出炉温度应当以120~150℃为宜。

D 光亮退火

要使带钢无脱碳、无氧化必须进行光亮退火。

退火钢卷防止氧化的关键性问题之一是必须使保护罩内的压力满足工艺要求。对于老式砂封的罩式炉炉内压力要求达到800~1400Pa。因为压力高于1500Pa，砂封会被吹开，而低于500Pa时，炉台循环风机的作用会使内罩下的压力形成负压，所以要严格控制炉内压力。对于新式压胶密封结构炉子，循环风机能力又较大，并有分流冷却系统，相应炉内压力要高。退火钢卷防止氧化的另一个关键问题是保护气体。保护气体必须要保证高纯度，含氧量要小于20×10^{-6}，露点在-50℃以下，这样才能保证炉内气氛的可靠性，实现光亮退火。

另外，还要认真搞好冷吹和热吹。冷吹和热吹的目的是利用保护气体驱走内罩中的空气和钢卷带进的油气水分。一般冷吹是在点炉前两小时打开通入炉内的保护气体阀，保护气体压力应大于800Pa，并打开保护气体排出阀，利用保护气吹赶内罩中的空气。冷吹正常且时间已够两小时，才能点炉。

热吹的作用是除了将内罩中的残余空气进一步赶净之外，更重要的是将板卷带来的乳化液产生的油烟、水蒸气等有害物质全部驱走吹净，避免污染钢板表面而降低钢板表面质量。热吹时间的长短，要根据保护气体供应情况和钢板表面要求程度而定。如生产高强钢防脱碳汽车板时，要求钢板表面很清洁，热吹时间越长越好，条件允许时可吹到钢卷温度达到保温温度。为生产出光亮和清洁的高质量钢板表面，冷轧后进行电解清洗（日本普遍采用）是十分必要的。在退火的全过程中要求炉子设备一定要满足工艺要求，要严密不漏，并且使保护气体在炉内循环，保护气进出畅通。可在点炉前对炉子进行试漏，向保护罩内先充入保护气，达到预计的压力，然后将进出口阀关闭，炉压在30s内泄压不大于200Pa才算合格。在热吹时炉内压力保持在500～800Pa，启动分流之后，炉内压力达到3000～4000Pa。退火时炉内各种参数如图7-5所示。

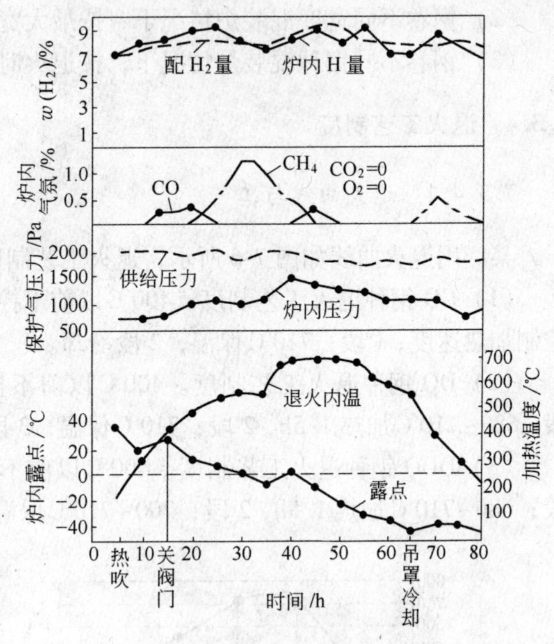

图7-5 退火时炉内参数实测情况

钢质08Al，共3卷15.1t，规格0.9mm×1020mm

7.3.3.2 退火制度执行原则

A 原料要求

（1）钢卷径向捆扎2道，并且要求捆紧捆直。为了防止钢卷在退火后松卷，厚度不大于0.5mm的钢卷必须带套筒，厚度大于0.5mm的钢卷内圈两个端点和中间进行点焊。

（2）钢卷卷取整齐，塔形最大为±5mm，层间错边量最大±2mm。

（3）残油量：≤300mg/m²（单面）。

（4）钢卷号、钢种及规格要清楚、准确。

（5）钢卷不允许有未轧现象。

B 堆垛原则

（1）原则上相同退火工艺制度的钢卷装在一炉内进行退火。

（2）不同钢种的钢卷混装退火时，按最高质量的钢种要求进行退火。

（3）不同规格的钢卷混装时，按退火时间最长要求选取退火制度。

（4）钢卷的宽度和厚度相同而外径不同时，外径大的在下、小的在上。

（5）外径相同但宽度不同时，则宽的在下、窄的在上，但要求相邻两卷的宽度差应小于200mm。

（6）当钢卷外径和宽度相同而厚度不同时，厚的在下、薄的在上。对于厚度不大于0.6mm的钢卷，应将其置于最上。

（7）不同重量钢卷混装时，单卷重量差小于10t。

C 退火原则

（1）钢卷不同厚度混装炉情况下，按最小厚度执行退火制度。

（2）钢卷不同宽度混装炉情况下，按最大宽度执行退火制度。

（3）钢卷不同钢种混装炉情况下，按退火时间最长执行退火制度。

7.3.4 退火工艺制度

7.3.4.1 退火曲线与工艺

某厂用退火曲线如图 7-6 所示，退火工艺制度如下：

（1）CQ 钢种退火工艺制度。400℃以前不控制加热速度；400~710℃至控制温度期间控制加热速度，1 段；710℃保温，2 段冷却。

（2）DQ 钢种退火工艺制度。400℃以前不控制加热速度；400~680℃加热 7~8h，1 段；680~710℃加热 1.5h，2 段；710℃保温，3 段冷却。

（3）DDQ 钢种退火工艺制度。400℃以前不控制加热速度；400~680℃加热 7~8h，1 段；680~710℃加热 1.5h，2 段；700~710℃保温，3 段；700℃保温，4 段冷却。

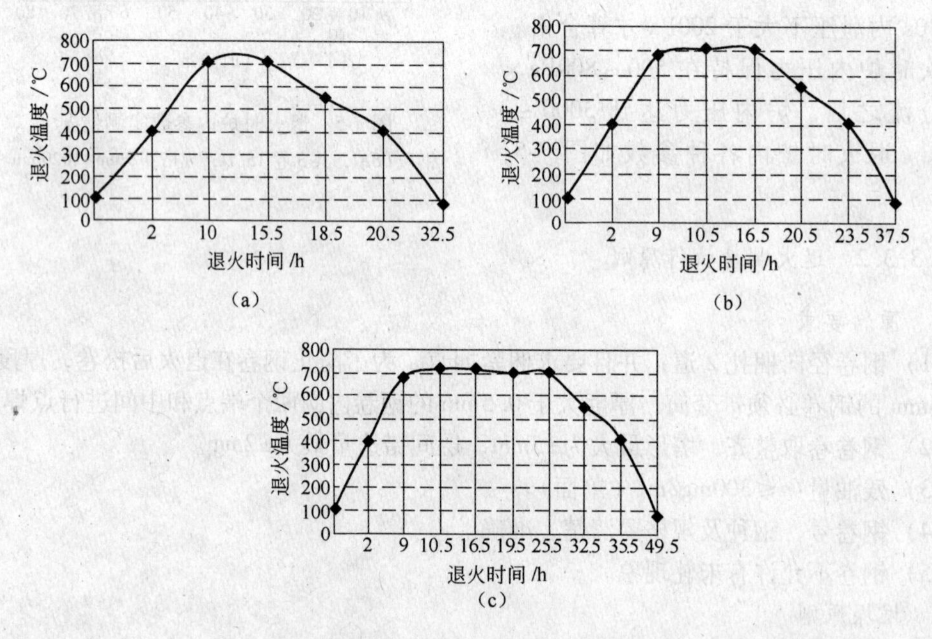

图 7-6 退火曲线示意图

（a）CQ 退火曲线；（b）DQ 退火曲线；（c）DDQ 退火曲线

7.3.4.2 紧急吹扫时的处理

对所有退火炉台，当在加热或保温（保温结束 1h 以前）期间发生紧急吹扫，应在 BCU 上打 BP0，等待 0 段出现启动条件正常后启动 AUTO START，自预吹扫启动。

如在控制电偶温度小于 400℃时紧急吹扫，设定点不变。

如在控制电偶温度大于 400℃小于保温温度时紧急吹扫，初始设定温度改为紧急吹扫时的温度，升温时间按比例缩短，保温时间不变。

如在保温期紧急吹扫，不控制加热速度，直接加热到保温温度，时间为剩下的保温时间。

如果只能在氮气下退火，紧急吹扫后的保温时间加倍。

对所有退火炉台，当在热试漏或冷却期间发生紧急吹扫，待紧急吹扫结束后，重新启动，在氮气状态下冷却。

7.3.4.3 停电后的恢复方法

电源恢复后，首先启动排烟风机、废气排放风机、润滑系统，并确认，然后逐个恢复各个炉台。

停电前控制温度小于400℃或处于冷却状态的炉台，电源恢复后在BCU上重新启动即可。

停电前控制温度大于400℃小于保温温度的炉台，电源恢复后，在BCU上重新启动，并改设定初始温度为停电时的温度，升温时间按比例缩短，保温时间不变。

停电前处于保温期的炉台，电源恢复后在BCU上重新启动，不控制加热速度，直接加热到保温温度，时间为剩下的保温时间。

7.3.4.4 停煤气处理

停煤气1h以上，煤气重新供应后，重新点炉（逐个炉台，每炉每次点3个烧嘴，逐次点着），并根据停煤气时间长短及各炉状况补偿吹氢制度和保温时间。

当停煤气的时间超过4h时，对于加热或保温的炉台，吹氢制度加4段（流量$1m^3/h$，时间24h）；待煤气重新供应后，根据原吹氢制度减去停煤气时已运行的时间重新设定。

7.3.4.5 退火氧化色修复退火制度

退火温度：600℃不控制加热速度，保温1~4h。

吹氢制度：1段$25m^3/h$、4~6h，2段 $6m^3/h$、1h。

7.3.5 烘炉

新炉使用前、炉内耐火材料更新或部分更新，要进行烘炉。

烘炉前应确认所用耐火材料的性能及耐火材料对烘炉的要求。如果烘炉曲线（见图7-7）满足耐火材料的要求，按曲线进行烘炉；若不满足要求，应按耐火材料性能要求进行烘炉。

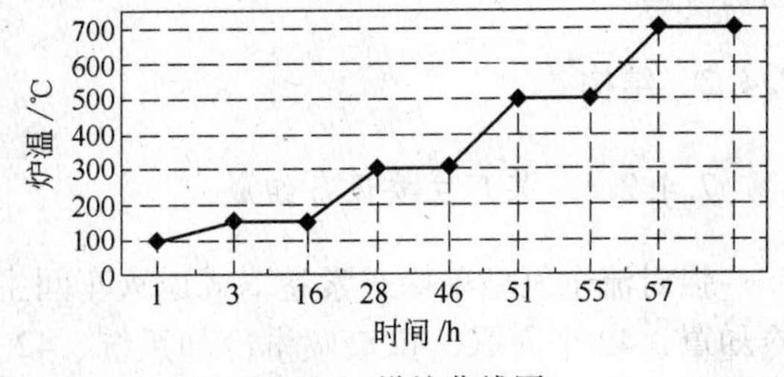

图7-7 烘炉曲线图

烘炉时要对加热罩加热温度和速度进行控制。把加热罩热电偶信号接到控制热电偶上，通过控制热电偶信号监控加热罩空间内的温升情况。在此阶段不控制热电偶温度。

烘炉时，炉内一般装4卷（每卷10t左右）废卷，冷却工艺同正常退火工艺。

7.4　强对流全氢型单垛式紧卷罩式退火炉的技术特点与结构

7.4.1　技术特点

7.4.1.1　强对流

罩式退火炉通过内罩对带钢进行间接加热，带钢获得热量的大小取决于内罩壁的辐射传热和气体对流传热的能力。

由于轧制后的带钢横向存在中间厚、两个边部薄的横向偏差，所以即使在较大轧制张力下卷取钢卷，仍会出现带钢中间部位层间压力大、两个边部层间压力小的情况，因此带钢层间存在间隙。为了减少退火工序中由于带钢层间压力过大而产生的黏结缺陷，在保证卷齐钢卷的条件下，应尽量降低轧制张力，这样更增大了间隙。而间隙中充满着空气，由于空气导热系数远远低于钢板的导热系数，因此，带钢卷的径向导热能力很差。要想提高带钢的传热效率，只有提高保护罩壁的温度，形成较高的温度差而这势必导致钢卷外圈过热，是不允许的。因此，这一途径是行不通的。

增加内罩壁与保护气体之间对流传热的主要途径是加大保护气体的流速，采用保护气体流速高、流量大的循环系统，把内罩上的热量尽快传递给钢卷。大多退火炉都采取这一措施。

7.4.1.2　全氢

罩式炉最先采用 N_2 作为保护气体，后来发展用氮氢型保护气体（氮氢型保护气体，一般指 5%H_2、95%N_2），最后发展成为现在采用的 100%H_2 作为保护气体。

选择全氢作为保护气体，主要有以下几点：

（1）氢气的密度仅是氮气的 1/14，氢气的导热系数是氮气的 7 倍。氢气重量轻，渗透能力强，可以渗入钢卷层间，充分发挥导热系数大的特点，显著提高传热效率，并可提高内罩内保护气体的循环量。

（2）氢气作为还原性气体，在高温下能使 FeO 还原为铁，并能大幅度降低由冷轧机带来的轧制油（残碳）。

（3）以纯氢气作为保护气氛，可以使再结晶更加均匀化，退火产品的力学性能更加均匀。

7.4.2　结构

7.4.2.1　某厂主要设备组成

强对流全氢型单垛式紧卷罩式退火车间主要设备包括 42 座炉台、22 个加热罩、23 个冷却罩、42 个内罩、42 套喷淋冷却系统、42 座阀站、126 个中间对流板和 28 座最终冷却台。图 7-8 是罩式退火炉结构简图。

7.4.2.2　炉台

炉台是罩式炉的主体设备，从某种意义上讲，也可以说是罩式炉的永久性设备。

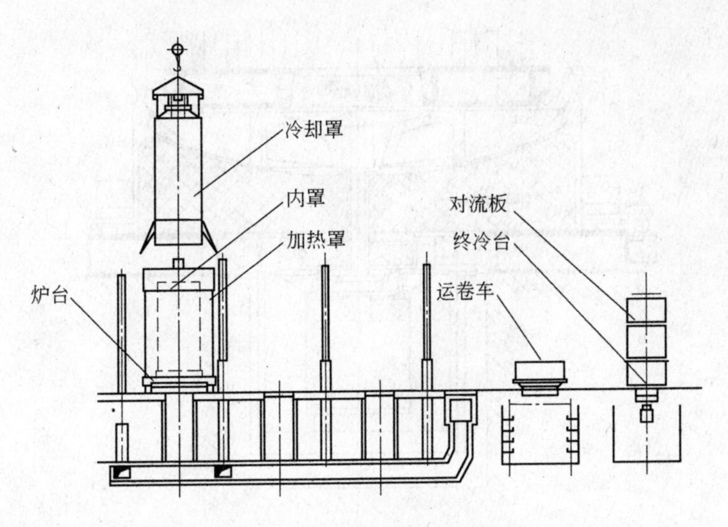

图 7-8 罩式退火炉结构简图

在设计罩式炉的时候，是以退火产量来计算炉台数量的，而后计算加热罩数量。一般情况下，加热罩数量与炉台数量相匹配时，加热罩数量应比炉台数量充裕。

在组织罩式炉生产的时候，应以不影响生产和不浪费煤气为原则，加热结束的加热罩，必须立即扣到另一个准备生产的炉台上。一般情况下不允许热状态加热罩落地。

炉台要承受钢卷垛和保护罩的全部重量。炉台应该具备承载能力、抵抗反复加热和冷却变形能力，并应具有不漏气、绝热性能好、蓄热量小以及结构简单等特点。

A 全封闭炉台

全封闭炉台由全封闭炉台钢结构本体、扩散器以及底部对流板组成。全封闭炉台外形及钢结构如图 7-9 及图 7-10 所示。井字形钢结构梁采用工字钢焊接而成，并与炉台底板焊接在一起，构成一个坚固的圆形承重底座。

图 7-9 全封闭炉台外形

在炉台底板内部对应工字钢位置上布置有支撑柱，内部填充绝热纤维毯。支撑柱底面焊在炉台底板上，支撑柱顶部与凹形球面金属壳下面支撑座平稳接触。支撑柱只承受支撑力，不承受径向位移力和向上离开约束力。这样，金属壳体因温度变化和外力作用不受限制，所以活动自由，可延长使用寿命。金属壳体制作成凹形球面的目的，其一是可以控制

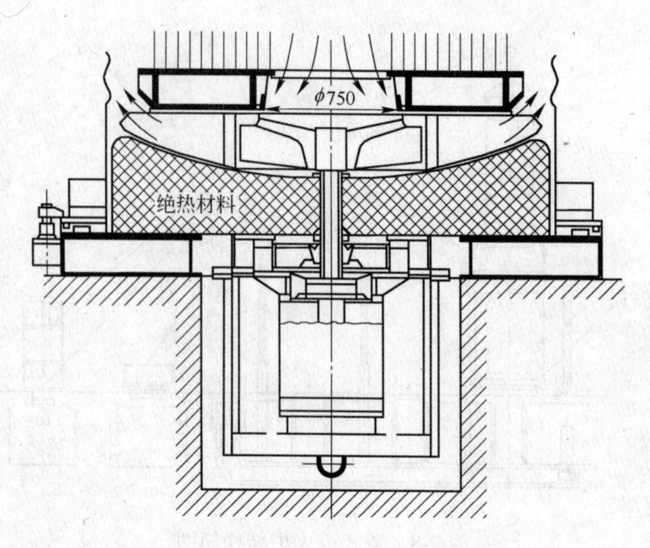

图 7-10　全封闭炉台钢结构

径向力；其二是与炉台循环气流方向相适应。

在炉台底板内部连接氮气进气管和出气管，通入绝热纤维层内部产生一定压力，使炉台金属壳体受炉内压力和温度影响相适应，也可以说和炉内压力相平衡，以保证金属壳体不变形或开裂，延长使用寿命。

金属壳体成型后，与炉台底板气密性焊接。金属壳体内部，填入绝热纤维毯，各个死角都要填实，以达到绝热效果。

这种全封闭炉台的特点是结构简单、坚固耐用。首先，全封闭炉台可防止炉台绝热层内空气、水分以及杂物污染钢卷，保证炉内氢保护气体露点和氧含量，提高钢板表面质量。其次，全封闭炉台还可防止高导热率的氢进入炉内绝热层而破坏隔热效果，保证炉台底板不过热和炉台密封橡胶圈不过热。

扩散器及底部对流板是采用耐热钢板焊接而成的，可在高温下承受重载荷而不变形，适应于大功率炉台循环风机的气流方向，通道合理，气流分布均匀，且阻力小。

炉台钢结构外缘是一个环形冷却用水箱，炉台工作时，通一定量的冷却水，以保证炉台不发生变形和密封法兰上的密封橡胶圈在允许的温度范围内使用。环形冷却用水箱有冷却水进出口，还设有两个定期排污孔。冷却水出水管必须一直通到水箱顶部，以保证水箱中始终充满冷却水。

炉台冷却水绝对不允许停水，在设计的时候，必须考虑另有一条事故备用水管，以实现不间断供水。

炉台出水温度不得高于 42℃，保证冷却水在水箱内不结垢。当然为保证不结垢也可以采用软水作为冷却水，但这种措施则是不经济的。

炉台围板下部外侧均布焊接 4 块小挡板，保护罩壁内侧与小挡板之间只有 5mm 间隙，控制保护罩与炉台对中。

炉台钢结构整体焊完后，应该对焊缝进行消除内应力处理，防止在生产过程中发生变形。为了保证保护罩与炉台密封严密性，在消除内应力处理后炉台密封法兰要进行二次加工，这一条不可忽视。

对炉台要进行整体气密性试验，将保护罩扣到炉台上，把好炉台密封圈，用压缩空气作为介质进行试验，不得降压。对水箱要进行耐压试漏试验，以水作为介质，不得漏水。

B 炉台附件

炉台附件主要包括保护罩压紧装置和炉台导向杆。

保护罩法兰密封是靠炉台密封圈来实现的。保护罩压紧装置均匀分布在炉台外侧上。采用8个液压缸，对保护罩法兰均匀压紧。采用液压压紧装置，可以实现压紧装置同步压紧或松开，即可保证压紧均匀性，保证炉台密封。

炉台导向杆是保证加热罩、冷却罩以及对流板对中炉台的导向装置，安装时既要保证导向杆与炉台中心相对位置，又要保证底座要焊在钢平台横梁上，以保证底座牢固。在设计钢平台横梁时，应该考虑这个位置。

一个炉台有两根导向杆。导向杆一般采用 ϕ219mm 无缝钢管制作。导向杆必须一高一低，靠近司机操作室的一根应装高些，以便于司机操作，首先导入导向杆。远离司机操作室的一根低些，由于回转吊钩作用，地面指挥配合再导入导向杆。一般高低导向杆相差300~400mm。

7.4.2.3 炉台循环风机

炉台循环风机是强对流全氢罩式炉的重要设备，既是核心设备，又是强对流技术的出发点。

全氢型炉台循环风机与氮氢型炉台循环风机主要参数对比见表7-3。

表7-3 全氢型炉台循环风机与氮氢型炉台循环风机主要参数对比

参　数	全氢型炉台循环风机	氮氢型炉台循环风机
功率/kW	22	37/10
转速/r · min^{-1}	2300	1500
叶轮直径/mm	950	710
风量/m^{3} · h^{-1}	55000	20000

全氢型炉台循环风机结构如图7-11所示。

该风机叶轮固定在电动机出轴端，轴与叶轮采用锥形体用普通扁形螺母并加防松片固定。电动机上部专用法兰与炉台中心的下法兰用螺栓连接。电动机用一个专用的封闭水套包起来，该水套与炉台另外一个较大中心法兰密封连接。氢气通过电动机上部端盖沿着风机轴周围缝隙进入炉内，电动机周围充满和炉内相同的氢保护气体。

电动机上部安装一个导叶片，形成一个小风扇，具有离心作用，可将氢气通过专用的封闭水套内侧从下端抽入电动机定子和转子之间，这样形成一个电动机内外冷却循环系统，可以充分冷却电动机和清洗其空间气体。这对于钢板表面质量和安全生产有着重要保证。

冷却水套内侧焊有翅片，可增大冷却面积。翅片包围着电动机，可对电动机及其轴承进行充分冷却。由于炉内温度越高，氢保护气体密度越低，风机消耗功率越低，因此风机功率消耗较少。功率选择22kW，即可适应全氢型保护气体。

这种炉台循环风机是目前比较先进的结构形式，主要有以下突出优点：

（1）风机与炉台连接轴承不需要进行密封处理，用封闭水套包围着电动机，与炉台用螺栓密封连接，将容易造成炉内氢气漏出或外界空气吸入的动密封改为静密封结构。这项新技术从根本上解决了炉台循环风机轴泄漏的关键难题，对于采用全氢作为保护气体更有其重要意义。

（2）整体风机处于高温环境下工作，封闭冷却水套结构合理，效果好。

（3）风机采用变频电动机，可以无级变速。

（4）风机结构简单，减少维修工作量，使用寿命长。

7.4.2.4　加热罩

加热罩外形如图 7-12 所示。

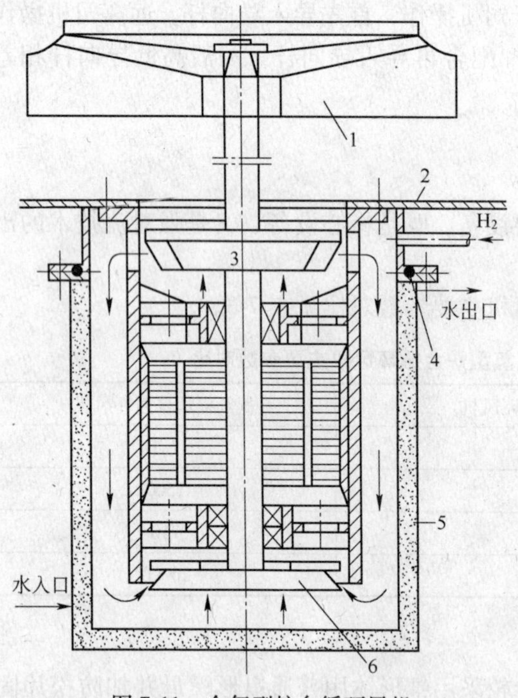

图 7-11　全氢型炉台循环风机

1—叶轮；2—炉台；3—离心式导叶片；
4—密封胶圈；5—冷却水套；6—轴流式叶轮

图 7-12　加热罩外形

加热罩是单垛式紧卷罩式炉的主要设备。其主要几何尺寸由钢卷最大外径和钢卷垛最大高度决定。加热罩在设计时应力求减轻重量，特别是当加热罩的重量已成为车间起重能力的决定因素时，就更应该考虑。

加热罩由钢结构的金属壳体、炉顶横梁、燃烧系统、排烟系统、空气预热器以及炉衬砌筑等组成。

A　钢结构金属壳体

金属壳体是构成加热罩的骨架，加热罩所属设备及零部件都依附在这个圆筒形金属壳体上，内部砌筑有耐火材料炉衬。因此，金属壳体要有足够的刚度，而且重量要轻。起重用吊环及其他主要受力构件必须根据强度计算确定。

金属壳体一般都采用 Q235 钢板焊接制造。钢板厚度根据多年制造及生产使用经验，以 6mm 为宜。

设计圆筒金属壳体时，上部焊有空气箱，下部焊有煤气箱，既起到管道作用，又起到增强刚度作用，中部焊有增强刚度的法兰圈，这样整个圆筒形罩体具有 3 条增强圈，提高了刚度，不易变形。

加热罩顶部设计成可用吊钩提升的结构形式。底部的支撑腿可使加热罩立放在专为它安装的工字钢梁上。下部边缘由环形板组成，其下部安装密封件。当加热罩放在炉台上时，密封件压在保护罩法兰槽内，使加热罩与外界隔绝。加热罩配置两个导向环，入口为圆锥形，当扣加热罩时，套在两个导向杆上。

B　燃烧系统

燃烧系统包括烧嘴、煤气和空气管路等。

煤气是由车间煤气管道通过支管路接到炉台前的。加热罩上安装一个波形管连接器，它靠吊车对中落下自动与炉台前接头接好，并通过煤气管、煤气分配箱、煤气电磁阀将煤气送到 12 个烧嘴。空气通过助燃风机经过空气分配箱，再经过预热器被送到 12 个烧嘴中。

波形管连接器（见图 7-13）材质是耐热钢（1Cr18Ni9Ti），壁厚为 0.2mm，总长 400mm，可以伸长量 24mm，压缩量 36mm。自动连接方式可缩短操作时间、减轻操作人员体力劳动。

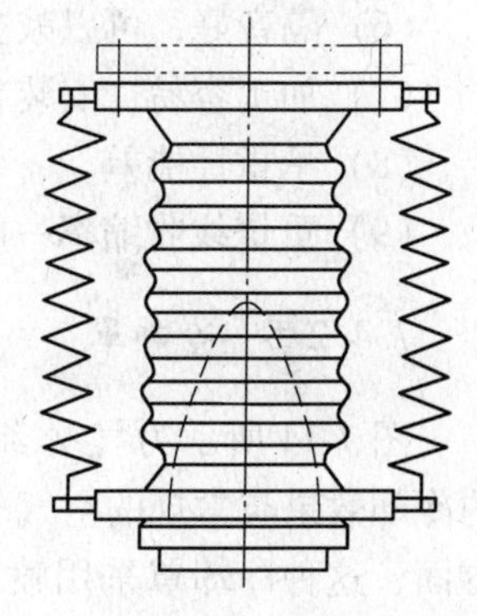

图 7-13　波形管连接器示意图

全氢罩式炉加热罩上分 3 层环形切向布置 12 个大负荷高速烧嘴，并通过一个控制系统调节。大负荷高速烧嘴配置点火烧嘴、点火电极和火焰监测器。大负荷是指一个加热罩最大煤气量，与可比氮氢型罩式炉加热罩最大煤气量相比，增加 59%，从而提高了加热能力（但必须有强对流大功率炉台循环风机以及全氢保护气体相匹配）。大负荷高速烧嘴可以强化对流传热，促进炉气循环，均匀炉温，避免对保护罩加热时出现热点。

为了节能和降低废气温度，烟道出口处安装一台集中空气预热器，利用燃烧废气将空气预热到 350℃，作为助燃空气通入各烧嘴。

为了控制燃烧空气过剩系数，实现合理燃烧，采用空气和煤气比例调节系统，将烟气中含氧量控制在 3%~4%，实现完全燃烧。

加热罩与烧嘴配置了 12 个点火烧嘴，采用天然气作燃料。点火烧嘴的主要作用是点火，以保持火焰不间断。混合煤气采用断开式控制，保证混合煤气随时点燃，保证煤气安全。为了保证加热罩设备不受损坏，加热罩最高温度限定为 850℃。

C　炉衬

加热罩炉衬由两部分组成。烧嘴和烟道是用轻型、真空成型耐火纤维砖砌成，可以承受燃气冲刷。炉衬和炉顶铺设耐火纤维毡。

耐火纤维亦称陶瓷纤维，是由耐火原材料制成的，目前多以焦宝石或矾土为原料。将原料加入2000℃电弧炉内熔化后以细股流出，用0.6~1.0MPa压力的压缩空气或蒸汽吹成散状纤维，即耐火纤维原棉。原棉中含有部分未被吹成纤维的凝固液滴，称为渣球，渣球含量一般不大于10%。将原棉中渣球除去，加入0.3%~5%的结合剂，原棉即可压制成毡、毯、板、纸、绳等多种耐火纤维制品。

以焦宝石为原料生产的耐火纤维称为硅酸铝耐火纤维，其物理性能如下：耐火度1750~1790℃、密度0.04~0.09t/m^3、纤维长度100mm、纤维直径2~5μm、使用温度1150℃。

耐火纤维具有以下特点：

（1）普通耐火纤维的使用温度达1150℃，高级耐火纤维（如氧化铝、氧化锆耐火纤维）的使用温度可达1700℃。

（2）导热系数低，与普通绝热材料相比，用于绝热层可减少厚度一半左右。

（3）重量轻，仅为普通耐火材料密度的1/20左右，为普通绝热材料密度的1/6左右，可以大大减轻炉体重量。

（4）热容量小，用做炉衬，可以提高升温速度，节约燃料。

（5）抗热振性能好，纤维柔软，有弹性，能抵抗热冲击和振动，能消除热应力，耐急冷急热性能好。

（6）隔音好，可以减少燃烧噪声，可以作为高温消声材料。

（7）加工容易，安装方便。

（8）承重性能差。

（9）重烧线收缩率一般达到4%，敷设应该考虑这一缺点。

7.4.2.5 冷却罩

图7-14所示为气-水组合式冷却罩。一方面它的冷却效果与常规的空气冷却罩基本相同；而另一方面，这种冷却罩采用喷水方式直接冷却保护罩，起到替代分流快速冷却的作用。

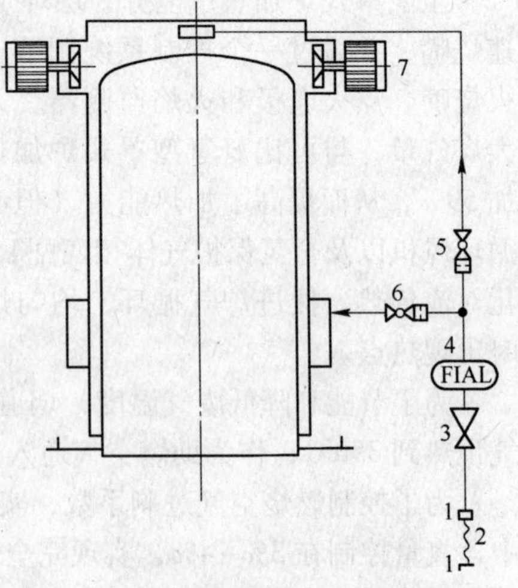

图7-14 气-水组合式冷却罩结构示意图
1—水软管接头；2—水软管；3—水压力调节器；4—水流量显示/监控器；5，6—切断阀；7—离心式风机

冷却罩是采用耐热钢焊制的。两台离心式风机置于冷却罩上部两侧，空气由保护罩和冷却罩下部缝隙吸入，沿着保护罩热表面向上抽出热空气。当炉温降到270℃时，风机自动停止。3min后水管道上电磁阀自动打开，分别向保护罩顶部和中部喷冷却水，直到热点温度降到160℃为止。喷水时冒出一部分蒸汽，约3min就结束了，对环境没有影响。

冷却罩风机的特点是克服了过去常规采用的轴流式风机的电动机长期处于高温状态工作的缺点。此冷却罩设计成离心式风机，由风机轴向吸入热空气，沿叶轮离心方向抛出。这种结构只需风机叶轮及机壳用耐热钢板，电动机只选用耐温性能一般的标准电动机即可，大大降低了造价，减少维护量，提高了使用寿命。这一点在设计上是新突破。

冷却罩上装有供水压力调节阀和流量控制阀，以保持水压、水量恒定，这对冷却效果和冷却罩使用寿命是十分重要的。

此种冷却方式结构简单、操作方便、投资少。但保护罩由于喷水而寿命有所降低。综合考虑，这种冷却方式可以取消庞大的地下室和分流快速冷却设备，降低大量投资和日常维修费用，对老厂改造尤其具有现实意义。

快速冷却比自然冷却速度快，揭去保护罩后钢卷温度会产生回升现象。为此，冷却结束温度应达到钢卷在大气中不产生氧化变色温度以下，一般可参照表7-4。

表 7-4 钢卷出炉温度参照表（压紧电偶温度）

带钢宽度/mm	普通冷却/℃	快速冷却/℃	带钢宽度/mm	普通冷却/℃	快速冷却/℃
<850	140	120	1000~1300	120	100
850~1000	130	110	>1300	110	90

7.4.2.6 内罩

内罩又称保护罩，结构如图7-15所示。

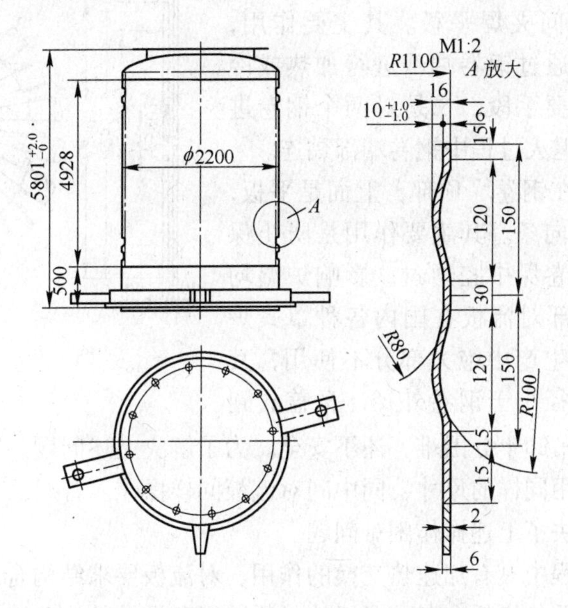

图 7-15 横波形保护罩结构示意图

保护罩采用1Cr20Ni14Si2、6mm厚大规格耐热钢板，经焊制辊压成型。横波形保护罩的特点是罩体改变形状，呈横的波形。这种横波形抵抗径向热变形能力强，但抵抗纵向变形能力差些。横波形保护罩的优点首先是提高使用寿命，其次是增加传热面积。

计算和试验统计结果表明，横波形保护罩可比平面形保护罩增加4.53%的传热表面积，可使加热时间平均每炉缩短1.3h，冷却时间平均每炉缩短1.6h，平均提高炉台小时能力4.63%。由此可见保护罩面积增加1%，炉台小时产量可提高1%左右。保护罩改为横波形后，其下部产生凸变形的情况大大减少，从而提高了保护罩的使用寿命。这种保护罩目前得到普遍推广。

保护罩密封法兰采取通水冷却，以降低法兰温度，防止热变形，降低橡胶圈使用温度，延长橡胶圈使用寿命。

7.4.2.7　对流板

对流板又分底部对流板、中间对流板和顶部对流板。

底部对流板（见图 7-16）安装在炉台的分流盘上面，承受钢卷垛全部重量，因此较厚，上面带有导向条，下面为平板。

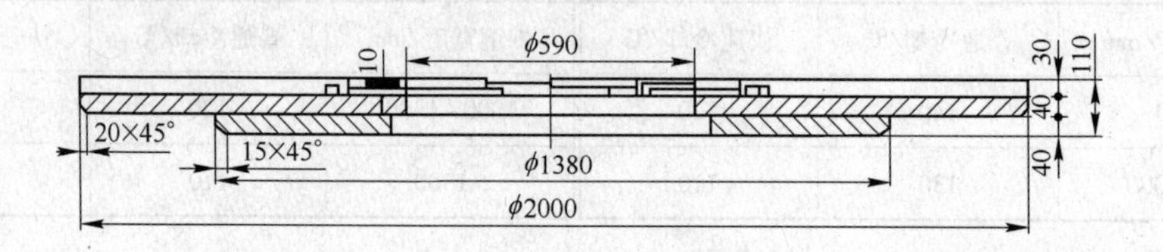

图 7-16　底部对流板

中间对流板（见图 7-17）位于钢卷之间，两面均带有导向条，中间夹焊平板。其主要作用，一是使保护气体气流通过钢卷端部进行加热或冷却，这是热交换的重要手段，二是对两个钢卷进行隔离，防止钢卷在退火过程中钢卷端部黏连。

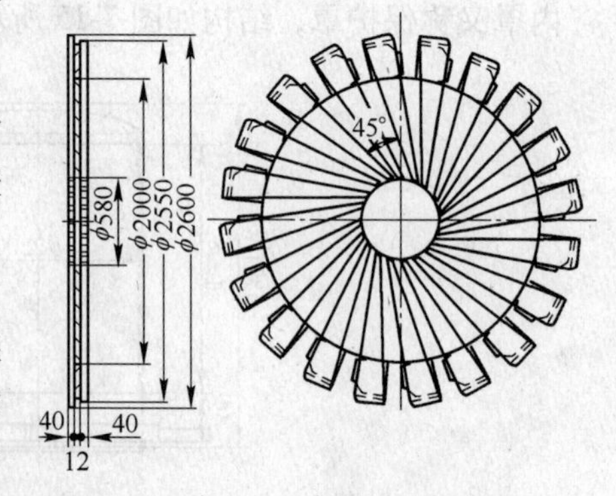

图 7-17　中间对流板

顶部对流板盖放在钢卷垛顶部，上面是平板，中间有孔，下面带导向条。其主要作用是防止保护气体气流全部从钢卷垛中腔通过，影响炉温均匀性和退火能力。顶部对流板在国内各种罩式炉中均有设计，可是在生产中绝大部分不使用，其原因是顶部对流板直径小于钢卷外径，又盖放到钢卷垛顶部，盖上或吊卸十分困难，还不安全。为了解决上述问题，顶部对流板外径和中间对流板外径可以采用同样的尺寸，同中间对流板同样操作。曾对最终冷却台顶部对流板采用过此种改进，解决了上述操作困难问题。

对流板在退火过程中具有加速热交换的作用。对流板要求结构合理、尽可能增加气流量、强度高不易变形及价格低。对此可以从材质选择和设计结构两个方面考虑。中间对流板及顶部对流板采用 Q235 即可。底部对流板荷重大、不经常更换，最好采用耐热钢结构件。但是耐热钢板受宽度限制，不易买到，为此可以改用 20g 或 Q235 钢结构件。也曾不止一次尝试过用耐热铸钢件制作底部对流板，但均以裂纹破坏而失败。

对流板几何尺寸取决于钢卷几何尺寸。例如，钢卷最大外径为 2000mm、内径为 610mm，则对流板外径应为 2000mm、内孔应为 580mm。对流板厚度越大，则刚度越大、通气量越大，热交换效果越好，但这样会增加装料高度，在退火过程中多消耗煤气。一般厚度取 55~92mm。

7.5 退火操作

7.5.1 氢气爆炸与防爆

7.5.1.1 H_2爆炸

H_2是易燃易爆气体。其着火温度为530~590℃；着火浓度极限范围：H_2与空气混合时，为4%~75%H_2；H_2与O_2混合时，为4.5%~95%H_2。

H_2被人们视为可怕的气体，但其实只要我们了解了H_2燃烧与爆炸的自然规律，并且在生产操作中严格遵守H_2的安全技术规程，H_2的爆炸是完全可以避免的。

H_2爆炸只有同时具备以下3个条件才能发生：

(1) 密封的有限空间。

(2) H_2的含量在着火浓度极限范围以内（即爆炸极限以内），并充满整个有限空间。

(3) 有火源引入或者H_2温度加热至着火温度以上。

一般，可燃气体发生剧烈的氧化反应称为燃烧。在整个有限空间里，瞬时全容积的燃烧称作爆炸。

在有限的空间里，可燃物的含量在着火浓度极限范围以内时，爆炸的过程大致是：火源引入，使火源附近的可燃气体燃烧，发出的热量加热并压缩其邻近层，使邻近层温度升高并燃烧，如此继续传播，最后全容积瞬间完成燃烧，产生高压出现爆炸现象。有的资料认为，在炉内产生爆炸时，其压力可达0.7~0.8MPa或更高，爆炸时火焰传播速度将超过1000m/s。

7.5.1.2 H_2防爆

为了避免H_2爆炸事故发生，点炉前，首先应该使炉内H_2含量在着火浓度极限范围以外，并用惰性气体如N_2清洗炉内空间，赶走炉内的空气或O_2。这是防爆的最有效办法。

当炉内充满H_2而没有空气或O_2且H_2在着火温度以上时，不会发生爆炸，因为炉内如果进入一点空气，空气中的氧就在附近燃烧掉，不会使H_2在整个炉内达到着火浓度极限范围以内。

当炉内温度降到H_2着火温度以下时，如果某处吸入空气，不能燃烧掉，空气逐渐积聚，当空气增加到使H_2含量下降到着火浓度极限范围以内时，一旦炉内有火星存在就会产生爆炸。为此，对于低温炉应该做到：炉子密封性要好，炉内一定保持正压操作，避免空气吸入。

H_2与空气混合时，浓度极限范围规定为4%~75%H_2的理由是：当H_2含量超过75%时，H_2浓度很高，而空气很少，只有极少量O_2与H_2燃烧，大量的H_2因缺O_2而不能燃烧；相反，当H_2含量低于4%时，H_2很少，同样不能形成正常燃烧条件。

但是，必须指出：H_2与空气的混合物全部加热至着火温度以上时，这时不管H_2含量多少，H_2会立即燃烧，直至燃烧结束为止。

全氢型罩式炉根据上述原理，采取多项安全防爆措施。

A 试漏

试漏包括室温试漏和高温试漏。

（1）室温试漏：装完炉扣上保护罩后，在室温下进行试漏，检查炉内与外界密封性。

试验压力为 5000Pa，试验时间为 15min，压力降不低于 4000Pa 为合格。

（2）高温试漏：在加热结束吊卸加热罩前 18min，在高温下试漏，第二次检查炉内与外界密封性。

试验压力为 5000Pa，试验时间为 15min，压力降不低于 4000Pa 为合格，否则冲 N_2 置换 H_2，进行冷却阶段操作。

高温试漏的原因是：在加热阶段如果密封性不好，当进入空气时氧立即会被烧掉，没有爆炸的可能性；而在吊卸加热罩进入冷却阶段时，如果密封性不好，进入空气且在着火温度以下，不能立即燃烧，逐渐积聚起来，达到 H_2 着火浓度极限 75% 以下（即空气量达到 25% 以上）时，遇着火源就有爆炸的可能性。

B　清洗

清洗包括室温清洗、点火前清洗、热清洗和出炉前清洗。

（1）室温清洗是在室温试漏合格后，用 N_2 清洗保护罩内空气，使其 $w(O_2)<1\%$。室温清洗的主要参数有：

负载空间空载容积：$20m^3$；

负载空间减去 85t 退火料后的容积：$8.5m^3$；

清洗时平均气体温度：20℃；

清洗气体：N_2；

清洗系数：$x=\ln\dfrac{初始浓度}{最终浓度}=\ln\dfrac{21\%(O_2)}{1\%(O_2)}=3.04$；

监控清洗流量：$138.3m^3/h$；

监控清洗时间：30min；

负载空间空载时所需清洗气体的最小量：$Q_{空载}=20\times3.04\times\dfrac{273}{273+20}=56.6m^3$；

负载空间减去 85t 退火料时所需清洗气体最小量：$Q_{有载}=8.5\times3.04\times\dfrac{273}{273+20}=24.1m^3$；

装满 85t 退火料，30min 清洗时间的安全系数：$n=\dfrac{138.3\times0.5}{24.1}=2.8$。

上述计算表明，清洗用 N_2 量为 $150m^3/h$，按监控的清洗最小流量值 $138.3m^3/h$ 来计算，监控清洗时间 30min，结果清洗安全系数为 2.8，是完全可以达到清洗要求的。

（2）点火前清洗是指加热罩点火前，在加热罩与保护罩之间用助燃风机送出的空气清洗残存的可燃气体，防止存在可燃气体，点火时发生爆炸。

（3）热清洗是指加热时继续用保护气体进行热清洗，保护气体 H_2 将保护罩里的 N_2 和钢卷带入的轧制液等挥发物吹洗干净，直到保温开始，关闭保护气体出口阀。此后，保护罩里应保压。

（4）出炉前清洗是在炉温降到出炉温度（一般热点温度 160℃）时，吊卸保护罩前用 N_2 清洗保护罩内 H_2，使 H_2 含量不大于 5%。出炉前清洗的主要参数有：

负载空间容积：$20m^3$；

负载空间减去 85t 退火料后的容积：$8.5m^3$；

清洗气体：N_2；

清洗系数：$x=\ln\frac{初始浓度}{最终浓度}=\ln\frac{100\%(H_2)}{5\%(H_2)}=3$；

监控清洗流量：138.3m³/h；

监控清洗时间：30min；

负载空间空载时所需清洗气体的最小量：$Q_{空载}=20\times3\times\frac{273}{273+20}=56m^3$；

负载空间减去85t退火料时所需清洗气体的最小量：$Q_{有载}=8.5\times3\times\frac{273}{273+20}=23.7m^3$；

装满85t退火料，30min清洗时间的安全系数：$n=\frac{138.3\times0.5}{23.7}=2.9$。

上述计算表明，清洗用N_2量是150m³/h，按监控清洗最小流量138.3m³/h来计算，监控清洗时间30min，结果清洗安全系数为2.9，完全可以达到清洗要求。

C 保证炉内正压操作

炉内H_2压力控制在1750~7000Pa范围内，并进行自动控制或报警。

当供电和控制系统出现故障时，除了N_2气阀（通电时是关闭的）外，所有炉台阀关闭，N_2阀自动打开，来保证炉内正压，这样具有安全保险作用。

D H_2监测器

地下室和车间里安装连续自动监测周围空间空气中H_2含量的H_2监测器，测量量程为0~20m，监测器调节范围为0%~100%。设定值为H_2着火浓度下限的20%（即含0.8% H_2），达到该值报警并指示灯亮。

另外，配置一台手提式测H_2分析仪、一台手提式O_2分析仪。

E 通风机

使用通风机向地下室连续通入冷风，不断地清除有害气体（H_2、N_2、煤气、天然气）。

F 设备安全设施

加热罩安装温度控制热电偶，用来控制加热罩最高温度。温度设定值为850+20℃，超过此极限值即报警，并自动停止煤气。目的是保护加热罩设备不过烧。

炉台安装温度控制热电偶，用来控制炉台最高温度。温度设定值为750+15℃，超过此极限值即报警，并自动停止煤气。目的是保护炉料不过热。

7.5.2 操作过程

（1）钢卷准备。钢卷准备应做到准确及时，以便及时装炉。

（2）装炉。

1）装炉前确认炉台、钢卷、对流板上无异物，设备无异常状况。

2）装炉前，炉台、内罩法兰必须清理干净。

3）装炉时，指挥天车直接从距离炉台近的地方吊运钢卷进行装卷；当钢卷距离炉台较远时，通过钢卷运输车把钢卷运送到炉台附近进行装卷。

4）堆垛的钢卷中心线与炉台中心线误差不大于20mm；内罩放置，必须按操作规程，沿导向柱缓缓放下。

(3) 密封测试。进行 H_2 阀密封测试。H_2 入口阀压力达到 3000~4000Pa，30s 内压力恒定，H_2 阀密封合格。若密封测试不合格，必须重新进行密封测试，否则不能进行下步操作。

(4) 连接冷却水。接内罩水接头时，先接入水接头，后接出水接头，再打开冷却水球阀；当流量开关显示有水时，控制系统启动液压泵，进行液压夹紧，夹紧后控制系统自动进入下一步操作。

(5) 内罩炉台密封测试。内罩炉台密封测试，3min 内内罩压力下降不超过 500Pa。密封测试合格后控制系统自动进入下一步操作。

(6) 初始氮气吹扫。初始氮气吹扫前，确认是否具备初始氮气吹扫条件。初始氮气吹扫不合格，不能进行下步操作。

内罩下面的空气由 N_2 取代，内罩里的氧含量必须低于 1%，吹洗时间最短不得少于 24min。满足上述条件后进入下一步操作。

(7) 放置加热罩。放置加热罩，按下加热罩点火按钮，自动点火，罩式炉烧嘴燃烧，进入下一步。

1）扣加热罩、冷却罩时，必须利用导向柱。按操作规程指挥吊车，以确保对中，防止损坏煤气自动接头、氮气气动气源接头等设备。扣完后检查、确认所有接头情况。

2）点火后，必须确认烧嘴是否工作正常。

3）在整个退火过程中，操作工必须经常检查设备运行情况，监视各种压力表、压力开关、流量表、流量开关、氧含量测试仪、BCU、UCU、所有信号灯、显示评议及上位机各种画面、信息。如出现异常情况，必须及时处理，以确保安全生产。

(8) 加热。加热开始，温度在 300℃左右有 $10m^3$ H_2 注入时，循环风机由低速运转变为高速运转。当温度达 700℃时进行恒温均热，最后进行热密封测试。如果 H_2 排放阀和 H_2 输入阀关闭，测量压力值在 5min 内。下降不超过 500Pa，则热密封合格，退火阶段全部结束。

(9) 带加热罩冷却。根据钢卷的实际要求，进入设定带加热罩冷却，关闭煤气阀，打开空气阀，吹入最大流量空气进行冷却，加热罩冷却结束。

(10) 放冷却罩。摘下加热装置，进行热辐射，然后放冷却罩。

(11) 启动冷却风机。冷却风机自动启动，此时循环风机仍高速运转。

(12) 后吹洗。当温度达到 450~500℃时启动快速冷却系统，温降约 100℃左右，卷芯温度为 160℃时自动进行后吹洗，循环风机低速转动。后吹洗时，$81m^3$ 吹洗气体必须流进内罩，而且最短吹洗时间不得少于 27min，满足上述条件后，控制系统进入下一步操作。

(13) 摘下冷却罩和内罩。摘下冷却罩，内罩释放，拨出炉台冷却水接头，摘内罩。

(14) 卸卷。用吊车卸卷，完成退火及冷却全过程。

7.6 退火缺陷

(1) 钢卷黏结。对于罩式退火炉，产生黏结痕的主要原因是来料的张力过大、板面粗糙度不够、板形不好、温度过高（超温）和保温时间过长，并主要出现在薄带钢中。钢卷黏结的产生原因、预防及处理措施见表 7-5。

表 7-5　钢卷黏结产生原因、预防及处理措施

序号	原　因	预防及处理措施
1	退火参数选择不当	针对不同规格、钢种的钢卷应采取不同的退火工艺参数
2	测量控制元件失准	加强点检和定检，不使测试仪表带病作业
3	喷淋的启动温度过高	降低喷冷的启动温度
4	原料的卷取张力过大、带卷粗糙度不够	改善钢卷的张力或粗糙度，对张力过大或粗糙度不够的钢卷，可以用降低快冷温度的方法避免黏结

（2）表面氧化色。产生表面氧化色的主要原因是炉内气体含氧量过高，具体见表 7-6。

表 7-6　钢卷表面产生氧化色的原因、预防及纠正措施

序号	原　因	预防及纠正措施
1	预吹扫不足：点火前，炉内气体含氧量高；保护气体流量不足，或者露点偏高，均会提高预吹扫后气体的含氧量	严格吹扫过程控制，保证吹扫气体的流量、时间；保证保护气体的成分、性能
2	加热过程的吹扫不足：加热过程中保护气体流量不足，或者吹扫时间短	保证设备的正常运行；当设备出现故障时，对发生故障的炉台及时进行检查，根据情况修改原定的工艺参数，以保证达到退火要求
3	保护气体压力不足：因各种原因造成的保护气体压力偏低，在快速冷却时，空气会挤入炉室，导致炉室气体的氧含量升高	保证保护气体的压力及成分
4	出炉温度过高	保证测量元件的精度；调整退火工艺参数；严格遵守操作规程
5	乳化液浓度的影响：加热、清洗阶段未将残余乳化液吹净，冷却时就会产生氧化现象	根据乳化液的浓度情况，调整退火工艺

（3）碳黑边。碳黑边是指钢卷中带有残留轧制油，在全氢罩式炉退火后未能完全吹扫干净，而在带钢的边部形成一条黑色斑痕。

罩式炉本身不会造成碳黑边缺陷，仅是由于未清洗净轧件上残留的轧制油所致。所选轧制油的黏度、浓度、挥发点，以及轧制过程中带入的异物，都是造成碳黑边的因素。

用改变罩式退火炉退火工艺来适应各种不同的轧制油是不可行的，采用合适的轧制油将对消除碳黑边有明显的效果。

（4）力学性能不合格。力学性能不合格是指在退火后，钢卷的力学性能不能满足规定的要求。产生原因是：钢卷化学成分不符；前部工序对钢卷的影响；退火工艺不合理；设备故障。处理办法是根据情况对钢卷重新退火。

7.7　机组故障与安全操作

7.7.1　机组故障

（1）停电。

1）注意与调度室、电气、制氮站值班员保持联系。

2）注意巡检炉台设备防止意外事故的发生。

3）注意检查各种设备、仪表的运转情况，氮气的压力、流量等情况是否正常。

4）停电后，经询问调度室，各种条件具备后才能恢复生产。

5）根据制氮站的氮气压力情况分批启动炉子。若是冷却阶段的炉子，应根据工艺的要求，进行返修，以确保产品质量。

6）根据制氢站的氢气压力情况分批点火或启动氢气冷却。

7）重新点火加热的炉子，看火工应注意调节油的流量，防止炉子超温。

（2）停吹氮气。

1）当制氮站压力低于3kg，应报告调度室，并密切监视氮气压力变化。

2）此时不要安排点火。

3）密封炉台，防止漏气现象。

4）小心操作，防止紧急吹扫的发生。

（3）停吹氢气。

1）当制氢站压力低于3kg，不要安排点火。

2）修改氢气的吹扫用气量。

3）密切监视氢气压力变化。

（4）停水。

1）与调度室保持联系。

2）开动事故水，保证炉台的供水。

3）安排点火。

4）注意检查炉台的供水及水温情况（炉台水温超过50℃应停止加热）。

（5）紧急吹扫。

1）首先应查明引起紧急吹扫的原因。导致炉子紧急吹扫的原因有：内罩压力低、内罩含氧量大于1%、紧急吹扫按钮被按下、内罩锁紧装置故障、停电、来气压力低。

2）与调度室联系，通知有关人员来处理故障。

3）吹扫结束后，根据制氢站、制氮站的情况分批重新启动炉子。

4）紧急吹扫期间应注意：发生的故障是否被确认，OIT屏幕是否显示计时，若不计时应查明原因，及时处理故障。

5）内罩氧气含量大于1%引起的紧急吹扫，直到紧急吹扫顺利结束并确认该故障后才能消除此故障。下次使用该炉台之前必须检查引起氧含量增加的原因，这检查包括对氧分析仪计量的检查。

6）若紧急吹扫按钮被按下，炉台的硬件特征值就处于控制状态，而不是PLC控制状态。要结束紧急吹扫，必须松开按钮，氮气吹扫条件也必须满足，在继续过程之前，必须调查这次手动紧急吹扫的原因。

7.7.2 安全操作

（1）当班时必须按要求使用劳保用品。

（2）用天车吊物时，必须先按规定检查钢丝绳和吊具，不符合使用标准的钢丝绳和吊具禁止使用。

（3）指挥天车吊物前，必须确认被吊物周围无人，运行路线上无人、无障碍物，吊运重物时，应走安全通道和炉台间隔处，不在炉台、加热罩、冷却罩、内罩及人员上方运行。

（4）吊运对流板、钢卷时，必须确认吊具夹紧、没有打滑松脱迹象时，方可发出上升指令，下落放置时，必须小心轮放、平稳放置，严禁歪斜放置。

（5）吊运对流板、钢卷时，出现打滑松脱迹象时，必须查明原因及时处理，直到不再出现打滑松脱现象时，才能起吊。

（6）指挥吊车作业时，必须站在司机视线之内，并距离被吊物5m以外，指吊口令清晰，手势明确、干脆。

（7）原料扶钩时，要注意周边环境，避免因C形钩摆动而挤伤或撞伤钢卷。

（8）炉台上吊起加热罩前，必须确认其快速接头已脱开方可起吊。吊内罩时必须确认其快速接头已脱开、压紧装置也已全部松开方可起吊。

（9）扣加热罩和冷却罩前，必须确认电插头、电插座完好后，方可发出扣罩指令。扣罩时，要求准确轻放，严禁刮碰内罩。

（10）炉台在没有进行预吹扫之前，严禁把热加热罩扣在炉台上（尤其有泄漏时）。

（11）发生泄漏时，应用肥皂水或氢敏仪查漏，禁止使用明火查漏。

（12）罩式炉区域严禁烟火，严禁存放油桶、破布及其他易燃易爆品。确实需明火作业时，需按动火制度办理动火证，采取预防措施后方可动火。

（13）罩式炉有严格的安全程序，若各种联锁条件未达到，必须通知有关人员处理。严禁私自短接信号。特殊情况下需短接信号的，要经作业区负责人同意，并做好记录。

（14）若炉子自动进行紧急吹扫，待吹扫完后，应立即查找发生紧急吹扫的原因，并及时处理。

（15）炉内保持一定的气压是安全生产的保证，若压力不正常时，应及时到地下室查看压力表显示，必要时进行紧急吹扫。

（16）禁止在电缆线、烟道上放置钢卷或其他重物。

（17）动步进梁进出料时，应注意步进梁出料端的钢卷是否及时吊走，严禁顶卷。

7.8　连续退火炉

7.8.1　连续退火炉概述

19世纪中叶在英国开始用剪切的钢板镀锌。连续镀锌技术是20世纪30年代由波兰人森吉米尔发明的。森吉米尔首先把连续退火工艺和热镀锌工艺联合起来，并于1931年在波兰建设了第一套宽度为300mm的带钢连续生产线。美国钢铁公司于1948年设计并投产的一条热镀锌线改良了森吉米尔发明的退火方法，采用一个碱性电解脱脂槽取代了森吉米尔法中的氧化炉的脱脂作用，其余的工序和森吉米尔法基本相同。1965年美国的阿姆柯公司发展了森吉米尔法，将森吉米尔法中的氧化炉直火加热方式改造成为无氧化直火加热方式，将退火炉工艺推进了一大步。20世纪80年代后，由于对板带的质量要求提高，出现了全辐射管立式退火炉。全辐射管立式退火炉的出现使得生产薄带钢成为可能，根据现有资料采用全辐射管式炉子最薄可以生产0.18mm厚的钢板，并为生产更薄的汽车板提供了有利的条件。冷轧连续退火机组如图 7-18 所示。

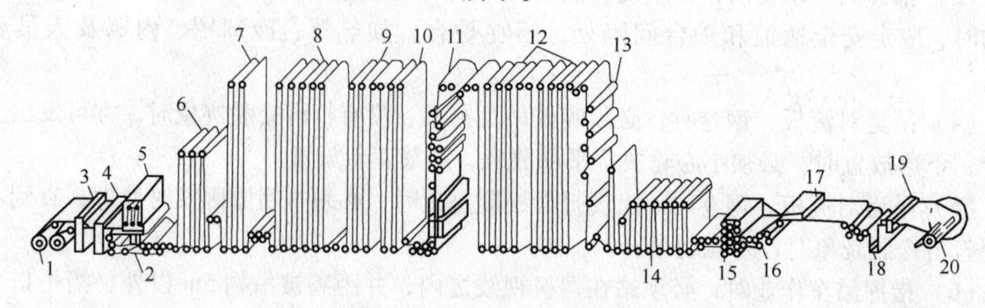

图 7-18　冷轧连续退火机组

1—开卷机；2—张力平整机；3—剪切；4—焊接机；5—电解清洗；6—入口活套；7—预热段；8—加热段；9—均热段；10—缓冷段；11—急冷段；12—冷却段；13—最终冷却段；14—出口活套；15—平整机；16—剪边机；17—检查装置；18—涂油机；19—剪边；20—张力卷取机

7.8.1.1　连续退火炉的分类

连续退火炉有不同的分类方式，从炉型方面来分，可以分为立式、卧式和 L 型三种；从是否明火加热来分，可以分为直接加热方式和间接加热方式两种；从设备的配置情况来分，可以分为森吉米尔法和改良的森吉米尔法以及美钢联法等等；从热处理的角度来分，可以分为再结晶退火后进行过时效和再结晶退火后不进行过时效处理两种。

7.8.1.2　连续退火炉的作用

(1) 改善金属的力学性能。板带经过冷轧变形后，金属内部组织发生变化，晶粒拉长，晶粒破碎和晶粒缺陷大量存在。冷轧变形越大，晶粒的破碎和位错密度越大，金属的塑性变形抗力也越增大，也就是硬度和强度显著增加，塑性和韧性下降，产生加工硬化现象。退火是将冷塑变形的金属加热到再结晶温度以上，经保温后冷却的处理工艺。经退火后，冷变形金属强度和硬度显著下降，塑性和韧性提高，内应力完全消失，加工硬化消除。

(2) 改善板带板形。炉内炉辊有特殊的凸度，而在炉内板带在高温状态下运行，强度和硬度在高温下大大降低，而且炉内张力控制为微张力，这些对于板形的微小变形会有一定的改善作用。而且不会在炉内造成板带的板形的损坏。

7.8.1.3　不同连续退火炉的退火方法

(1) 森吉米尔法。森吉米尔法的退火炉主要包括氧化炉、还原炉两个组成部分。带钢在氧化炉中由煤气火焰直接加热，此时，可以把带钢表面残存的轧制油烧掉，起到净化带钢表面的作用。在还原炉中由保护气体把带钢表面的氧化铁皮还原，形成适合镀锌的表面。

森吉米尔法在生产实践当中也暴露了许多不足之处。例如，带钢在氧化炉中由明火加热生成了较厚的氧化层，在还原炉中还原十分困难。

(2) 改良森吉米尔法。改良森吉米尔法的主要特点是，把森吉米尔法中的各自独立的氧化炉和还原炉，用一个截面积较小的过道连接起来。由预热段、还原段和冷却段构成了一个整体的退火炉。在预热段中采用煤气明火加热，保持炉内气氛为还原性气氛，尽可能地减少板带在明火加热中的氧化，同时清洁带钢表面的轧制油。在随后的还原段中采用辐射管加热使带钢达到退火温度进行退火。

改良森吉米尔法在预热段中采用还原性气氛，防止了带钢的强氧化，使带钢弱氧化；减轻了还原段的负担，降低了还原段气氛中的氢气含量，使生产安全性大大提高；同时提高了板带表面质量；提高了热效率，也提高了机组的运行速度，增加了生产线的生产能力。

（3）美钢联法。美钢联法的主要特点是，把改良森吉米尔法中的预热段的明火加热改为用热保护气体喷吹间接加热来预热带钢，用全辐射管加热段和均热段来加热带钢，使带钢达到再结晶退火温度，进行退火，然后采用强制喷吹保护气体使带钢快速冷却。

在加热段和均热段采用全辐射管间接加热，炉内充满氮氢保护气体，这样不会导致板带表面氧化，提高了板带的表面质量，同时也不会对板带造成过烧和过热。由于预热段是利用烟气余热来加热保护气体，不但大大提高了热利用率，而且也十分节能和环保。板带表面没有了氧化层，保护气氛中的氢含量显著降低（可以达到5%以下），增加了生产的安全性。炉子采用全部密封，减少了保护气体的消耗，降低了运行成本。

美钢联法在立式炉上采用，采用这种方法可以生产更薄的钢板，而且由于在入炉以前加设了清洗段，对板带表面的轧制油和其他表面杂质进行清洗，因而板带表面质量更加完善。所以对于表面质量要求较高的汽车用面板和家电用面板的生产优势尤为突出。

7.8.2 连续退火炉各段的功能和原理

连续退火炉按照生产顺序分为预热段、加热和均热段、冷却段。下面按顺序介绍各段的功能和原理。

7.8.2.1 预热段的功能和原理

预热段能够通过加热段排放的废气余热预热钢带，因此能够在煤气消耗方面节约7%～8%的能源。在预热段出口带钢温度为150～200℃，在生产线停车的情况下不会发生腐蚀和过热过烧的危险。带钢是通过在表面吹热保护气体来加热的，这将为板带提供一个清洁的表面。由于减少了板带表面氧化，加热段和均热段氢气需要量和气氛中的 H_2 含量也减少。

带钢通过一对密封辊垂直地进入预热段，里面充满保护气体。这部分包括两个行程，安装了带有窄缝式喷气口的风箱。目的是使热保护气体均匀地吹在带钢上，使带钢加热。两台循环风机从通道的出口将保护气体从炉室内抽出，送到两台烟气/保护气体热交换器中进行换热，然后再把热的保护气体送回风箱，喷吹到带钢上，从而使带钢加热。图7-19是预热段保护气体的流向原理图。

7.8.2.2 加热段和均热段的功能和原理

这两个段的功能是加热带钢到退火温度并保温必要的时间，以便于带钢内晶粒的重结晶。在辐射管加热段，由于炉温能够灵活控制，所以能够保证在生产线停止和间断操作期间对薄钢板没有不利的影响。通过用轻质的耐火绝热材料保持炉子内部的温度均匀，能够

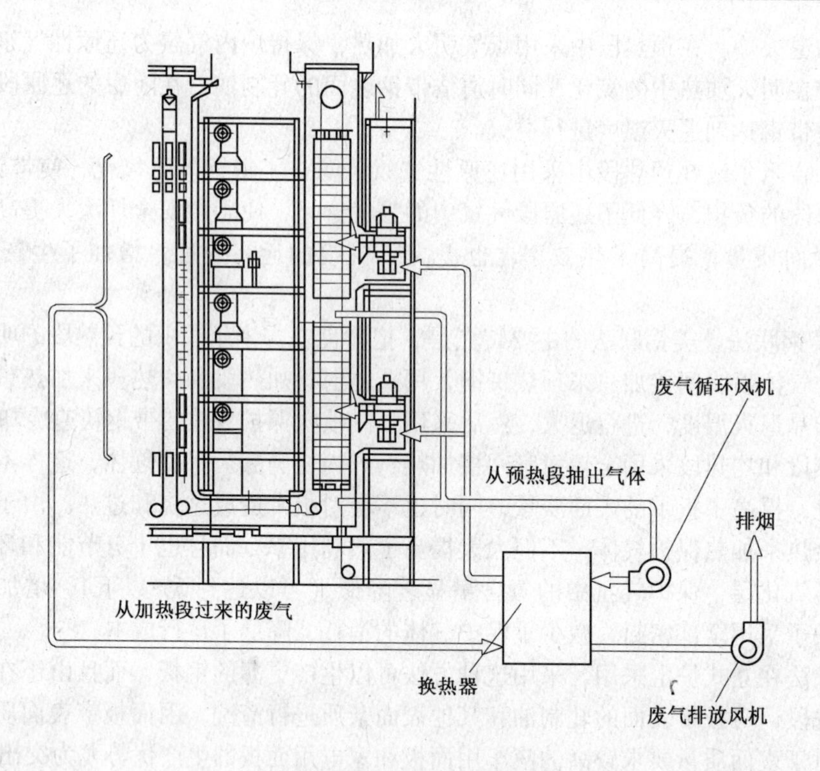

图 7-19　预热段气体循环图

提供最大的操作灵活性。由一个可控加热的模式来适合所有要求的温度条件，以便于在生产薄带钢时不会产生热瓢曲。带钢通过预热段末端的通道进入加热段。加热段和均热段在一个室中，加热带钢是用煤气在辐射管中燃烧的方法间接加热的；辐射管为 W 型辐射管，交错布置在带钢两侧（见图 7-20）。

助燃空气由助燃空气风机鼓入，通过辐射管自带的热交换器进行预热。这些辐射管烧嘴带有热交换器，能够利用烟气将助燃空气预热到 450℃左右。烟气通过烧嘴和换热器被烟气风机抽出，可以通过余热回收系统后排放，也可以不通过余热回收系统直接排放。当热回收系统被旁通时，烟气要被稀释空气冷却，然后由建筑物外的烟囱排放。

7.8.2.3　喷冷段的功能和原理

带钢在均热后，进行快速冷却，以防止晶粒的进一步长大，所以在保护气氛下快速冷却带钢到镀锌温度，如图 7-21 所示。加热后，通过两个行程的喷气冷却段使带钢冷却到镀锌温度。喷冷段带有保护气体喷冷系统，采用窄缝式喷嘴分布在带钢的两侧。带钢通过喷射冷却部分时，两面都被冷保护气体进行喷吹，冷却气体由风箱窄缝式喷口喷出。冷却气体通过喷冷段壳体边上的出口用带有变频调速马达的风机抽出，进入保护气体/水热交换器进行水冷，然后在进行循环进入风箱进行冷却带钢。

对于不同钢种的生产，有时为了调节冷却速率，可能关闭冷却区。在每一台循环风机入口装有开关式的挡板，能够关闭保护气体循环通道，从而防止了自然对流冷却的发生。在运行过程中为了加速运行或防止顶辊和底辊边部冷却，在顶辊室、底辊室和喷冷室中都

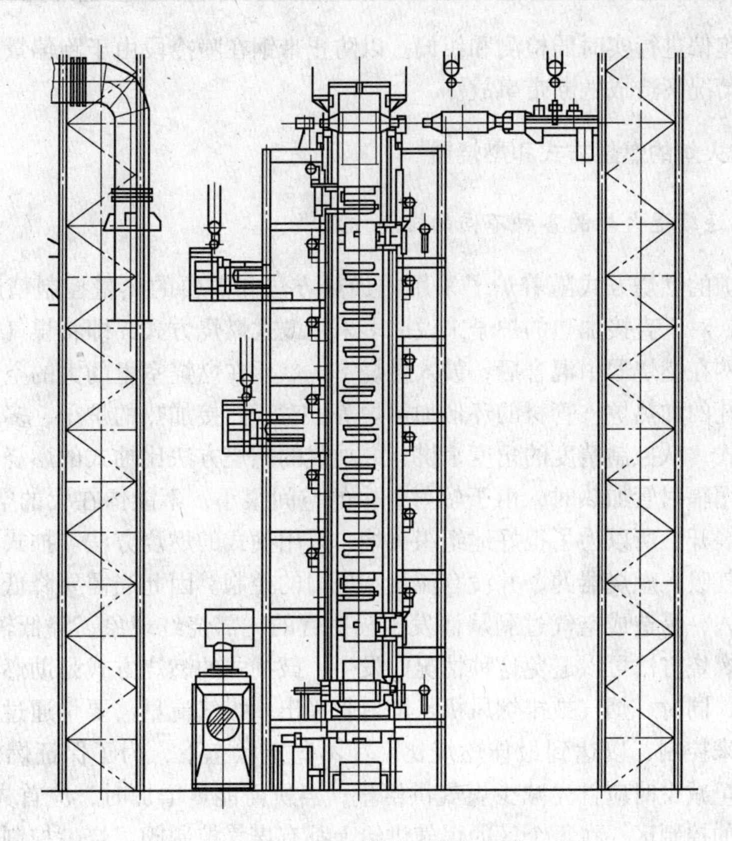

图 7-20 辐射管在炉内布置图

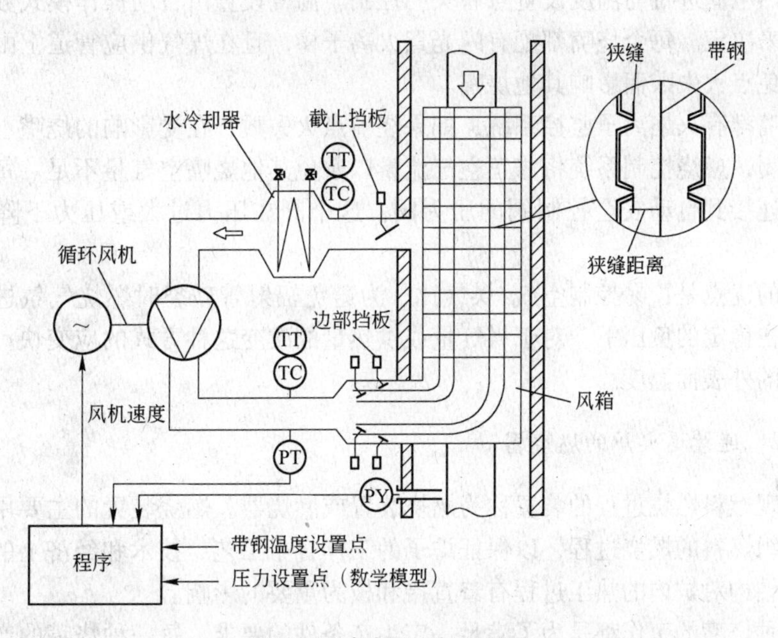

图 7-21 喷冷段运行原理图

安装了电加热装备，补偿热量，以防止带钢过冷和炉辊边部过冷。由于带钢在喷冷段是快速冷却，极易跑偏，所以在喷冷段设置一个带有 CPC（Center Position Control）系统的纠偏辊，对带钢的跑偏进行实时的检测和纠偏。以防止带钢在喷冷段由于跑偏量过大而造成冷瓢曲和严重的情况下造成的断带事故。

7.8.3 连续退火炉的燃烧方式和燃烧器

7.8.3.1 连续退火炉的各种不同的燃烧方式

连续退火炉的燃烧方式随着炉子采用的加热方法和需要的热量控制精度的不同而不同。一般来讲，对于直接加热的炉子来说，多采用鼓式燃烧方式，即将煤气和空气按照空燃比要求的比例在燃烧器中混合后，鼓入燃烧室，然后在燃烧室里的大的空间里进行有焰燃烧，例如热轧的加热炉、管材的环形加热炉等。对于间接加热的炉子，多采用抽式或鼓抽式的燃烧方式，从控制精度的角度来讲，鼓抽式的燃烧方法比抽式的燃烧方法控制精度要高得多。采用辐射管加热时，由于辐射管中的空间很小，不能像在大的空间燃烧一样，火焰不能完全展开，所以为了很好地组织火焰，采用抽式的燃烧方法。抽式是利用辐射管中的负压将空气吸入燃烧器的，并没有流量和压力的控制。因此当需要降低供热量时空气仍在不断的吸入，易造成空气过剩从而发生辐射管的尾部烧红现象，降低辐射管的寿命。采用鼓抽式的燃烧方法可以避免这种情况的发生，鼓抽式的燃烧方式是助燃空气通过助燃风机供入烧嘴，同时，烟气被排烟风机从辐射管吸出。煤气流量需要量通过一个控制阀和助燃风机一起来控制，以达到最佳燃烧比。在不稳定状态下，为了保证燃烧的氧化性气氛，在所需能量减少时应首先减少煤气供给量；当所需能量增加时，应首先增大供气量。烧嘴分成独立的控制区，在每个区的煤气供给上都有煤气控制阀。烧嘴控制区由一个装在每个区中的热电偶进行与温度设置点有关的控制。温度设置由自动操作模式数字模型或人工操作模式来决定。每个烧嘴都配有闪光点火离子棒，且在煤气供应管道上配有一个自动截止阀。避免点火失败而影响其他烧嘴。

所有烧嘴都有火焰离子监控系统，如果烧嘴点火失败，在受影响的烧嘴上的调节装置和主煤气关闭，燃烧控制系统将修正空气流量以避免其他烧嘴空气量不足。每一条煤气管线都安装有连接到自动安全控制阀的压力阀，这个阀在压力过大或压力下降时关闭煤气管道。

该系统的优点是：易控制空气/煤气比；为避免辐射管破裂时燃烧气氛进入炉子，维持辐射管内在稳定的负压下。对于煤气量或供热量的改变这种方式的应变快，能够很快地调整辐射管的外表面温度。

7.8.3.2 连续退火炉的燃烧器

用来实现燃料燃烧过程的装置称为燃烧装置或燃烧器。燃烧装置的主要用途就是在炉子中合理组织燃料的燃烧过程，以保证炉子的工作合乎工艺、技术和经济上的要求。燃烧装置的合理结构对炉内的热工过程有着直接和极为重要的影响。

任何一种烧嘴的工作都是为了满足一定生产条件的要求，每一种烧嘴的产生和发展都有它的具体条件，因此我们不能脱离烧嘴的使用条件孤立地评论烧嘴，更不能根据火焰的长短来区分烧嘴工作的好坏，应当看它是否能够适应和满足具体生产条件对火焰的要求。

根据煤气和空气事先在燃烧前的混合情况，煤气燃烧方法可分为三种：有焰燃烧、无焰燃烧、半无焰燃烧。不同燃烧方法所用的烧嘴也不相同。下面简单介绍几种烧嘴。

(1) 套筒式烧嘴。套筒式烧嘴（见图 7-22）是常用的一种有焰燃烧烧嘴。这种烧嘴的煤气和空气通道是两个同心套管，煤气和空气是平行流动，在离开烧嘴后才开始混合。这样做的目的是有意使混合放慢，把火焰拉长。套筒式烧嘴的特点是结构简单，气体流动阻力小，所需要的煤气和空气压力比较低，由于混合较慢，火焰较长，因此需要足够大的燃烧空间，以保证燃料完全燃烧。

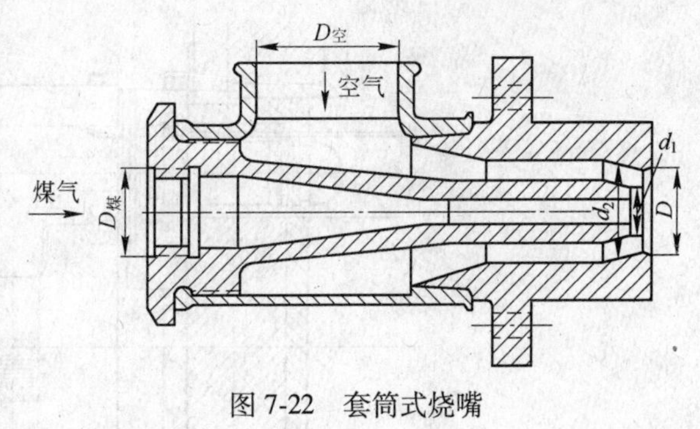

图 7-22 套筒式烧嘴

(2) 喷射式无焰燃烧烧嘴。无焰燃烧要求空气和煤气在进入燃烧室之前必须达到混合均匀。为了实现这种混合，可以有多种方法，工业上多用喷射式无焰烧嘴。喷射式无焰烧嘴由煤气喷口、空气调节阀、空气吸入口、混合管、扩压管、喷头、燃烧坑道组成，如图 7-23 所示。

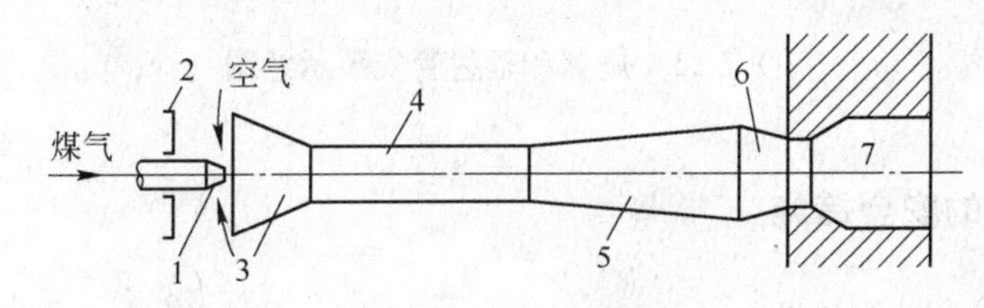

图 7-23 无焰烧嘴

1—煤气喷口；2—空气调节阀；3—空气吸入口；4—混合管；5—扩压管；6—喷头；7—燃烧坑道

喷射式无焰燃烧烧嘴的特点是：吸入的空气量能随煤气量的变化自动按比例改变，因此空气过剩系数能自动保持恒定；混合装置简单可靠，煤气空气在混合管内即达到均匀混合，很低的过剩系数就可以保证燃烧；燃烧速度快；不需要助燃风机，管路也比较简单，因此烧嘴的调节和自动控制系统都比有焰烧嘴简单。

(3) 喷射式半无焰燃烧烧嘴。半无焰燃烧烧嘴又称为自身循环式低 NO_x 烧嘴。这种烧嘴要求空气和煤气在燃烧之前进行不完全混合，在喷射到燃烧室之前进行不完全燃烧，利用不完全燃烧爆炸产生的冲击力形成狭长形的火焰，很适合在辐射管上使用。在这种烧嘴上还自带了助燃空气的换热器，安装在辐射管的烟气出口端，使助燃空气预热到 400℃左右，这样更加利于火焰的稳定性和温度分布的均匀性，更重要的一点是减少了 NO_x 的生成。该烧嘴和换热器的结构如图 7-24 所示。

图 7-24 辐射管中烧嘴和换热器

在辐射管中，烧嘴安装在管体的一个端口，换热器安装在另一个端口，助燃空气和烟气进行换热后通过助燃空气出口和管通道烧嘴进行燃烧。安装形式如图 7-25 所示。

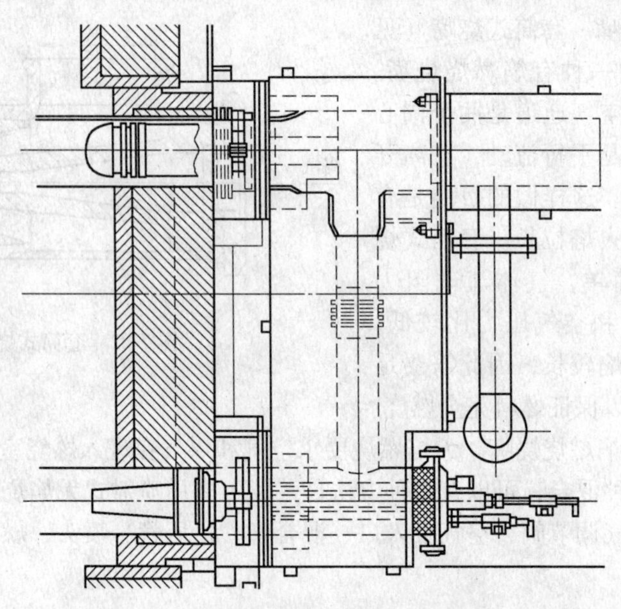

图 7-25　烧嘴和辐射管安装示意图

7.8.4 连续退火炉的安全措施

7.8.4.1 开炉时的安全措施

当确认整个炉子可以开炉时，即可按照下列步骤开始点炉：

（1）点炉之前所有煤气和空气管道的开闭器和安全阀以及每个烧嘴前的手动阀应全处于关闭状态。

（2）启动电加热器，喷冷段换热器给水，待炉温超过 300℃ 炉辊开始以爬行速运转，使点火器处于工作状态。

（3）分不同的时段以不同流量的氮气对炉内进行吹扫，确保炉内的空气被完全吹扫干净。吹扫一定时间以后，开始向炉内送保护气体。

（4）待炉温升到一定温度以后，打开助燃空气风机，接着打开煤气安全阀和开闭器，然后再打开中间煤气的开闭器。

（5）打开管道上的放散排气阀，用氮气排除煤气管道中的空气。

（6）关闭放散阀后，调节煤气压力。

（7）点燃烧嘴，按照烘炉曲线进行烘炉。

7.8.4.2 停炉时的安全措施

计划停炉时，必须按照下列步骤进行：

（1）降低机组速度，当速度小于规定数值时，烧嘴全部关闭。

（2）在仪表室调整助燃空气和煤气的调节方式，以便于关闭空气和煤气，然后再全部关闭。

(3) 停车、气刀离开。

(4) 全线解除张力。

(5) 从预热段入口处剪断带钢，开动张紧辊把带钢从炉内拉出来，启动压紧辊，使带钢吊在冷却塔第一转向辊下。

(6) 停止供应保护气体。

(7) 以 500m^3/h 的流量氮气进行吹扫。

(8) 停车一段时间后，关闭全部辐射管煤气和空气阀门，先关煤气后关空气。

(9) 关闭总煤气管道上的阀门，助燃风机运转一段时间后，关闭助燃风机。

(10) 快速冷却器全部运行 0.5~1h 左右。

(11) 炉辊爬行运行，当炉温低于 300℃时停止转动。

(12) 当炉内含氢量低于 2%时，停止氮气吹扫。点火器停止工作，关闭快速冷却器。

(13) 停炉 48h 之后打开人孔。

复 习 题

7-1 目前常用的罩式退火炉炉型是什么，有什么特点？

7-2 简述罩式退火工艺流程。

7-3 罩式退火工艺制度如何确定？

7-4 什么是光亮退火？如何保证光亮退火？

7-5 强对流全氢罩式退火炉技术有哪些特点？

7-6 简述加热罩结构和燃烧循环过程。

7-7 横波型保护罩优点有哪些？

7-8 全氢退火炉防爆措施有哪些？

7-9 连续退火炉各段的功能和原理是什么？

7-10 退火缺陷及产生原因是什么？

8 带钢精整

精整工序是使冷轧钢带成为交货状态产品的生产过程。它主要包括平整、纵剪或横剪、分选和包装等工序。

8.1 冷轧带钢平整

8.1.1 平整的作用

冷轧带钢经过再结晶退火，虽消除了加工硬化组织，但却使力学性能和加工性能变坏，这时带钢的应力应变曲线具有明显的屈服台阶。而平整能消除屈服平台，提高加工性能。图 8-1 示出了屈服极限与平整变形率的关系，在小变形的情况下屈服极限存在有一个最低值，随着变形量的进一步增加，发生了加工硬化，屈服极限又升高。与屈服极限最低值所对应的平整变形率与带钢化学成分、冶炼方法、退火和冷轧压下率等条件有关。

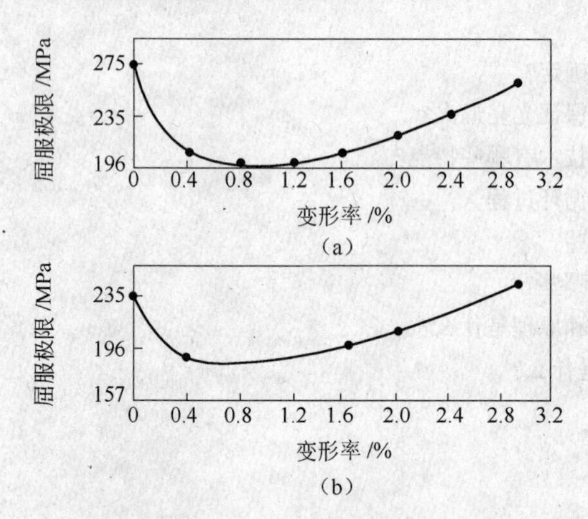

图 8-1 屈服极限与平整变形率的关系

(a) 钢板厚度 0.3mm；(b) 钢板厚板 0.7mm

平整工序对不同用途的带钢要采用不同的平整伸长率，以达到调质性能的目的。对深冲用汽车薄板，要求屈服极限很低并消除屈服平台，一般认为最佳伸长率范围是 0.8%～1.4%。而对镀锡板和包装用材，要求用一定的强化变形调整强度和硬度，则要使用 1%～3%的较大的伸长率。

值得一提的是，低碳沸腾钢板还有时效作用，即随着存放时间的推延，带钢屈服极限升高，又出现了明显的屈服平台，带钢在加工前须再次平整或矫直，故带钢在平整后应尽快使用。镇静钢经过较长时间存放，时效作用不明显。

带钢在退火过程中因受热而变软变形，板形变坏，平整时轻微的压下变形则能在一定程度上减轻和消除其板形缺陷，得到平坦的带钢。

平整生产还可通过工作辊的磨辊加工和毛化处理，使带钢表面呈现不同粗糙度的表面——毛面或麻面的表面结构；对不锈带钢则可用抛光处理辊面，平整得到光亮似镜的表面。

双机架平整机可以实现较大的冷轧压下率，生产超薄厚度的镀锡板。

此外，平整工序可以改善带钢厚度精度，并能消除轻微的表面缺陷。因此平整生产对产品质量的保证有着十分重要的作用。

8.1.2 平整设备

8.1.2.1 平整机分类

宽带钢平整机普遍采用单机架二辊式或四辊式冷轧机，对镀锡板和薄带钢平整并兼用二次冷轧，则采用双机架平整机。

二辊式单机架可逆平整机（见图 8-2）是生产不锈钢带的平整机，其平整带钢的厚度范围很宽，为此对厚度较薄的带钢可采用多道次平整，用累计伸长率使产品达到规定要求。

四辊式单机架平整机是国内普遍应用的平整机，其主要技术参数见表 8-1，机组形式和张力分配见图 8-3 和表 8-2。

表 8-1 国内宽带钢平整机技术性能

机组名		1700mm 平整机（1）	1700mm 平整机（2）	2030mm 平整机
带钢尺寸	厚度/mm	0.35~2.5	0.4~3.0	0.3~3.5
	宽度/mm	600~1500	650~1530	900~1850
钢卷尺寸	内径/mm	750	610	610
	外径/mm	1800		1200~2470
钢卷最大重量/t		15	45	45
轧辊直径	工作辊/mm	500~470	660~615	615~550
	支撑辊/mm	1300~1220	1525~1400	1550~1425
辊身长度/mm		1700	1700	2030
工作辊轴承		四列滚柱止推轴承	四列锥形滚柱轴承	四列锥形滚柱轴承
支撑辊轴承		油膜轴承	油膜轴承	静压油膜轴承
最大平整压力/kN		5000	15000	20000
最大平整速度/m · min^{-1}		1200	1500	1700
年工作小时/h			4270	6404
年生产能力/kt			635	1351

表 8-2 张力分配情况

机组名	T_1/N	T_2/N	T_3/N	T_4/N
1700mm 平整机（1）	19101	39600	76800	60000
1700mm 平整机（2）	6750/80000	11200/133000	8650/103700	6000/80000
2030mm 平整机	8500/78000	13500/124000	13500/176000	8500/130000

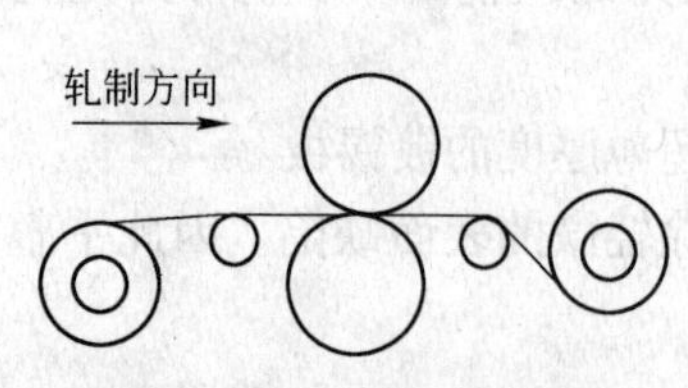

图 8-2　二辊可逆式平整机

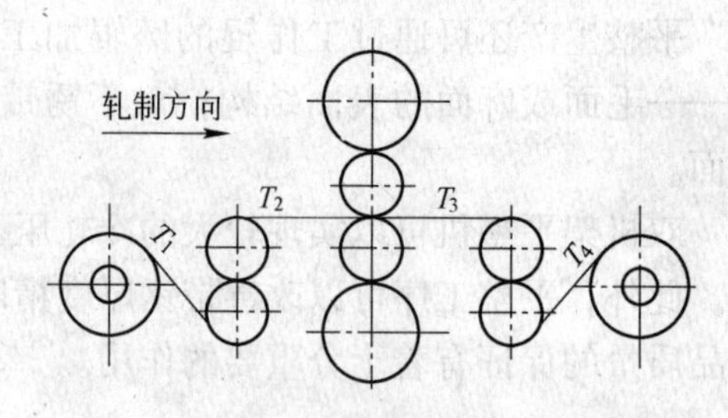

图 8-3　四辊式单机架平整机组形式

双机架平整机用于镀锡板和薄带钢平整并兼用二次冷轧，平整时压下率约 3%，二次冷轧Ⅰ架压下率 36%~37%，Ⅱ架压下率 1%~1.5%。

8.1.2.2　平整设备组成与特点

平整机的设备组成与冷轧机基本相同，但是平整机又有自身的一些特点：

（1）驱动方式。平整机一般采用单辊驱动，而且主要是采用下工作辊单独驱动，上工作辊的速度可随钢带运动速度变化，轧制过程平稳，钢带表面质量好。由于平整轧制的压下量小，力矩在上下轧辊上分配不均的问题很敏感，使用普通齿轮机座，如一对工作辊直径稍微失配，必将在其中的一根连接轴中产生很高的扭矩，并且容易出现轧辊与轧件打滑和轧制振动现象，影响钢带表面质量，加剧轧辊表面磨损。

平整机也可以采用上、下工作辊同时驱动，甚至也有采用上、下支撑辊驱动的。

（2）轧辊直径。平整机的轧辊直径比较大，这时由于平整时的平整率很小，轧制压力很小，几乎看不出轧辊直径对钢带的加工性能有影响，对提高钢带平直度有利。

（3）机前后设 S 形张力辊。为了保证平整生产的张力稳定和改善带钢质量，要求有尽可能大的带钢张力。但较大的开卷张力会使钢卷层间滑动而划伤表面。为了适应薄钢带的平整，平整机前后一般设 S 形张力辊，用于调整张力大小，实现带钢张力的分段控制。

由于厚规格带钢不易弯曲穿带，因此平整生产有 S 辊工作和转向辊工作两种方式。两种工作方式比较见表 8-3。

表 8-3　S 辊方式与转向辊方式的比较

传动方式	S 辊方式	转向辊方式
张力控制	分三段控制	单段控制
带钢表面	开卷划伤易避免	划伤易出现
平整过程	稳定	不稳定
浪形	小	大
变形控制	易实现张力和速度调整	难
穿带难易程度	厚 2.5mm 以下（1.5mm 以下最好）	厚 2.5mm 以下（0.7mm 以上可用）

为了使 S 辊穿带操作顺利，在 S 辊周围装有弧形导卫板、导板、穿带辊和带头弯曲辊（见图 8-4）。

（4）防皱辊。对于宽而薄的钢带，为了防止钢带平整时产生折皱，在平整机入口处设置防皱辊，防皱辊依带钢厚度可以升降。防皱辊紧靠平整辊，这样防皱辊到平整辊的距离

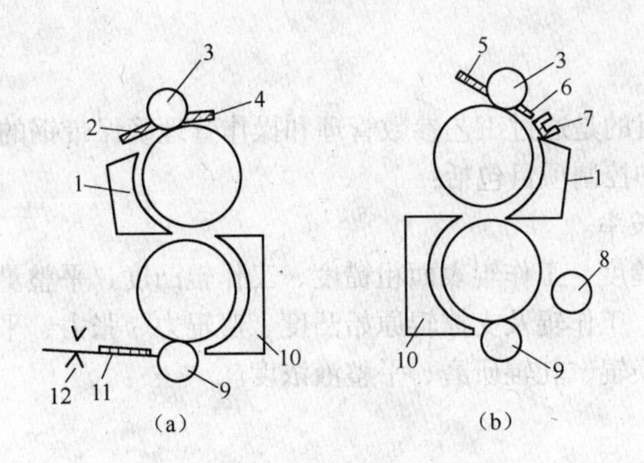

图 8-4 S 辊穿带用辅助设备

(a) 入口侧；(b) 出口侧

1—上 S 辊弧形导板；2，4—入口穿带辊上导板；3—穿带辊；5，6—出口穿带辊上导板；7—小弧形导板；8—带头弯曲辊；9—下穿带辊；10—下 S 辊弧形导板；11—剪刀后导板；12—剪刀

很小，钢带经过防皱辊后很快便进入平整辊，不可能形成折皱。

8.1.3 平整生产

钢卷准备站用于平整前预先切除带钢头部厚度不合格和质量不良部分，为顺利开卷和穿带做好准备。准备站由钢卷小车、开卷机、液压上切剪和切头清除装置所组成。这是该平整机增加作业时间、提高生产能力的重要措施之一。

尾卷处理装置用来清除残留在开卷机上的钢卷尾卷和套筒，这对薄规格带钢顺利甩尾和减少轧辊损伤是十分必要的。尾卷处理装置由卷芯夹钳、升降装置、小车及行走机构和钢支架组成，是一种高架式电动和液压组合的专用起重装置，此外应配置尾卷清除装置和分切卷芯的剪机。

以往平整生产是不用工艺润滑的，即为干法平整。近年来为了提高防锈能力和改善带钢表面质量，广泛采用水溶性或油溶性防锈剂作平整液喷洒辊缝，进行湿法平整。由表8-4可见，湿平整工艺具有很多的优点，因此，除镀锡板只用干平整外，一般平整机都有这两种平整工艺。

表 8-4 湿平整和干平整的比较（单机架平整机）

项 目	湿平整	干平整
生产效率	高	低
轧制力/$kN \cdot mm^{-1}$	2~3	3~5
伸长率控制	大伸长率范围容易	小伸长率范围容易
粗糙度复制率/%	30~50	60~80
防锈效果	好	无
表面缺陷	少	容易产生
辊耗	低	较高
工作环境	干净	有粉尘

8.1.4 平整质量控制

平整工艺的首要目的是通过工艺参数管理和操作管理确保带钢的性能和质量达到用户的要求，其主要内容和控制项目包括：

（1）平整率、伸长率。

（2）带钢表面粗糙度、工作辊表面粗糙度、工作辊凸度、平整量。

（3）带钢平直度、工作辊及支撑辊原始凸度、弯辊力、张力、平整温度。

（4）表面质量、换辊、轧辊研磨、平整液浓度。

8.1.4.1 平整率

平整实质是一种小压下率（0.5%~4%）的二次冷轧变形，但由于平整压下率很小，其厚度变化难以测准，因此平整率是采用与压下率成比例的伸长率来表示的，平整过程的工艺质量控制主要就是通过伸长率来进行管理的。

伸长率是带钢长度变化率，其表示式为：

$$\mu = \frac{L_1 - L_0}{L_0} \times 100\%$$

式中 μ——平整带钢伸长率；

L_0，L_1——平整前、后带钢长度。

在忽略展宽时，伸长率 μ 与压下率 ε 有如下关系：

$$\mu = \frac{\varepsilon}{1 - \varepsilon}$$

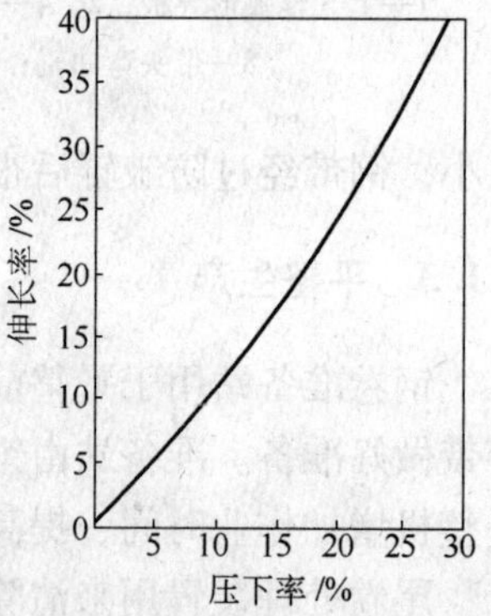

图 8-5 伸长率与压下率的关系

伸长率与压下率的关系曲线如图 8-5 所示。

由于平整的压下率很小，一般小于 3%，在此范围可以认为平整率与伸长率相等。

不同用途、不同厚度的带钢要使用不同的平整伸长率（见表 8-5）。

表 8-5 冷轧带钢的平整伸长率规定

轧制厚度/mm	DDQ 级	DQ 级	CQ 级	较高强度级	平整度偏差/%
	平整伸长率/%				
≤0.69	0.50	0.60	0.70	1.30	-0.1~+0.2
0.70~0.85	0.60	0.70	0.80	1.40	-0.1~+0.2
0.86~1.00	0.70	0.80	0.90	1.50	-0.1~+0.2
1.01~1.25	0.80	0.90	1.0	1.60	-0.1~+0.2
1.26~1.50	0.90	1.00	1.10	1.70	-0.1~+0.2
1.51~2.00	1.00	1.10	1.20	1.80	-0.1~+0.3
>2.00	1.10	1.20	1.30	1.90	-0.1~+0.3

注：涂层和镀锌带钢的伸长率：厚度不大于 0.69mm 时为 0.5%；厚度 0.7mm 以上时要小于 0.5%。平整能起到改善锌花及消除疵点的作用。

针对不同操作方式，伸长率调节手段也是不一样的，见表 8-6。轧制力是伸长率调节的有效操作变量，这是因为轧制力与伸长率基本上是线性关系。而张力调节或与轧制力联合调节只在S辊方式才使用。这是因为带钢厚度较大时，张力调节受到了极限值的限制，张力调节伸长率很困难；同时S辊方式有较大的带钢张力，为张力调节创造了条件。

表 8-6 平整伸长率的调节方法

带厚/mm	0.3~0.4	0.4~0.8	>0.8
转向辊	轧制力	轧制力	轧制力
S辊	张力或速度	张力+轧制力、速度+轧制力	轧制力

8.1.4.2 带钢板形

平整带钢板形控制也是通过辊型调节实现的，如合理配置轧辊原始凸度、使用弯辊调节装置和轧辊倾斜度调节、合理控制轧辊凸度、采用特殊轧机（VC轧辊、HC轧机等）。

轧辊凸度配置主要是考虑轧制力和轧辊磨损的影响，表8-7是平整机轧辊原始凸度管理表。

表 8-7 工作辊凸度配制

支撑辊轧制量/t \ 凸度/mm \ 带厚/mm	0.30~0.50	0.51~1.50	1.51~3.50
≤10000	0.10	0.05	0.05
10000~25000	0.15	0.10	0.05
25000以上	0.20	0.15	0.10

注：特硬钢种可以适当加大凸度。

由于带钢板形的影响因素是十分复杂的，因此实际生产中板形控制更多的是依赖生产操作，即要根据带钢板形进行弯辊、张力和轧制力等的综合调节。弯辊力对凸度的补偿量是很大的（0.10mm左右），是一种无滞后并且反应及时的调节方法，能有效地消除对称性的板形缺陷（如中浪、两边浪）。张力操作对板形调节也是十分重要的，特别是在薄带钢平整、S辊工作方式时，轧制力和张力平衡遭到破坏而引起斜纹（树叶状）、直条纹和边部折印等缺陷，张力操作是调节板形的最有效手段，因此必须进行张力管理。

平整机张力选择的基本原则是：

（1）入口带钢张力要小于出口带钢张力。

（2）开卷张力要小于轧机卷取张力，一般为五机架卷取张力的70%~75%。

在生产操作中，张力调节按下列规定进行：

（1）恒定轧制力平整时，开卷单位张力按25MPa计算，调节范围应尽量小（±15%），只有在出现黏结等特殊情况下才允许适当提高。卷取单位张力为30MPa，调节应与下工序开卷操作相适应。

实际生产是以下述张力值进行设定的，并取得了较好的平整效果：

开卷机单位张力	约25MPa
机架前张力	约47MPa
机架后张力	约57MPa
卷取机张力	约30MPa

（2）S辊方式平整实现了张力分段控制，允许扩大各段张力调整范围。开卷张力可大

幅度下降，如来料松卷则可下调 30%～40%，但机架入口、出口张力要上调，幅度为 70%～90%，其中上、下 S 辊都可按 60%和 40%进行分配。卷取张力调节范围可扩大为 ±30%。

大张力平整时，平整速度明显提高，最高限速为 1700m/min，而转向辊操作要限速为 1000m/min。

实践证明，平整钢卷的温度管理对带钢质量保证也是很重要的。要求平整前钢卷应进行充分冷却，一般控制上机钢卷温度为 40℃，最高不得大于 70℃，否则极易出现板形缺陷，并会加速带钢时效。

8.1.4.3　*表面粗糙度*

平整生产决定了用户所需的带钢表面粗糙度。表面粗糙度可分为光面、毛面和麻面三种，其标记符号为 R_a，常用计量单位为微米（μm）。

通常用于深冲和涂镀加工的带钢表面都需要有一定的粗糙度，这不仅是一种特有的表面结构，重要的是改善了冲压加工的润滑性能、降低了冲废率和提高了镀涂质量，使锌花均匀。

带钢表面粗糙度是直接由工作辊辊面的粗糙度来传递的，但传递效率受到平整过程中各种工艺因素的影响，如干平整、湿平整、弯辊力、伸长率和平整量等。干平整的复制率可达 60%～80%，而湿平整只有 30%～50%。湿平整降低了粗糙度复制率，但使轧辊使用时间延长。复制率是随着轧辊的磨损而逐渐下降的。轧辊原始凸度和弯辊力影响带钢宽度方向上复制粗糙度的均一性。因此，平整生产要对表面粗糙度进行严格的管理。

表 8-8 是平整对工作辊表面粗糙度的要求。表 8-9 规定了在支撑辊工作周期中，为确保带钢表面粗糙度特别要求而规定的工作辊凸度。

表 8-8　平整工作辊表面粗糙度规定

表面粗糙度类别	标志代号	粗糙度/μm	偏差/μm	加工方式	辊面粗糙度/μm	
					干平整	湿平整
光面	20	0.5	+0.25 -0.125	研磨	0.5～0.75	0.75～1.0
毛面（暗淡）	30	0.75	±0.25	磨，喷丸	1.75～2.25	2.15～2.5
毛面（暗淡）	40	1	±0.25	磨，喷丸		2.25～2.5
毛面（暗淡）	50	1.25	±0.25	磨，喷丸	2.25～2.625	2.25～3.0
毛面（暗淡）	60	1.5	±0.25	磨，喷丸	2.125～3.50	3.5～4
麻面（粗糙）	80	2	±0.5	磨，喷丸	≥4	≥4.5

表 8-9　粗糙度要求的工作辊凸度

带钢表面粗糙度/μm		$0.5^{+0.25}_{-0.125}$		1±0.25		1.5		2	
带钢厚度/mm		0.30～0.50	0.51～1.50	0.30～0.50	0.51～3.50	0.30～0.50	0.51～3.50	0.30～0.50	0.51～3.50
工作辊凸度	支撑辊生产带钢量小于 20000t	0.05	0.05	0.15	0.10	0.15	0.10	0.15	0.10
	支撑辊生产带钢量大于 20000t	0.10	0.10	0.20	0.15	0.20	0.15	0.20	0.15

注：支撑辊规定凸度为 0.07mm。

8.1.4.4 表面质量

带钢表面质量直接取决于轧辊表面状态。

湿平整的显著特点是辊面不易黏附杂质，清洁的工作辊面有效地防止了带钢辊压印缺陷的产生，能较长时间保持辊面的粗糙度，这样比干平整就能得到更好的表面质量。但湿平整工艺也会引起斑迹缺陷，为此要对湿平整液的浓度进行管理（约5%），太低容易使带钢表面锈蚀，而过高也会引起黄斑缺陷。浓度是通过测定溶液的电导率或折射率来控制的。在操作上要按带钢宽度调节喷射宽度，并要检查喷射角度和把残液喷吹干净，否则也会在残留处出现所谓的平整液斑迹。

严格执行计划换辊规定使带钢表面质量处于最佳状态，而定期检查带钢表面（每隔3~5卷）是避免大批量缺陷产生的最好办法，一旦发现黏辊则应及时研磨、擦洗或换辊。

在正常生产条件下，轧辊要按下列规定进行计划换辊，同时要考虑品种规格的影响：

支撑辊生产量40000~50000t；

工作辊生产量1000~1200t。

此外，也要注意到与带钢接触的S辊表面状态的管理，定期进行研磨和毛化处理。

8.2 平整实训操作

8.2.1 技能目标

能根据企业标准进行带钢平整，完成平整操作。

8.2.2 实训器材

300轧机、前后卷取机、主控台。

8.2.3 方法与基本要求

（1）恒压力轧制方式，先在屏幕上（见图8-6）设定压力值，然后点击确认。

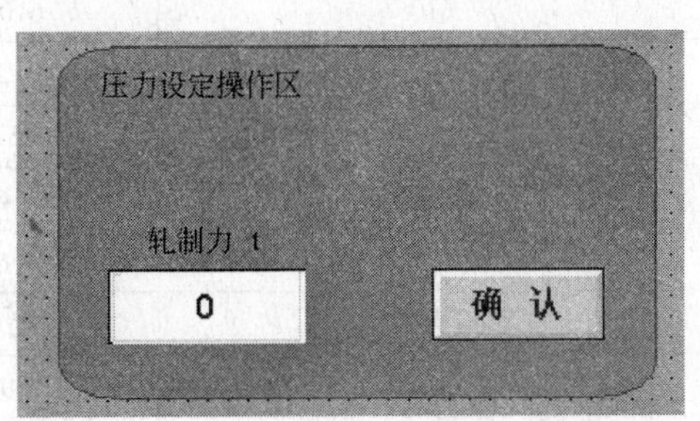

图8-6 压力设定操作区

（2）工作方式开关打到“AFC”位置。

（3）工作状态开关打到“工作”位置。

（4）使用“压力设定”调节压力到工艺要求的压力值（<100t）。

（5）按轧制操作过程进行操作，完成带钢平整。

8.3　冷轧带钢横、纵剪

8.3.1　横剪

8.3.1.1　横剪概述

横剪机组是把平整后的钢带剪切成定尺长度的钢板，经矫直和涂油，堆垛成一定质量的板垛。近代新建的横剪机组都设有质量分选装置并后接包装生产线，可直接生产出交货状态的钢板包装产品。横剪机组应保证剪切钢板的剪切精度和钢板表面质量，对机组速度和剪切钢带的规格范围要有一定的要求。一般横剪机组的速度限制为200~250m/min，不宜太高，主要是满足质量检查分选和堆垛质量的需要。由于机组速度有限制，机组生产能力就有限制，为平衡车间生产能力，一般都需要配置几条横剪机组来满足生产要求。为了保证剪切精度和矫直质量，一条机组的剪切厚度、宽度、长度的变化范围不能过宽。横剪机组应以剪切不同规格产品进行分工配置。

所有企业横剪生产的工艺和设备组成基本上都是一样的，只是设备的结构尺寸随剪切钢带的尺寸规格变化而有所差异。

某2030mm冷轧厂设有4条横剪机组，剪切厚度为0.3~3.5mm、宽度为900~1850mm的冷轧钢板、热镀锌钢板、电镀锌钢板和彩色涂层钢板共计113万吨。各机组的技术参数见表8-10，机组组成示意图见图8-7。

表8-10　2030mm冷轧厂横切机组技术性能

机组号		1号	2号	3号	4号
剪切材料		冷轧钢带	冷轧、热镀锌带	冷轧、热镀锌带	电镀锌、彩涂带
抗拉强度/MPa		412		412	412
钢带尺寸/mm	厚度	0.3~2.0		0.9~3.5	0.3~3.0
	宽度	900~1550		900~1850	900~1550
钢卷尺寸/mm	内径	610		610	610
	外径	1200~2470		1200~2470	750~1850
最大卷重/t		45		45	22.5
成品钢板	板长/mm	1000~4000		1000~6000	1000~4000
	垛高/mm	最大600		最大600	最大600
	垛重/t	最大10		最大10	最大10
机组速度/m · min^{-1}	入口剪切	200		120	120
	矫直机	240		140	120
	矫直机后	260		155	155
	穿带	24		24	24
	垛板皮带	90			
连续垛数/垛 · h^{-1}		20		20	12
年产量/t		875000			155000

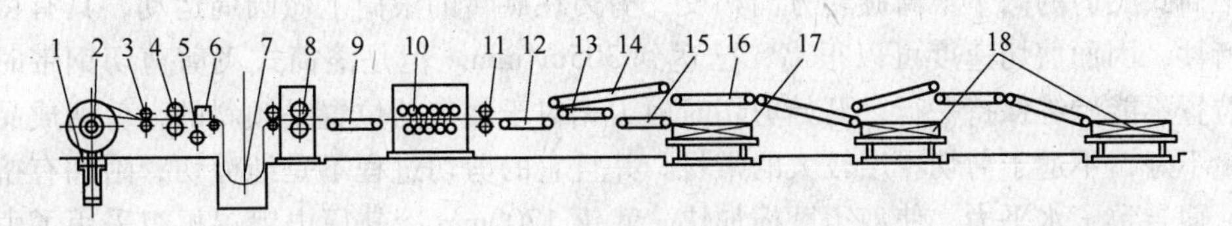

图 8-7 横剪机组示意图

1—上卷小车；2—开卷机；3—转向夹送辊；4—圆盘剪；5—废边卷取机；6—打印机；
7—活套；8—飞剪；9—皮带；10—矫直机；11—涂油机；12—分选皮带；13—下部磁力皮带；
14—上部磁力皮带；15—叠瓦皮带；16—堆垛皮带；17—次品堆垛台；18—优质板堆垛台

8.3.1.2 横剪机组生产工艺流程

横剪机组生产工艺流程为：

上卷→开卷→切边→打印→测厚→飞剪剪切→矫直→质量检查→涂油→分选→堆垛→辊道输出。

8.3.1.3 工艺操作过程

钢卷用吊车吊到机组头部的钢卷存放台上；液压上卷小车将钢卷送到开卷机卷筒上，自动对中装置根据钢卷外径和宽度控制小车升起高度及横移距离，使钢卷在卷筒上对中机组作业线；开卷后钢带在圆盘剪上按规定宽度剪切两边，运行中通过光电自动对中系统控制开卷机和夹送辊，做横向移动调整来纠正钢带跑偏；剪下的废边由废边卷取机进行卷取收集；剪边后的钢带经打印机打印，在这里由测厚仪检测钢带厚度并在厚度超差时给跟踪系统发出信号；钢带打印后，经过活套在曲柄式飞剪机上连续地进行定尺剪切；定尺钢板用皮带运输机送到多辊矫直机上进行矫直；然后在检查皮带运输机上进行质量检查；最后进行分类堆垛收集。在检查分选皮带上发现次品板时，检查人员按动按钮发出信号；当测厚仪检测出的超厚钢板及分选出的次品钢板到达分选皮带尾端时，跟踪信号自动启动磁感应开关使传送次品的下部磁力皮带电磁铁通电和上部磁力皮带断电，钢板即经由叠瓦皮带进入次品堆垛台；而当次品钢板尾部离开磁感应开关时，下部磁力皮带电磁铁断电，上部磁力皮带电磁铁通电，又把下一张钢板按正常路径输送到正品钢板堆垛台；垛入的钢板达到一定高度或张数时，升降台下落将板垛落到输出辊道上，并送到后续的包装机组进行打捆包装。

8.3.1.4 剪切设备

圆盘剪、飞剪和矫直机是直接影响钢板质量的重要设备。

A 圆盘剪

横剪机组的圆盘剪只进行钢带两条纵边的连续剪切。圆盘剪为动力剪切工作方式，直流电动机驱动。

B 飞剪

飞剪是横剪机组的关键设备，它决定了剪切钢板的尺寸精度和断口质量。冷轧钢带的定尺飞剪，一般采用滚筒式飞剪和曲柄摆式飞剪（或称施罗曼飞剪）。

滚筒式飞剪的两个滚筒旋转方向相反，剪刃在旋转的滚筒上做圆周运动，具有良好的平衡特性，因而剪切速度可以很高，已达到305m/min。但是滚筒式飞剪剪切钢带时，剪刃的位置不能始终保持平行，开始剪切时剪刃相对于钢带的位置是倾斜的，剪切成品的断口质量不好，不适于剪切厚度较大的带材。并且它的剪切过程不是纯剪切，附加有挤压作用，从而导致了水平力，使剪刃磨损加快。武钢1700mm冷轧厂电镀锡机组采用了由美国哈尔登公司设计、德国德马克公司制造的所谓哈尔登滚筒式定尺飞剪。其剪切厚度为0.12~0.55mm、宽度为1050mm、强度极限不超过420MPa的镀锡钢带，定尺长度为400~1200mm，剪切精度可达±0.8mm。

曲柄摆式横剪是德国施罗曼公司在20世纪70年代初在摆式结构上改造而成的，也称施罗曼飞剪。该飞剪在剪切过程中，上下剪刃保持平行，剪切断口质量好，生产率高，定尺范围广，剪切精度高，使用操作方便，是一种结构紧凑的钢带定尺飞剪。武钢1700mm冷轧厂、宝钢2030mm冷轧厂的飞剪机组都采用了这种曲柄摆式定尺飞剪。

目前国内引进的曲柄摆式飞剪有D型和K型两种。

D型飞剪机本体和夹送矫正装置共用一台直流电动机驱动。曲柄的长度固定不可调。空切机构仅有液压偏心装置，没有机械偏心装置，只靠液压偏心完成倍尺剪切。其基本定尺长度为666.7mm。

K型飞剪可以将钢带切成500~16000mm内的任意定尺长度。曲柄长度可调。其空切机构包括机械偏心和液压偏心装置。飞剪机本体和夹送矫正装置可以分别用直流电动机或共用一台直流电动机驱动。

1700mm、2030mm冷轧厂钢带横剪机组的曲柄摆式定尺飞剪的性能见表8-11。曲柄摆式定尺飞剪的剪切定尺精度较好，其偏差为剪切长度的0.025%~0.03%。

表8-11　曲柄摆式定尺飞剪性能

机　组	1700mm	2030mm	2030mm	2030mm
型号-刃长/mm	K-1650	K-1650	K-1650	K-1950
基本定尺长度/mm	500~1000	500~1000	500~1000	500~1000
剪切钢带厚度/mm	0.15~0.55	0.3~2.0	0.3~3.0	0.5~3.5
剪切钢带宽度/mm	1530	1550	1550	1850
剪切长度/mm	1000~4000	1000~4000	1000~4000	1000~6000
剪切速度/m · min^{-1}	最大300	24~200	24~120	24~120
剪切材料	碳素结构钢			

C　矫直机

横剪机组采用辊式矫直机对钢板进行矫平。矫直过程是使钢板在旋转的矫直辊之间运行时经受反复多次的弹塑性弯曲变形。钢板在矫直辊压力的作用下进行纯弯曲，发生弹塑性弯曲变形，当矫直力消除、钢板弹性恢复后，一部分原始曲率被消除，剩余的曲率则为下一个矫直辊的原始曲率。经过多个矫直辊的作用，剩余曲率逐渐减小，钢板趋于平直。

薄钢板矫直普遍采用17辊或21辊矫直机。钢板越薄，要求矫直辊数越多、辊径及辊距越小。为了保证矫直质量，既要避免矫直辊不适当的弯曲，又能调整所需要的弯曲程度，故多采用多段结构的支撑辊并与矫直辊交错布置。为了提高对板形的矫直能力，矫直机的配置有如下的调整功能：

（1）上矫直辊根据钢板不同厚度进行压下调整。

（2）上矫直辊的纵向倾斜调节，即调节从入口到出口的辊缝值由小到大，使出口板形平直。

（3）上矫直辊横向倾斜调节。

（4）下矫直辊的辊型调节。通过整体调节可以得到一个对称的凹凸辊型曲线；而单独调节则是不对称辊型调节，以矫平不同板形缺陷。

1700mm、2030mm 冷轧厂钢带横剪机组的几台辊式矫直机的技术参数见表 8-12。

表 8-12　辊式矫直机的技术性能

机　组		1700mm	2030mm	2030mm		2030mm	
矫直厚度/mm		0.5~2.0	0.3~2.0	0.5~1.5	1.0~3.0	0.3~2.0	1.5~3.0
最大屈服极限/MPa		280	280	280	280	280	280
矫直辊	数量	21	21	21	17	21	17
	尺寸/mm×mm	ϕ50×1750	ϕ50×1740	ϕ50×2000	ϕ70×2000	ϕ50×1840	ϕ56×1840
中间辊	数量					23	19
	尺寸/mm×mm					ϕ30×1700	ϕ35×1700
支撑辊数量	顶部	7 组 77 个	7 组 77 个	7 组 77 个	7 组 63 个	5 组 55 个	
	底部	7 组 84 个	7 组 84 个	7 组 84 个	7 组 70 个	5 组 60 个	
支撑辊尺寸/mm×mm		ϕ50×115	ϕ50×120	ϕ50×150	ϕ70×200	ϕ50×120	ϕ66×152
最大矫直速度/m·min^{-1}		140	240	140	140	140	140

8.3.2 纵剪重卷

8.3.2.1 纵剪重卷概述

纵剪重卷又称分卷，它的作用是把平整后带钢分切为各种宽度和单重的带钢卷。

现代工业为了追求更高的材料利用率，越来越多地直接使用带钢卷作为坯料进行深加工，这使冷轧带钢生产的板卷材比例达到各半的程度，也促进了分卷生产的发展。重卷机组由单卷生产发展为连续生产。单卷生产的重卷机组多兼有纵剪作业的功能，而专用分剪窄条的纵剪机组则很少再建。在 2030mm 冷轧厂，对应年钢卷产量 97 万吨（占 46%），配置了纵剪机组、纵剪重卷机组和连续重卷机组各一条，各机组的技术参数见表 8-13。为了适应市场需要，该厂已对上述机组的产品结构和生产能力进行调整，并再增建一条重卷机组。

表 8-13　2030mm 冷轧厂纵剪、重卷机组的技术性能

名　称	单卷纵剪机组	单卷纵剪机组	单卷纵剪机组	连续重卷机组
机组型号	450mm	650mm	2030mm	2030mm
剪切材料	冷轧钢带	冷轧钢带	冷轧钢带	冷轧钢带
抗拉强度/MPa			412	412

续表 8-13

名称		单卷纵剪机组	单卷纵剪机组	单卷纵剪机组	连续重卷机组
钢带尺寸/mm	厚度	0.10~0.80	0.15~0.40	0.3~3.5	0.3~3.5
	宽度	150~360	260~520	900~1850	900~1850
钢卷尺寸/mm	内径	500	500	610	610
	外径	800~1400	800~1500	1200~2470	1200~2470
最大卷重/t		3.6	6	45	45
成品带卷	内径/mm	400；500	500	610	610
	外径/mm	740~1500	800~1500	750~160	750~1600
	带宽/mm	10~350	22.5~500	120~1850	900~1850
	最多分条数/条	最多 12	最多 20	<1.75mm 时 15 >1.75mm 时 6	
	卷重/t	最大 3.5	5.8	最大 15	最大 15
机组速度/m·min^{-1}		最大 70	最大 180	<1.75mm 时 400 >1.75mm 时 200	<1.5mm 时 400 >1.5mm 时 400
年产量/t		10000	30000	173000	329000

8.3.2.2 生产方法

重卷生产有单卷生产和连续生产两种方式，图 8-8 和图 8-9 是这两种机组的设备组成示意图。

单卷生产的工艺流程是：

上卷→开卷→打印→切边或切边分条→分卷→涂油→卷取→捆扎

连续生产的工艺流程是：

上卷→开卷→切边→去毛刺→飞剪切头尾→焊接→拉弯矫直→打印→涂油→分卷→卷取→捆扎

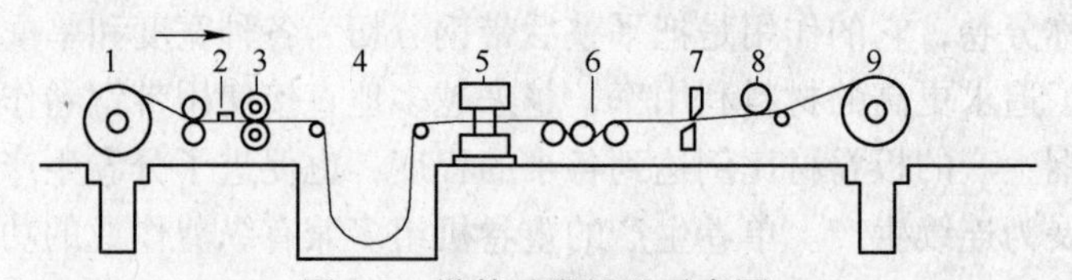

图 8-8 纵剪重卷机组示意图

1—开卷机；2—打印机；3—圆盘剪；4—活套装置；5—压板；6—制动辊；7—液压横切剪；8—涂油机导向辊；9—卷取机

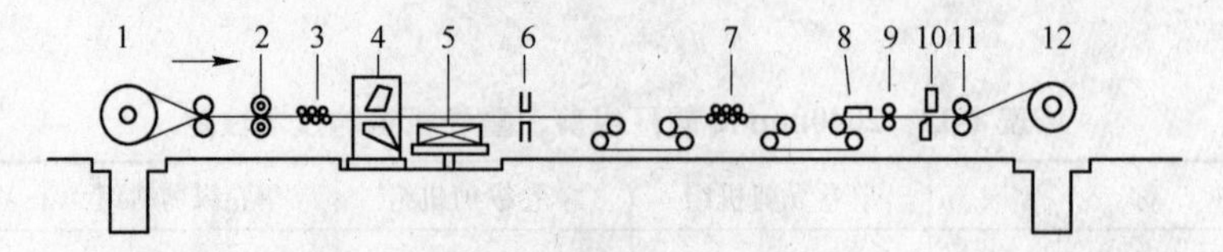

图 8-9 重卷机组示意图

1—开卷机；2—圆盘剪；3—去毛刺机；4—飞剪；5—垛板台；6—焊机；7—拉弯矫直机；8—打印机；9—涂油机；10—横切剪；11—转向夹送辊；12—卷取机

纵剪生产都在圆盘剪上进行纵向连续剪切。一般成品纵剪机组的圆盘剪是由直流电动机传动的动力剪，机前后设活套，保证钢带在不受前后张力的条件下自由剪切，改善纵剪钢带质量，特别是镰刀弯。当纵剪机组仅进行切边操作时（亦称重卷机组），可用拉力剪切的形式，即由卷取机通过钢带拖动圆盘剪剪刃进行剪切。

在进行分条作业时，在圆盘剪的刀架上要安装上与分条钢带宽度相应的多对剪刃。剪刃的安装和调整是影响剪切质量的重要因素。一般圆盘剪上下剪刃的重合量为钢带厚度的1/3~1/2；剪刃间隙量按钢带厚度的10%~15%进行调整，对分条多的中间部位的剪刃间隙量要适当减小。

对于连续纵剪机组，为了实现连续生产必须将前后两条钢带焊接在一起，焊接要采用窄搭接加压焊接工艺。焊接的主要技术参数为：

焊接形式：斜楔式窄搭接滚焊机；

焊接材料：低碳钢；

焊接钢带：厚0.3~3.5mm，宽900~1850mm；

搭接量：1.0~6.35mm；

允许焊接钢带的最大厚度比例：2∶1；

焊接处焊缝最大高度：厚度0.3~3.0mm时为母材厚度的110%；厚度3.0~3.5mm时为母材厚度的120%；

焊接速度：1.5~7.5m/min；

焊接时间（全过程）：120s。

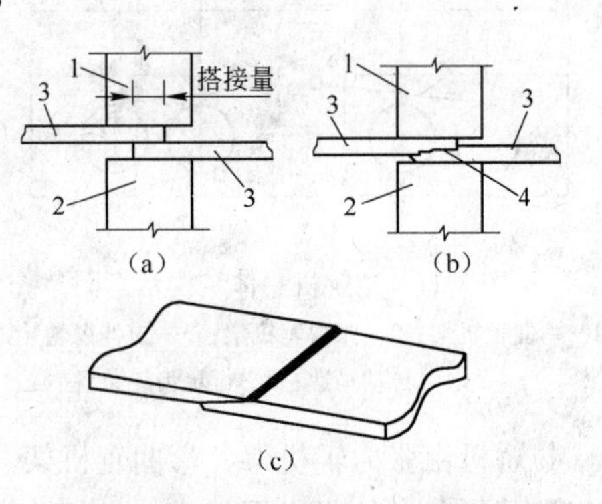

图8-10　压平缝焊机工作原理
（a）焊接前；（b）焊接后；（c）焊缝外形
1—上焊轮；2—下焊轮；3—钢带；4—焊接后的焊缝

压平缝焊机的工作原理见图8-10。其焊接工艺的特点是：电阻焊加压平焊接接头，即利用焊轮通电时钢带本身电阻和接触面集中电阻所产生的热量，使钢带熔化焊接；同时通过焊轮的高压力来压平焊缝。焊接工艺要求控制好搭接量和焊接压力（见表8-14）。正常的焊接强度可达母材强度的100%。

表8-14　窄搭接焊接工艺参数调节

钢带厚度/mm	0.25	0.60	0.90	1.50	1.90	2.60	3.40
搭接量/mm	1.00	1.30	1.50	1.90	2.10	2.70	3.20
焊接力/N（Pa）	2950（14）	4770（19.8）	6140（24）	8410（31）	9770（35）	11820（41）	13260（47）

焊机由机架和焊接小车两大部分组成。机架前后设有钢带入口和出口夹紧装置，并铰接到机架立柱上，通过汽缸动作夹紧钢带头尾。焊接小车上装有上切剪、焊轮和碾平滚轮，小车由交变涡流马达传动，焊轮由气动马达传动。

连续纵剪机组的拉弯矫直机使钢带在张力和弯曲力的联合作用下产生塑性变形而被矫直。根据这种变形原理，带张力的带钢至少要通过两个弯曲辊和一个矫直辊。为了适应不同厚度带钢的矫直需要，要设置两组弯曲-矫直辊。

图8-11是2030mm冷轧厂重卷机组拉矫机结构示意图。拉矫机的主要技术性能如下：

拉矫材料：冷轧低碳钢带；

屈服极限：<300MPa；

带钢尺寸：厚度 0.3~3.5mm，宽度 900~1850mm；

拉伸伸长率：最大 2.5%；

张力辊：数量 4 个，尺寸 ϕ1300mm×2000mm；

弯曲矫直辊：第一组适用带钢厚度为 0.3~1.8mm；有弯曲辊 4 个，矫直辊 1 个，尺寸为 ϕ56mm×2000mm；有支撑辊 7 个，尺寸为 ϕ122mm；第二组适用带钢厚度为 1.5~3.5mm；有弯曲辊 2 个，尺寸为 ϕ63mm×2000mm；矫直辊 1 个，尺寸为 ϕ80mm×2000mm；支撑辊 6 个，ϕ122mm。

两组弯曲矫直辊布置如图 8-12 所示。

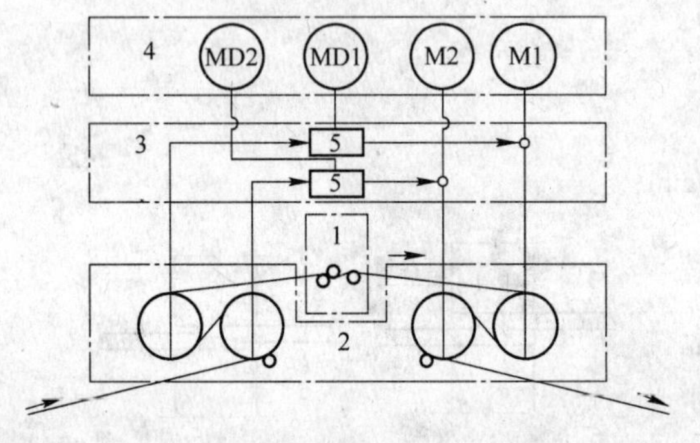

图 8-11　拉矫机总体结构示意图

1—弯曲辊机架；2—张力辊机架；3—拉伸齿轮装置；4—电气传动马达；5—行星齿轮装置

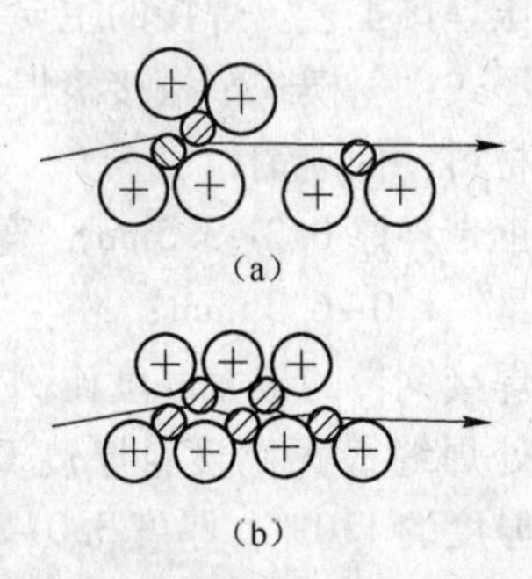

图 8-12　拉矫机弯曲辊与支撑辊布置

(a) 厚规格带钢；(b) 薄规格带钢

拉矫机由张力辊机架、弯曲辊机架、传动马达及调整装置所组成。张力辊组由入口和出口呈 S 形分布的张力辊组成，它们分别由马达传动并通过行星齿轮箱使内、外张力辊产生速度差形成张力。入口张力辊的作用是提高入口段张力，使带钢达到拉伸所需的拉伸力。出口张力辊的作用是使带钢张力降低到输出值。弯曲辊机架由上下辊架、立柱及机架倾斜机构等组成（见图 8-13）。上辊架可由马达和丝杠进行上下调节，以实现带钢弯曲度

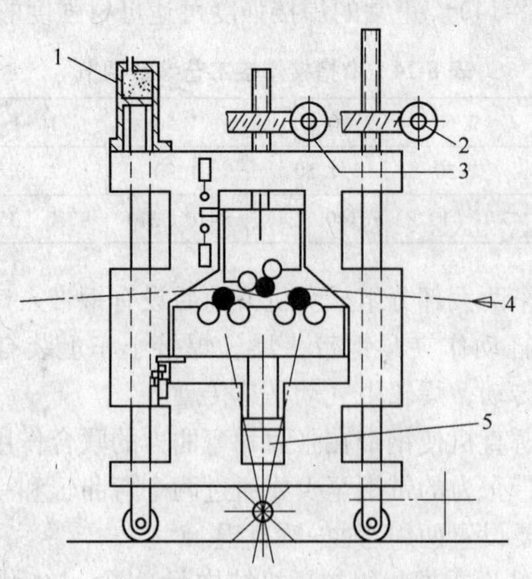

图 8-13　弯曲辊机架

1—液压锁紧；2—倾斜调节；3—上弯曲辊垂直调节系统；4—带钢；5—下弯曲辊的液压快速调节系统

控制。下辊架可用液压快速打开，以便穿带和过焊缝时顺利通过。整个机架可倾斜±10°，以此改变带钢出口角度，实现拉伸量调节并消除横向弯曲。

拉弯矫直的工艺调节主要有伸长率、弯曲辊压入深度和机架倾角。这些参数生产操作时要根据带钢厚度、宽度和材质进行调节，调节量由表 8-15 规定。

表 8-15 拉矫伸长率 ε 调节表

<table>
<tr><th rowspan="3">带钢厚度
/mm</th><th rowspan="3">带钢宽度（最大）
/mm</th><th colspan="3">材料屈服极限/MPa</th><th rowspan="3">弯曲辊数</th></tr>
<tr><th>220</th><th>250</th><th>300</th></tr>
<tr><th colspan="3">ε/%</th></tr>
<tr><td>0.3</td><td>1550</td><td>0.6/0.3</td><td>0.5/0.25</td><td>0.4/0.2</td><td rowspan="8">4/2</td></tr>
<tr><td>0.4</td><td>1850</td><td>0.9/0.45</td><td>0.8/0.4</td><td>0.7/0.35</td></tr>
<tr><td>0.5</td><td>1850</td><td>1.2/0.6</td><td>1.1/0.55</td><td>1.0/0.5</td></tr>
<tr><td>0.6</td><td>1850</td><td>1.5/0.75</td><td>1.4/0.7</td><td>1.3/0.65</td></tr>
<tr><td>0.8</td><td>1850</td><td>2.0/1.0</td><td>1.9/0.95</td><td>1.8/0.9</td></tr>
<tr><td>1.0</td><td>1850</td><td>2.5/1.3</td><td>2.4/1.3</td><td>2.3/1.2</td></tr>
<tr><td>1.3</td><td>1850</td><td>2.5/1.6</td><td>2.5/1.6</td><td>2.5/1.6</td></tr>
<tr><td>1.6</td><td>1850</td><td>2.5/2.1</td><td>2.5/2.0</td><td>2.1/2.0</td></tr>
<tr><td>2.0</td><td>1850</td><td>2.5</td><td>2.5</td><td>2.5/2.5</td><td rowspan="8">2</td></tr>
<tr><td rowspan="2">2.5</td><td>1550</td><td>2.5</td><td>2.5</td><td>2.4</td></tr>
<tr><td>1850</td><td>2.5</td><td>2.5</td><td>2.4</td></tr>
<tr><td rowspan="2">3.2</td><td>1550</td><td>2.5</td><td>2.5</td><td>2.5</td></tr>
<tr><td>1850</td><td>2.5</td><td>2.4</td><td>1.6</td></tr>
<tr><td rowspan="3">3.6</td><td>1250</td><td>2.5</td><td>2.5</td><td>2.5</td></tr>
<tr><td>1550</td><td>2.5</td><td>2.5</td><td>1.9</td></tr>
<tr><td>1850</td><td>2.5</td><td>1.9</td><td>1.3</td></tr>
</table>

8.4 冷轧带钢的包装

冷轧带钢的包装是冷轧生产的最后一道工序，将精整好的钢带和钢板垛进行捆扎包装成为最终的交货状态。包装是为了防止产品在运输过程中造成损坏，以及在保管期间防尘与防锈，对产品进行保护。

成品包装应能保证产品在运输和储存期间不致松散、受潮、变形和损坏。除产品对包装方法有明确要求外，钢板和钢带的检验、包装、标志应按 GB/T 247—2008 的规定进行。

8.4.1 包装类型

8.4.1.1 钢板包装

冷轧薄钢板的包装有 3 种类型：

(1) 用一层防护包装材料覆盖钢板，板垛下设置纵向或横向垫木或托架，纵向和横向各捆扎至少2道，最好在捆扎带下加捆带保护材料。

(2) 用金属或其他保护材料裹包，可以设纵向或横向垫木或托架，也可以无垫木或托架。无垫木时，横向捆扎不少于4道，或纵横各捆扎不少于2道；有垫木或托架时，视垫木和托架数确定捆扎道数。最好在捆扎带下加捆带保护材料。

(3) 设置托架，用一层或一层以上防护包装材料裹包钢板，用下垫板、上盖板和侧护板或者用下垫板和加盖金属盒裹包钢板，视托架确定捆扎道数，见图8-14。

8.4.1.2　钢带包装

A　冷轧宽钢带

冷轧宽钢带包装有两种类型：

(1) 用一层防护包装材料裹包钢带，钢卷可以卧放包装或立放包装。卧放包装可设托架，也可无托架；立放包装设托架。轴向（卷眼）捆扎不少于3道，捆带下加捆带保护材料。

(2) 用一层或一层以上防护包装材料裹包钢带，内、外周用护板，端部用圆护板，内外棱用护棱钢圈封闭裹包钢带。轴向捆扎不少于3道，径向捆扎不少于3道，见图8-15。

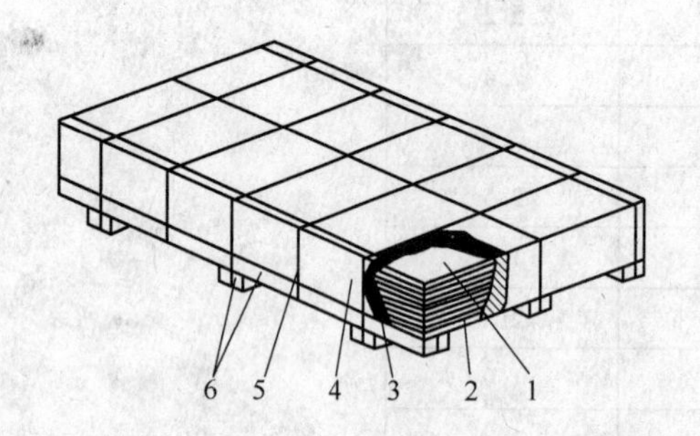

图8-14　冷轧钢板捆扎包装方式
1—钢板；2—下盖板；3—包装纸；4—金属盒盖；5—捆带及锁扣；6—垫木架

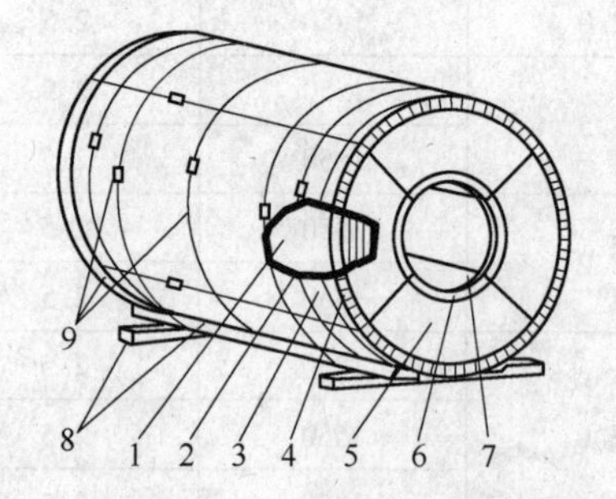

图8-15　冷轧钢带捆扎包装方式
1—钢卷；2—包装纸；3—外周护板；4—外护棱钢圈；5—端部圆护板；6—内护棱钢圈；7—内周护板；8—垫木架；9—捆带及锁扣

B　冷轧窄钢带

冷轧窄钢带用一层防护包装材料或其他保护材料裹包或缠绕钢带，也可以装箱或装桶；可单卷或成钢卷组包装；轴向捆扎不少于3道；钢卷（组）卧放包装。

冷轧窄钢带允许进行裸露捆扎的简易包装。单卷卧放捆扎，轴向捆扎不少于2道；钢卷组可立放包装或卧放包装；卧放不设托架，立放设托架；轴向捆扎不少于3道；捆带下最好加捆带保护材料。

C　纵剪钢带

纵剪钢带进行单卷或成钢卷组简易裸露捆扎，与冷轧窄钢带简易包装相同；一般包装方式与冷轧宽钢带相同。

8.4.2　包装材料

包装材料包括防护包装材料、保护涂层、包装捆带、保护材料等。

（1）防护包装材料。包装时采用防护包装材料的目的是：阻止湿气渗入；尽量减少油损；防止沾污产品。常用的防护包装材料有牛皮纸、普通纸、气相防锈纸、防油纸、塑料薄膜等。

气相防锈纸的典型组成为聚乙烯 20μm+75g/m^2 牛皮纸+聚乙烯 20μm+75g/m^2 牛皮纸（气相防锈剂浸透）。为了增加防锈纸的强度，有的还增加一层聚乙烯或聚丙烯纤维的纺织品。气相防锈纸的加工方法有两种，一种为浸透型，另一种为涂敷型。浸透型的防护效果比涂敷型的要好。气相防锈纸的有效物质有几种，它们的溶水性、溶油性、汽化速度、汽化温度、有效期、吸潮性各不相同，应根据具体情况选用。

（2）保护涂层。保护涂层是为了在运输和储存期间保护钢材而选用的防护剂。使用的保护涂层应考虑到涂敷的方法、涂层的厚度和容易去除。

（3）包装捆带。包装捆带可以是窄钢带或钢丝等。一般窄钢带与锁扣配套使用，十分方便。

捆带要用专门的捆带钢制造，抗拉强度要高（700~1000MPa），而伸长率要低（3%~12%），表面进行发蓝处理，并要涂层或涂蜡。

捆带尺寸一般为：厚度 0.8~1.0mm，宽度 32mm。

锁扣尺寸为：32mm×57mm。

（4）保护材料。对于某些产品，为保护其不被损坏和捆带不被切断，需要使用保护材料。保护材料可以是木材、金属、纤维板、塑料或其他适宜的材料。

（5）垫木架或托架。垫木架或托架的作用是使钢板垛及钢卷的吊运和堆放作业顺利并保护产品不易损坏。垫木架由数根纵、横木方钉制而成，其大小应与产品尺寸相适应并要满足产品堆放的稳定性要求。

8.4.3　包装作业线

包装作业的动作多而且复杂，包装的形式和规格也很多，因此长期以来包装生产基本上都采用手工作业方式。但是对于生产能力很大、产品规格品种较单一的现代化大型冷轧厂，包装生产已在主要操作机械化和自动控制的基础上广泛采用流水作业线进行包装。

根据冷轧产品种类，流水包装线有板垛包装和钢卷包装两种形式。根据用户需要可以选用简易的纸板包装或特殊要求的包装形式。

（1）板垛包装线。板垛包装线是在传送带或多个循环运行的台车上按序进行板垛捆扎包装的流水作业线。为了减少板垛运输和存放场地，包装线应紧接横剪机组布置。2030mm 冷轧厂有 3 条链式运输的板垛包装线，都与横剪机组成直线布置。

板垛包装的工艺流程是：

垫板制作→放垫板→铺纸→取放板垛→包纸→盖面板→装侧护板→横向捆扎→纵向捆

扎→称重→贴标签→入库

（2）钢卷包装线。钢卷包装线是在一列步进小车上顺序进行钢卷包装捆扎的流水作业线。其工艺流程是：

钢卷定位→涂封闭油→称重→包纸→包外周护板→放内周护板→放端部圆护板及内外棱钢圈→轴向捆扎→径向捆扎→贴标签→入库

8.5　剪切机组质量缺陷及解决办法

（1）尾部擦伤。

原因分析：平整卷取张力偏小；剪切机组运行速度快；后张力偏大；开卷机对中振动大。

解决办法：增大平整卷取张力，使之大于剪切开卷张力；剪切开卷至最后一小卷时应适当减小开卷张力，至尾部 2t 左右时适当降低机组运行速度；加强设备维护，控制开卷机振动幅度。

（2）板形不良。

原因分析：来料浪形超标；操作工的质量意识淡薄，责任心不强；操作工操作水平低；矫直机工作辊不完整，矫直能力差。

解决办法：轧钢加强对板形的控制；增强操作工的质量意识和责任心；提高操作工的操作水平，提高矫直效果；保证矫直机工作辊的完整，保证矫直机的工作能力。

（3）划伤。

原因分析：夹送辊、转向辊、喂料辊等辊面不清洁，辊面有划伤；矫直机工作辊不清洁，辊面有划伤；机组垫板不清洁，垫板固定螺钉凸出；刀片表面不平滑；过渡导板有划伤；张力板板面不清洁，铁钉有突出板面。

解决办法：清理、保持各辊辊面清洁、无划伤；清理、保持各垫板、导板、张力板板面清洁，无螺钉、铁钉等凸出；内打磨刀片。

（4）压痕。

原因分析：测速辊、喂料辊辊面不水平；矫直机工作辊辊缝过小；矫直机控制系统故障。

解决办法：调整测速辊、喂料辊，使辊面保持水平；增大矫直机工作辊辊缝；加强设备维护，保证矫直机控制系统正常。

（5）切边不良、翘边。

原因分析：圆盘剪刀片有缺口、毛刺、结瘤、磨损、平面度大等缺陷；刀片间隙不合。

解决办法：更换有缺陷的刀片；调整刀片间隙。

（6）塌卷。

原因分析：涂油过多；卷取张力小。

解决办法：根据涂油要求，控制涂油量；增大卷取张力。

（7）畸心。

原因分析：带钢薄；卷取张力过大。

解决办法：增加内径套筒；减小卷取张力。

（8）垛板不齐。

原因分析：侧导板过宽；端部挡板控制过长；堆垛机故障；端部缓冲板坏。

解决办法：调整侧导板和端部挡板；保证堆垛机运动正常；更换端部缓冲板。

（9）穿带带钢板面挤皱。

原因分析：带钢薄且板形不良；夹送辊辊身受阻，上下夹送辊不平行、不水平；夹送辊压力大。

解决方法：人工穿带，带头受阻部分切除；更换夹送辊、调整夹送辊位置；降低夹送辊压力。

复 习 题

8-1 平整的作用是什么？

8-2 简述纵横剪的工艺流程。

8-3 剪切机组质量缺陷有哪些，如何处理？

9 冷轧板内在质量控制

9.1 冷轧产品内在质量评价指标

根据冷轧产品大纲，冷轧产品主要有 CQ、DQ、DDQ、EDDQ、HSLA 几大类。就钢种而言，主要有碳素结构钢、优质碳素结构钢、低合金高强度结构钢、超低碳钢。典型代表钢种有：

（1）碳素结构钢系列：Q195、Q215、Q235；

（2）优质碳素结构钢：03Al~08Al、05、08、10；

（3）低合金高强度结构钢：Q275、Q295、Q345、H240LA、H280LA、H320LA；

（4）超低碳钢：IF 钢、高强 IF 钢、st15~st17。

根据用途和成型性能，冷轧（冷轧罩式退火）产品对显微组织有不同程度的要求，其中主要是对晶粒度、游离渗碳体、带状组织的要求，尤其是冲压级别越高，对显微组织的要求也越高；从力学性能上，主要体现为屈服强度、抗拉强度、弯曲性能、硬度、伸长率、r 值、n 值，要求严格的对焊接性能、涂漆性能等还有明确要求。值得一提的是，带钢的表面粗糙度也是客户非常关心的指标。

拉伸试验可得到基本的力学性能指标，如屈服强度、抗拉强度、伸长率等。利用这些性能可定性地分析评估板材的成型性能。另外，由拉伸试验也可求得 r 值和 n 值，这两个指标是国际上很通用的反映冷轧薄板产品成型性能的指标。

（1）屈服强度：是指材料受拉产生屈服时的应力值，以符号 σ_s 表示。屈服强度低，表示材料较易变形，不易发生皱折，应变分布均匀。

（2）抗拉强度：是指材料在拉断前所承受的最大应力值，以符号 σ_b 表示。抗拉强度高，表示材料塑性变形范围宽，成型范围也越宽。

（3）伸长率：是指试样被拉断后总伸长量与原始长度之比的百分数。伸长率大，表示材料成型时的极限变形量大。

（4）r 值：r 值中文为塑性应变比，指的是在拉伸时，带钢在宽度方向上的应变与厚度方向上的应变的比率。r 值与拉深性能有关，定义为拉伸试验中，均匀延伸阶段宽向真应变与厚向真应变之比。

$$r=\frac{\varepsilon_w}{\varepsilon_t}=\frac{\ln(w/w_0)}{\ln(t/t_0)}$$

对各向同性材料，当拉伸方向的应变为 ε_1 时，板宽应变和板厚应变相等($\varepsilon_w=\varepsilon_t=-\varepsilon_1/2$)，则 $r=1$。通常，当板宽方向的变形大于板厚变形时 $r>1$，反之，板厚变形大于板宽变形时 $r<1$。

r 值是材料抵抗变薄能力的度量。r 值大表示材料不易在厚向发展变形，即不易变薄或变厚，具有良好的拉深冲压性能；r 值愈小，板料厚向变形愈容易，即愈易变薄或增厚；

$r=1$，表示板料不存在厚向异性。

（5）n 值：n 值中文为应变硬化指数或加工硬化指数。n 值由流动应力与应变量的关系决定。对高的 n 值材料，流动应力随应变迅速增加，这将进一步的应变分布到低应变和低流动应力区域。n 值定义为：

$$n = \frac{\mathrm{d}\ln\sigma}{\mathrm{d}\ln\varepsilon}$$

n 值越大，表示带钢在成型加工过程中高变形区材料强度较高，因此变形较易传播到邻近的低变形区，而使应变分布较为均匀，进而减少局部变形集中现象，进而提高带钢的成型性。

9.2 影响冷轧产品内在质量的因素

9.2.1 塑性变形对金属组织与性能的影响

塑性变形不但可以改变金属材料的外形和尺寸，而且能够使金属内部组织和各种性能发生变化，在变形的同时，伴随着变性。塑性变形是金属强化的主要手段之一。金属的组织与性能在塑性变形中的变化主要有下面几个方面：

（1）显微组织的变化。在塑性变形中，随着变形量的增加，可看到金属的晶粒沿着形变方向被拉长，由多面体变为扁平形或长条形；当形变量较大时，金属晶粒逐渐被拉成纤维状。用电子显微镜观察，在被拉长成为纤维状的晶粒内部可以看到许多位错；当形变量很大时，可以看到许多小晶块（称为形变亚晶）。在塑性变形中，随着金属晶粒形状的改变和纤维化，晶界上各种夹杂物和第二相的形状和分布也随之改变：塑性好的将被拉成长条状；塑性较差的在拉长时发生断裂成为沿金属纤维分布的索状物；脆性大的则被压轧成更为细碎的颗粒。这些夹杂物将对形变金属的性能产生很大影响，并经常成为金属在发生破坏时的断裂源。

（2）形变织构。在塑性变形中，随着形变程度的增加，各晶粒的滑移方向都要向主形变方向转动，逐渐使原来位向互不相同的诸晶粒在空间位向上呈现一定程度的一致。形变金属中的这种组织称为形变织构。形变织构的特征与形变金属的原始条件、形变方式、形变程度等因素有关。在板材轧制时形成的织构称为板织构。板织构的主要特点是诸晶粒的某一晶面与轧制面平行及某一晶向与轧制时的主形变方向平行。但是在实际上无论经过多么剧烈的塑性变形也不可能使所有晶粒都转到同一位向上去，最多只是各晶粒的位向都趋近同一位向。一般当金属的形变量达到10%~20%时，择优取向现象便达到可以察觉的程度。当形变量达到80%~90%时，多晶体将呈现明显的各向异性，这种情况通常是有害的，它使形变金属沿不同方向的形变阻力与形变能力大为不同，造成金属在冲压时发生凸耳、厚度不均匀、性能不一致等缺陷。

（3）加工硬化现象。在塑性变形中，随着金属内部组织的变化，金属的力学性能也将产生明显的改变。总的规律是：随着形变程度的增大，金属的强度、硬度上升，塑性、韧性下降。这种现象称为加工硬化或冷作硬化。在实际中，常以金属材料拉伸试验得到的真应变曲线中均匀塑性变形阶段的应变硬化指数 n 值来衡量金属材料的加工硬化能力。加工硬化是各种金属材料在塑性变形中必然出现的一种现象，它使金属在塑性变形中逐渐变硬并逐渐丧失继续变形的能力。

（4）残余应力。实验与分析表明，在塑性变形中外力所做的功除大部分转化为热之外，由于金属内部的形变不均匀及点阵畸变，尚有小部分以畸变能的形式储存在形变金属内部。这部分能量称作储存能，其大小随金属的形变量、形变方式、形变温度及形变金属的性质而不同。其具体表现方式有宏观残余应力、微观残余应力及点阵畸变。形变金属中的残余应力是有害的，它导致材料和工件的变形、开裂和产生应力腐蚀。

由上可见，为了消除板材加工硬化、改善组织、消除残余应力，就必须进行退火处理。

9.2.2　钢的化学成分对钢成品性能的影响

（1）碳。碳元素是决定钢的强度和塑性的最主要元素。对普通碳素结构钢，每增加0.10%的碳含量可使钢的抗拉强度提高60~100MPa，使屈服强度提高20~50MPa。随碳含量增加，钢强度升高而塑性和韧性降低，焊接性能显著变坏。就组织而言，碳含量增加，更有利于珠光体的增多，且使得珠光体中渗碳体的含量也将相应的增多。冷轧薄板产品对碳含量的要求是最严格的，通常对CQ（普通商用）一般不大于0.10%，随着冲压级别越高，其碳含量要求越低。也就是说，碳含量越低，冷轧薄板产品的成型性能越好，冲压加工性能也越好。如目前在国内处于开发状态的IF钢，也称无间隙原子钢，其对碳含量就要求不得大于几十个μg/mL。

（2）锰和硅。锰在钢中可形成碳化物、硫化物，但大部分进入铁素体基体，可强化铁素体组织，从而提高钢的屈服强度和抗拉强度。对普通碳素结构钢，每增加0.10%的锰含量可以提高10MPa的抗拉强度。因此，对要求有良好冲压性能的冷轧薄板产品，一般是希望获得低的锰含量，但锰含量太低会增加成本，也没有必要；对有些高强度冷轧薄板产品，却希望具有较高的锰含量，原因就是希望通过锰对铁素体的强化作用来提高板材的强度。但是过高的锰含量会使塑性、韧性下降，同时焊接性能也会下降。因此，对锰含量的要求要因产品的不同性能要求来制订，通常都有一个上下限问题。值得一提的是，我国通常的钢种一般都是以锰作为提高钢强度的主要合金元素，这符合我国锰矿资源丰富的实际。硅对碳素钢的影响总体为其显著提高钢的抗拉强度和较小程度上提高屈服强度，而使塑性、韧性降低。对冷轧薄板产品，总是希望硅的含量越低越好。希望硅含量低还有另外一个原因，就是钢中硅会影响到酸洗效果。

（3）钢中微量元素。对通常钢种，常添加的微量元素有V、Nb、Ti等。这些元素的共同特点是均为活泼的金属元素，与碳、氮、氧有很强的亲和力，并生成高熔点而且稳定的碳化物、氮化物和氧化物。利用这些化合物在钢中的固溶强化、析出强化、时效强化、细化晶粒等作用可以提高钢的强度。这些原理在冷轧薄板产品中也适用。另外，对IF钢，通过合理加入微量元素，可以起到固定钢中游离的碳、氮原子的功能从而实现无间隙原子，并实现IF钢的高强度和无时效性。

（4）铝。一般而言，铝主要进行终脱氧和控制晶粒度。铝与氮有较大亲和力，生成AlN化合物。这样，铝可固定钢中N原子，同时生成Al_2O_3，固定O原子，也细化了晶粒。对冷轧产品，其还可改善表面质量并减弱产品时效。一般，冷轧产品对原料中的铝含量都有具体上下限要求。另外，从炼钢到热轧到冷轧到退火整条工艺线，如果能合理地控制好钢中 AlN 的析出，就能有效地控制最终冷轧产品的再结晶组织以及控制有利于深冲加工的织构的形成，从而提高深冲级别冷轧薄板的成型加工性能。这一点对于生产深冲级别冷轧薄板产品是非常重要的。

（5）其他元素。冷轧薄板产品化学元素除了上面所述外，还存在诸如 S、P、N、H、O 等。一般而言，这些元素被认为是有害元素，尤其是 S、P、O、N，通常要严格控制，希望其越低越好。这里只介绍 P 的强化作用。在冷轧高强钢中，有一类冷轧含 P 高强钢，其获得高的强度的主要手段之一就是通过 P 固溶于铁素体基体并强化铁素体基体。另外，在冷轧产品中加入适量的 P 可使钢具有烘烤硬化特性。烘烤硬化型钢种就是在此基础上开发出来的。

总之，炼钢时的化学成分对冷轧产品的质量起决定性的作用。因为钢中化学成分很大程度上决定了显微组织构成，虽然还有其他措施来获得不同的性能要求，但化学成分是基础，特别是冷轧产品，对化学成分的要求更高。总的来说，现在冷轧产品原料正向着洁净钢方向发展，希望冷轧原料愈纯净愈好。

9.2.3　热轧原料对冷轧产品性能和组织的影响

热轧带钢的质量对冷轧产品质量有密切关系。

首先，热轧原料的表面缺陷会在冷轧时进一步恶化，从而造成冷轧产品表面质量问题更加严重。因此对热轧产品的表面质量应该严格要求。这一点毋庸置疑。

其次，热轧原料的组织和性能对冷轧产品的组织和性能也关系密切。

在热轧工艺中，除钢坯加热温度和保温时间对冷轧产品组织与性能有一定影响外，主要的影响因素有终轧温度、卷取温度、压下量。

对通常热轧与冷轧低碳钢，其显微组织为铁素体基体上分布一定数量的渗碳体，因此决定冷热轧产品的性能因素主要就是铁素体晶粒的大小、形状及均匀程度，其次就是渗碳体的大小以及分布。如冷轧带钢晶粒过大，在冲压加工时将形成粗糙表面，甚至导致冲压开裂。另外，热轧原料的粗大晶粒、过细晶粒及严重混晶将部分遗传在冷轧带钢上，这些都不利于冷轧产品的冲压成型性能。因此，为了保证冲压性能，冷轧板和原料的晶粒度最好都保持在 6~9 级为宜，这样就必须在热轧时严格控制终轧温度和卷取温度以及压下量，这也是客户非常关心的指标。

从理论上说，一般认为卷取温度决定渗碳体的大小，而终轧温度决定渗碳体的分布，两者决定晶粒度的大小。当终轧温度较高，卷取温度为 600 ~ 620℃，且冷却较快时，渗碳体的增长与聚集受到限制，这就使得比较细小的渗碳体均匀地分布于基体中。在卷取温度相同时，提高终轧温度与降低终轧温度，渗碳体在钢中分布的均匀程度是不同的，终轧温度高，渗碳体分布均匀且尺寸较小；而终轧温度低，则渗碳体集聚，尺寸较大。当终轧温度相同但卷取温度不同时，卷取温度高，渗碳体集聚，尺寸较大；而卷取温度低，则渗碳体尺寸较小。

因此一般而言最好的热轧条件是高的终轧温度和低的卷取温度的统一，但对超低碳钢则要求 700~740℃高温卷取。

9.2.4 钢中夹杂

由于原料和冶炼工艺的原因，实际使用的钢中都含有 Si、Mn、S、P 以及微量的气体元素 O、H、N 等。其中 Si、Mn 是在钢的冶炼过程中必须加入的脱氧剂，而 S、P、O、H、N 等则是从原料或大气中带来且在冶炼时不能去净的杂质。这些元素的存在对于钢的组织和性能都有一定的影响。

(1) Si、Mn。在钢脱氧时，硅和锰可把 FeO 还原成铁，并形成 SiO_2和 MnO。锰还可与钢液中的硫形成硫化锰。这些反应产物大部分进入炉渣，小部分残留钢中成为非金属夹杂物。当然，脱氧剂中的硅和锰，总有一部分溶于钢液中，凝固以后则溶于奥氏体或铁素体中。溶于铁素体中的硅和锰可提高铁素体的强度，因而也可提高钢的强度。当它们的含量不超过 1%时，不会降低钢的塑性和韧性。

一般认为硅和锰是钢中的有益元素。但需要指出的是，对于冷轧薄板，常因硅对铁素体的强化作用，使钢的弹性极限升高从而影响冲压性能，因此对于冲压、深冲级产品对硅的含量是要求很低的。

(2) S。硫在高温状态下，可溶于液态铁中，但在固态铁中的溶解度极小，并可与铁化合形成硫化铁。而硫化铁又可与 γ 铁形成 Fe+FeS 共晶体，这种共晶体将在钢液凝固的后期凝固并存在于奥氏体枝晶中间。由于钢中的硫含量一般不超过 0.1%，故此共晶体的量很少，呈离异分布。因此在钢中见到的大部分是沿晶界网状分布的硫化铁夹杂。

在热轧或锻造时，由于共晶体的存在会造成热脆或红脆现象。这种呈网状分布的硫化铁夹杂对于带钢的性能是极其有害的，主要的原因是因为它对力学性能和焊接性能的负面影响大，因此炼钢时对于硫的含量是严格控制的，对于 IF 钢甚至要求不超过几十个 μg/mL。

(3) P。磷在高温时 α 铁中的溶解度约为 2.55%，室温时约为 1%，可见低温时磷在 α 铁中的溶解度是很大的，因此一般情况下钢中的磷全部存在于固溶体中。

在铁基合金中，磷对铁素体较之其他元素具有更强的固溶强化能力，但是在含磷量较高时它剧烈降低钢的塑性和韧性。由于磷在铁中的具有强的偏析倾向，加上磷在钢中的扩散速度很慢，所以对具有磷偏析的钢，要想获得均匀的组织是困难的，有时需要采用长时间的高温扩散退火来改善组织。另外，磷还是提高钢的脆性转变温度的主要元素。因此对磷的含量要求是很高的。

(4) N。氮是在冶炼时由炉料及炉气进入钢中的。低温时氮在铁素体中的溶解度很低，因此钢从高温时快冷后，铁素体中的氮含量将达到过饱和，钢材在室温长时间放置或稍加热时，氮就逐渐以氮化铁的形式从铁素体中弥散析出。这会使低碳钢的强度、硬度上升，而塑性、韧性下降。这种现象称作时效硬化。

氮还会使低碳钢产生应变时效。含有微量氮的低碳钢在冷塑性变形之后，性能将随时间而变化，即强度、硬度上升，而塑性、韧性下降。这个现象对于冷轧薄板产品是极不利的。

另外，氮是使钢产生蓝脆现象的主要原因。所谓蓝脆，是指钢在加热到 150~300℃时产生硬度升高，塑性和韧性降低的现象。因为钢在空气中加热到 150~300℃时，由于氧化作用而使钢的表面呈现蓝色。由于它使低碳钢发生时效硬化现象，所以在一般情况下被认为是有害元素。

(5) H。氢是在冶炼过程中由含水的炉料及潮湿的大气带入钢中的，另外，在含氢的还原性保护气氛中加热、酸洗钢材也可能使氢被钢件吸收并通过扩散作用进入钢的内部。氢在钢中的溶解度极小但对钢的危害却很大，这主要是因为氢溶解在固态钢中时，对钢的屈服强度和抗拉强度没有明显的影响，但却剧烈降低钢的塑性。

(6) O。氧在钢中几乎全部存在于氧化物中，常见的有 Al_2O_3、MnO、SiO_2、FeO 等。讨论氧含量对钢的性能的影响，实际上是讨论氧化物对钢的性能的影响。这种影响主要取决于氧化物的数量、大小、形状和分布。夹杂物的大小、多少和分布对于冷冲压性能是有不同影响的。总的说来，钢中氧含量增高时，钢的塑性、韧性下降，脆性转化温度升高，疲劳强度也下降。

复习题

9-1 简述冷轧板质量评价指标及意义。

9-2 简述化学成分对性能的影响规律。

9-3 简述热轧原料对冷轧产品性能的影响。

参考文献

[1] 付作宝．冷轧薄钢板生产［M］．北京：冶金工业出版社，1996.
[2] 张景进．板带冷轧生产［M］．北京：冶金工业出版社，2006.
[3] 贺毓辛．冷轧板带生产［M］．北京：冶金工业出版社，1992.
[4] 陈龙官、黄伟．冷轧薄钢板酸洗工艺与设备［M］．北京：冶金工业出版社，2005.
[5] 孙建林．轧制工艺润滑原理、技术与应用［M］．北京：冶金工业出版社，2004.
[6] 康永林．现代汽车板的质量控制与成形性［M］．北京：冶金工业出版社，1999.
[7] 徐乐江．板带冷轧机板形控制与机型选择［M］．北京：冶金工业出版社，2007.
[8] 王廷溥．轧钢工艺学［M］．北京：冶金工业出版社，1981.
[9] 王廷溥．板带材生产原理与工艺［M］．北京：冶金工业出版社，1995.
[10] 赵志业．金属塑性变形与轧制理论［M］．北京：冶金工业出版社，1980.
[11] 曲克．轧钢工艺学［M］．北京：冶金工业出版社，1991.
[12] 毕俊召、葛影．板带钢生产［M］．北京：冶金工业出版社，2013.